畜牧兽医类专业适用

畜禽养殖基础

主　编　陈　剑　张洪文
副主编　李凡林　陈永亮

苏州大学出版社

图书在版编目(CIP)数据

畜禽养殖基础/陈剑,张洪文主编. —苏州:苏州大学出版社,2013.7
(畜禽生产新技术丛书)
畜牧兽医类专业适用
ISBN 978-7-5672-0553-6

Ⅰ.①畜… Ⅱ.①陈…②张 Ⅲ.①畜禽-饲养管理 Ⅳ.①S815

中国版本图书馆 CIP 数据核字(2013)第 147060 号

畜禽养殖基础
陈 剑 张洪文 主编
责任编辑 廖桂芝

苏州大学出版社出版发行
(地址:苏州市十梓街 1 号 邮编:215006)
江苏淮阴新华印刷厂印装
(地址:淮安市淮海北路 44 号 邮编:223001)

开本 787×960 1/16 印张 16 字数 319 千
2013 年 7 月第 1 版 2013 年 7 月第 1 次印刷
ISBN 978-7-5672-0553-6 定价:32.00 元

苏州大学版图书若有印装错误,本社负责调换
苏州大学出版社营销部 电话:0512-65225020
苏州大学出版社网址 http://www.sudapress.com

总 序

随着社会主义新农村建设的顺利推进以及现代畜牧业的发展，畜禽养殖不仅逐步走上了规模化、标准化和产业化的道路，而且成为了增加农民收入的重要支柱产业之一。但是，畜禽生产中良种普及率的提高不快、科学养殖方法的普及不广、疫病防治制度的落实不够等问题仍然在一定程度上制约着畜牧业的发展。为此，编者结合多年生产和教学实践经验，从实际、实用、实效出发，本着服务农村、服务农民、服务农业的精神编写了这套畜禽生产新技术丛书。

丛书分为《畜禽营养与饲料利用技术》、《牛高效生产技术》、《禽高效生产技术》、《猪高效生产技术》、《动物防疫与检疫技术》、《宠物疾病防治技术》、《畜禽产品加工与贮藏技术》、《畜禽养殖基础》等分册。丛书编写中吸收和采用了本领域的生产新技术，尤其是根据畜禽养殖的实际生产过程并参照国家相关的职业资格标准，重构了学习内容和编排了学习顺序，以期使学习内容和学习过程更加贴近生产实际，以培养学习者科学组织畜禽生产以及解决生产中实际问题的能力。

丛书的编写遵循项目课程教学的要求，总体上采取了模块化的体例结构，以生产任务引入理论知识，通过案例分析讲解知识，指导实践操作。各分册的体例略有不同，大多附有知识目标、技能目标、单元小结和复习思考题等相关栏目，以便于学习者掌握知识重点、实践操作技能并巩固提高。

丛书的编写充分考虑了学习者的知识背景、学习习惯、认知能力。理论知识的阐述简明扼要，深入浅出，技能培养以养殖生产任务为主线，贴近生产，针对性强，在重要的学习环节穿插了必要的图表,图文并茂,具有很强的实用性、科学性和先进性。

丛书可为各类规模养殖场畜牧兽医技术人员、广大养殖专业户提供生产指导,也可作为职业教育畜牧兽医类专业的教学用书,还可以作为职业农民以及大学生村官的专业培训教材使用。

本书的编写得到了诸多生产企业的生产一线技术专家的热情指导和帮助,在此一并表示感谢。

由于编者的水平与能力有限,不足之处在所难免,敬请指正。

丛书编委会

前言

随着国家教学改革的不断深入，教育教学理念在不断更新，教学方法也在逐步改进，但职业教育的教材建设未能及时跟进，这成为制约职业教育改革和发展的一个瓶颈。为了适应新形势下职业教育的发展，支撑畜牧兽医专业课程的实施，根据当前全国畜牧兽医专业的发展状况，我们组织编写了《畜禽养殖基础》教材。本教材既可作为畜牧兽医和养殖专业的基础课教材，也可作为广大畜牧兽医工作者的参考书。

在编写过程中，我们以培养学生的职业能力和职业素养为目标，改变了传统的学科体系教材的系统性和完整性特点，对知识内容以"实用、够用"的原则进行选择，压缩了无实践指导价值的内容，既考虑了理论知识的应用性也兼顾了后续专业实践课程，突出了综合能力的培养和训练，体现了职业教育特色。

本书由陈剑、张洪文担任主编。各单元具体分工为陈剑编写第四、五、六、七、八、九、十、十一、十二单元，张洪文编写第十三、十四单元，陈永亮编写第一、二、三单元，李凡林编写第十五单元。为便于学习者学习，编者在单元后准备了一些具有代表性的问题，供学习者思考和训练。

本教材是我们编写职业教育教材的一个尝试和探索，由于时间较紧，加之编者经验不足，资料收集和整理过程中难免有所遗漏，错误之处在所难免，我们真诚希望读者使用后多提宝贵意见。

编 者

2013 年 6 月 20 日

目录

单元十 受精、妊娠与分娩

单元十一 家禽繁殖技术

单元十二 家畜繁殖力的计算

单元十三 营养原理

单元一 畜禽遗传基础的认知

单元概述

✻ 知识目标

1. 掌握细胞的结构，了解各细胞器的功能。
2. 理解 DNA、基因是遗传的基本物质。
3. 掌握细胞分裂的规律。
4. 掌握染色体、基因等的结构和功能。
5. 了解染色体变化的规律。

✻ 技能目标

能够根据细胞分裂示意图确定细胞分裂时间。

目前地球上存在着 250 多万种左右的生物，每种生物都有其独特的形态、结构和特性。在繁衍后代的时候，它们都能够把自己的这些特点传递给下一代，以延续自己的种族，而后代和亲代又不会完全相同，这种有亲缘关系个体之间的相似性就叫遗传，而相异性则称为变异。遗传和变异是自然界普遍存在的现象，两者总是同时出现的。

畜禽的繁衍是通过有性生殖的方式进行的。雄性个体成熟后产生精细胞，雌性个体成熟后产生卵细胞，精、卵细胞在一定条件下结合在一起发育成新的个体，即子代。由此可见，亲代的遗传信息是存在于细胞中并通过细胞传递给子代的。我们要想认识遗传物质及遗传信息的基本规律，就必须研究细胞的结构和活动规律。

课题一 遗传的物质基础

一、细胞的基本结构

细胞是组成动物体的最小单位，它的体积很小，大多数细胞的直径在20～30μm。因为所属物种、器官、功能不同，细胞的形状和大小也有很大的差异，但是每种细胞的基本结构都是类似的，由细胞膜、细胞核和细胞质组成。

（一）细胞膜

细胞膜是动物细胞最外层的结构，其主要作用是保护细胞内结构、控制细胞的内外物质转运、感受和传递外部刺激等。细胞膜主要是由脂类和蛋白质组成的。

（二）细胞核

细胞核是细胞的重要结构。动物体内的细胞大多有细胞核，细胞核是遗传物质聚集的场所，它可以保护遗传物质的完整性，并把遗传物质传给下一代。细胞核的结构包括核膜、核质和核仁。

1．核膜

核膜是细胞核和细胞质的分界线，由两层膜组成，在核膜上有一些孔，是两层膜融合后形成的，可允许核内外的物质通过。

2．核质

核膜与核仁之间的物质是一种透明的液态物质，称之为核质。核质中有一些极易被碱性染料染色的物质，称为染色质；其他不易被染色的物质称为核液。在细胞分裂时，染色质会逐渐卷缩呈现出一定的形态，这时我们称之为染色体，随后又会再散开成为染色质，所以说，染色质和染色体是同一种物质在不同时期的两种不同表现。染色体是细胞核内最稳定的成分，具有自我复制能力，被认为是遗传物质的载体，在控制生物的遗传变异中具有极为重要的作用。

（1）染色体的形态与结构：在细胞分裂中期可以见到典型的染色体结构，一般呈圆棒状，外为表膜，内有基质。染色体通常分为着丝点、主缢痕、次缢痕、随体和染色体臂等部分。染色体上有一处直径较小的位置是着丝点，又叫主缢痕，它是细胞分裂时纺锤丝出现的位置，也是两条染色单体连接的部位。着丝点的位置不同，染色体的形态也不同。着丝点在中间位置时把染色体分为两个臂；当着丝点位于染色体端部时，则染色体只有单臂。有些染色体的一臂还有另外一个缢缩的位置，成为次缢痕。还有些染色体的末端附有一个小体，称之为随体。着丝点的位置和随体的有无是染色体的特异性表现，可以根据这些特征来鉴别染色体。染色体的主要成分是DNA和蛋白质，在显微镜下呈现出高度复杂的结构。

（2）染色体的数目与组型：染色体的数目和组型是物种的重要标志，不同的物种往往具有不同的染色体数目和组型。

① 染色体的数目：每种生物体细胞内都含有特定数目的染色体，不同生物体细胞内的染色体数目往往不同。即使有的染色体数目相同，但其形态结构却不同，所携带的遗传信息也不同（表1-1）。

表1-1　不同畜禽的染色体数目

种类	猪	黄牛	水牛	山羊	绵羊	马	驴	鸡	鸭	鹅	火鸡	兔	狗	猫
染色体数（$2n$）	38	60	48	60	54	64	62	78	80	82	82	44	78	36

畜禽体细胞内有两条染色体与动物的性别有关，被称为性染色体；除了性染色体外的其他染色体被称为常染色体。常染色体总是成对存在的，成对的染色体在大小、形态及结构方面都相同，一条来自于父方，另一条来自于母方，所以把它们称为同源染色体。因为畜禽体细胞内的染色体都是成对存在的，所以可以用 $2n$ 表示，称作二倍体。在畜禽的生殖细胞中，只有体细胞一半的染色体，即 n 条，叫做单倍体。

② 染色体的组型：如果我们把处于有丝分裂中期的全部染色体按同源染色体的长度、着丝点的位置和随体的有无等依次排列编号，性染色体位于最后，称之为染色体组型或核型。染色体组型可以用于遗传疾病的诊断和分析，也可以用于生物学分类等。

3. 核仁

核仁是指细胞核内的一组形状不规则的，致密而结实的物体，其主要成分是蛋白质和DNA。

（三）细胞质

细胞质是指细胞以内、细胞核以外的的物质，包括基质、细胞器和内含物等。

二、细胞分裂

在生物的生命活动中，绝大多数细胞都在不断地生长、衰老和死亡，亲代又通过生殖细胞产生下一代，那么细胞是怎样产生新细胞的？这就是分裂！

畜禽等高等生物的细胞分裂根据染色体变化的规律分为有丝分裂和减数分裂两种。

（一）有丝分裂

有丝分裂因分裂后细胞中的染色体数目不变，又叫等数分裂，是最普遍的细胞分裂方式。有丝分裂的主要特点是：染色体复制一次，细胞分裂一次，产生的子代细胞中的染色体数和亲代细胞中的染色体数相等。细胞分裂周期是指从细胞一次分裂结束至下一次分裂结束之间的过程，可以分为分裂间期和分裂期，分裂期又可分为前期、中期、后期和末期（图1-1）。

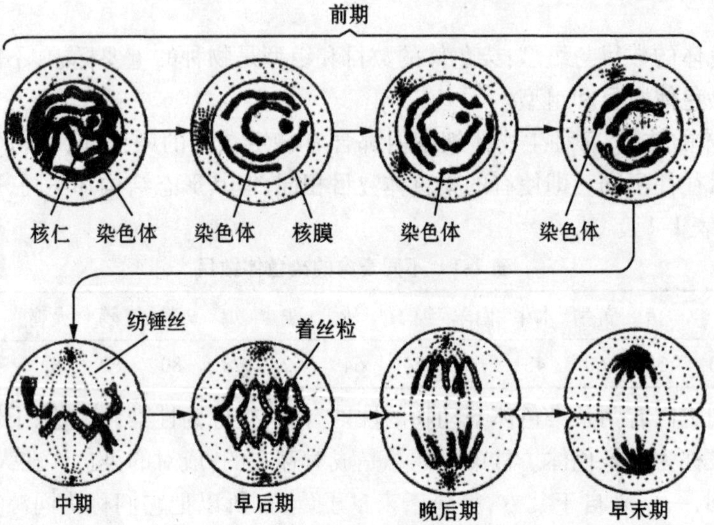

图 1-1　动物细胞有丝分裂模式图

1. 间期

间期是连续两次分裂之间的时期,这一时期细胞内进行了 DNA 的复制和蛋白质的合成,为细胞分裂进行了物质和能量的准备。

2. 前期

间期复制后的染色质通过纵裂形成两条染色单体,仅由着丝点连接,又叫做姐妹染色单体。染色质不断地螺旋化而逐渐凝聚,形成在显微镜下可见特定结构的染色体。同时,细胞核内核膜、核仁逐渐消失,中心粒一分为二并向核的两极移动,纺锤丝出现逐渐形成纺锤体。

3. 中期

染色体继续浓缩变短、变粗,位置也由纺锤丝牵引移至细胞中央的赤道板上。此时,染色体的形态最为典型,是进行核型观察和分析的最佳时期。两条姐妹染色单体仍由着丝点连接在一起。

4. 后期

着丝点一分为二,姐妹染色单体形成独立的子代染色体,并在纺锤丝的牵引下分别移向两极。

5. 末期

染色体移至两极,并重新散开成为染色质,纺锤丝消失,核膜、核仁重新出现,细胞中央出现分裂沟,细胞质被分成两部分,逐渐形成两个子代细胞。两个子代细胞在染色体数目和形态结构上完全相同。至此,有丝分裂完全结束。

（二）减数分裂

减数分裂时，染色体复制一次，细胞分裂两次，因此子代细胞的染色体数是亲代细胞中的一半。如果雌雄生殖细胞结合，形成受精卵发育成个体，后代细胞内的染色体数又重新恢复成本物种正常的标准，保证了生物遗传信息的稳定。

减数分裂的两次分裂分别叫做减数第一次分裂（常用Ⅰ表示）和减数第二次分裂（常用Ⅱ表示）。每一次分裂又分为前期、中期、后期和末期（图1-2）。

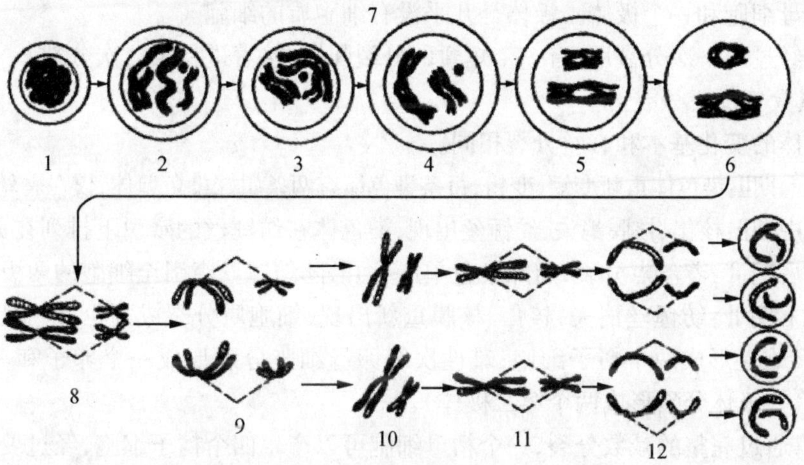

图1-2　减数分裂模式图

1. 减数分裂间期　2. 细线期　3. 偶线期　4. 粗线期　5. 双线期　6. 终变期　7. 前期Ⅰ　8. 中期Ⅰ　9. 后期Ⅰ　10. 末期Ⅰ　11. 中期Ⅱ　12. 后期Ⅱ

1. 减数第一次分裂

（1）前期Ⅰ：减数第一次分裂的前期Ⅰ变化较为复杂，可以分为五个阶段。

① 细线期：染色质浓缩，细长如线，分散在核内。

② 偶线期：成对的同源染色体靠拢，进行精确地配对，这种现象又叫联会。

③ 粗线期：染色体继续变短变粗，此时染色体已经纵裂成两条姐妹染色单体，仅通过着丝点连接在一起。配对的两条染色体距离较近，整体看起来比较粗，实际上是由四条染色单体组成的，因此人们又把它称作四分体。又因为它实际是一对染色体，又叫双价体。

④ 双线期：染色体进一步缢缩，同源染色体开始分开，但是有些部分还交叉在一起，交叉可能使配对的染色单体发生交换，从而改变子代的遗传性状。

⑤ 终变期：此时的染色体最粗、最短，是进行染色体观察的最佳时期。另外，染色体向赤道板方向移动。

（2）中期Ⅰ：核膜、核仁消失，同源染色体在纺锤丝的牵引下整齐地排列在赤道板上。

随后双价体在纺锤丝的牵引下开始分离，移向两极。

（3）后期Ⅰ：在纺锤丝的牵引下，同源染色体分开并随机各自移向两极，即两极各有同源染色体中的一条染色体，这样两极各自集中着 n 条染色体，每条染色体的着丝点上连接着两条染色单体。

（4）末期Ⅰ：纺锤丝消失，核膜、核仁重新形成，接着进行着细胞质的分配，细胞分裂成两个子代细胞。雄性的精母细胞分裂成两个次级精母细胞；雌性的卵母细胞分裂成一个次级卵母细胞和一个极体。极体是几乎没有细胞质的细胞。

细胞经过第一次分裂后，有一个短暂的分裂间期，接着进行第二次分裂。

2. 减数第二次分裂

染色体的变化基本和有丝分裂相同。

（1）前期Ⅱ：染色体重新变短、变粗，每条染色体有两条姐妹染色单体，仅在着丝点处连接。

（2）中期Ⅱ：核仁、核膜消失，纺锤丝出现，染色体在纺锤丝的牵引下排列在赤道板上。

（3）后期Ⅱ：着丝点分裂，姐妹染色单体分开，随纺锤丝牵引至细胞的两极。

（4）末期Ⅱ：纺锤丝消失，核仁、核膜重新出现，细胞质分裂成两份，细胞也分裂成两个子细胞（雄性形成两个精子细胞；雌性次级卵母细胞分裂形成一个卵子和一个第二极体，雌性第一极体分裂形成两个第二极体）。

因此，通过完整的减数分裂，一个精母细胞可以产生四个精子细胞，经过变形，形成四个精子；而一个初级卵母细胞产生一个卵子和三个第二极体，第二极体最后消失。

三、遗传信息及传递

（一）核酸是遗传物质

1. 遗传物质应具备的基本条件

（1）携带遗传信息的能力：遗传物质必须具备携带各种遗传信息的潜力，这样才能将亲代的性状传递给子代。

（2）高度的稳定性和一定的可变性：物种在长期的繁衍中能够保持稳定的种族特征，其根本原因就是遗传物质具有高度的稳定性，不会轻易地受内外环境的影响而发生变化。另一方面，物种在繁衍中除了具有高度的稳定性之外，还能不断地进化，说明遗传物质还具有一定的可变性。

（3）自我复制的能力：遗传物质必须有自我复制的能力才能够将遗传信息传递给子代，使子代具有和亲本相似的遗传性状。

2. 核酸是遗传物质

染色体主要是由核酸和蛋白质组成的。科学家经过严格的实验证明，核酸是遗传物质。除了少数不含脱氧核糖核酸（DNA）的物种是以核糖核酸（RNA）为遗传物质外，绝大多数具有细胞结构的生物都是以DNA作为遗传物质的。

(二) 遗传信息的传递

生物的多样性往往是由细胞的不同特性决定的,细胞的不同特性是细胞内蛋白质执行不同的功能导致的,而蛋白质是在DNA控制下形成的。那么,遗传信息是如何控制蛋白质形成的呢?简单地说,就是在细胞核内以DNA为模板合成RNA(转录),然后RNA转移到细胞质中,在核糖体上控制蛋白质的合成。

1. 遗传信息和遗传密码

(1) 遗传信息:DNA分子是由两条多核苷酸链相互缠绕形成的双螺旋结构,两边是核糖和磷酸根,中间是碱基对。核苷酸包括核苷和磷酸根,核苷由核糖和碱基组成。碱基有四种——腺嘌呤(A)、鸟嘌呤(G)、胞嘧啶(C)和胸腺嘧啶(T),四种碱基有两种配对方式,即A—T、G—C。核苷酸对(碱基对)的排列顺序就是遗传信息,而一条DNA分子上的核苷酸一般有上万对,因此DNA分子的这种特殊结构可以蕴藏所有生物的遗传信息。

(2) 遗传密码:遗传学研究表明,DNA中碱基对的排列顺序决定了蛋白质中氨基酸的排列顺序。由每三个碱基顺序排列代表一种氨基酸,这种排列顺序又称为三联体密码子,那么四种碱基就有 $4^3=64$ 种排列方式,而动物体内有20种氨基酸,所以多种密码子对应一种氨基酸。经过大量研究,现已发现了20种氨基酸的遗传密码(表1-2)。

表1-2　氨基酸的遗传密码

第一位碱基	第二位碱基								第三位碱基
	U		C		A		G		
U	UUU	苯丙氨酸	UCU	丝氨酸	UAU	酪氨酸	UGU	半胱氨酸	U
	UUC	苯丙氨酸	UCC	丝氨酸	UAC	酪氨酸	UGC	半胱氨酸	C
	UUA	亮氨酸	UCA	丝氨酸	UAA	终止密码	UGA	终止密码	A
	UUG	亮氨酸	UCG	丝氨酸	UAG	终止密码	UGG	色氨酸	G
C	CUU	亮氨酸	CCU	脯氨酸	CAU	组氨酸	CGU	精氨酸	U
	CUC	亮氨酸	CCC	脯氨酸	CAC	组氨酸	CGC	精氨酸	C
	CUA	亮氨酸	CCA	脯氨酸	CAA	谷氨酸	CGA	精氨酸	A
	CUG	亮氨酸	CCG	脯氨酸	CAG	谷氨酸	CGG	精氨酸	G
A	AUU	异亮氨酸	ACU	苏氨酸	AAU	天冬氨酸	AGU	丝氨酸	U
	AUC	异亮氨酸	ACC	苏氨酸	AAC	天冬氨酸	AGC	丝氨酸	C
	AUA	异亮氨酸	ACA	苏氨酸	AAA	赖氨酸	AGA	精氨酸	A
	AUG	甲硫氨酸(起始)	ACG	苏氨酸	AAG	赖氨酸	AGG	精氨酸	G
G	GUU	缬氨酸	GCU	丙氨酸	GAU	天冬氨酸	GGU	甘氨酸	U
	GUC	缬氨酸	GCC	丙氨酸	GAC	天冬氨酸	GGC	甘氨酸	C
	GUA	缬氨酸	GCA	丙氨酸	GAA	谷氨酸	GGA	甘氨酸	A
	GUG	缬氨酸(起始)	GCG	丙氨酸	GAG	谷氨酸	GGG	甘氨酸	G

表1-2中可见除甲硫氨酸和色氨酸之外,其他的氨基酸均有两种以上的密码子;密码子AUG和GUG还兼有表示蛋白质合成开始的作用;另外有三个密码子是蛋白质合成终止的信号。

整个生物界里,从病毒到人类,遗传密码都是通用的。

2. 遗传信息的传递

遗传信息的传递实质就是遗传密码从DNA到RNA的转录和从RNA到蛋白质的翻译两个过程。

(1) 转录:遗传信息从DNA转移到RNA的过程叫转录。在转录的过程中,DNA的双链打开,以一条链为模板,根据碱基配对原则(即C—G、T—A、A—U,RNA中U代替了DNA中的T),在聚合酶的作用下把核苷酸加工成一条与DNA互补的RNA分子链。然后新生的RNA链从原来的DNA上脱离开来,成为信使RNA。

(2) 翻译:翻译就是依照信使RNA上的遗传密码,将各种氨基酸组成蛋白质的过程。

当信使RNA合成后,通过核孔进入细胞质,附着于核糖体的亚基上。核糖体可以选择相应的氨基酰-tRNA(转运RNA),氨基酰-tRNA的一臂是和mRNA密码子互补的3个碱基,叫做"反密码子",另一臂连接着一个特定的氨基酸,通过tRNA上的反密码子互补作用将特定的氨基酸送到特定的位置上。这样从mRNA的一端到另外一端,一个个氨基酸分子依次连接在一起就形成了多肽,进而形成有一定分子结构的蛋白质分子。

(3) 中心法则:遗传学中将DNA的自我复制、以DNA为模板转录为RNA和由RNA合成蛋白质的过程称为中心法则。中心法则是遗传信息传递的一般规律。随着研究的进展,又发现生物界还有一些不符合中心法则的例子:有些只含有RNA而没有DNA的病毒,在感染宿主细胞后,可以产生RNA复制酶,在这种酶的作用下,以RNA为模板复制出RNA;还有些肿瘤病毒RNA可以以RNA为模板合成DNA。这些发现是对中心法则的补充(图1-3)。随着研究的推进,中心法则可能会进一步完善。

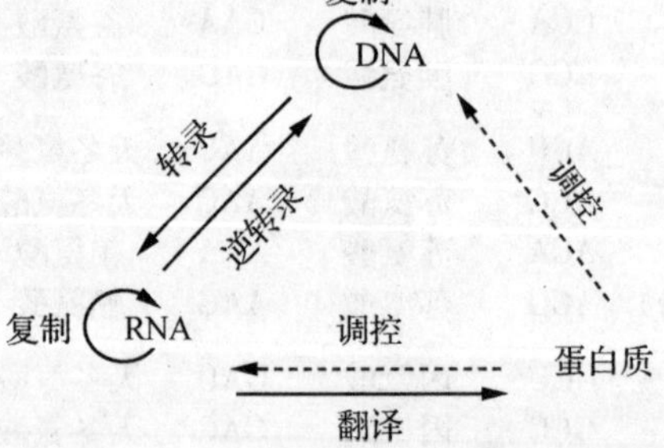

图1-3 遗传信息传递的中心法则

(4) 基因:遗传密码决定了氨基酸的类型和排序,从而间接决定了蛋白质的种类。而我们在观察生物遗传的现象时,往往关注单一的性状表现,为了研究的需要,科学家提出了基因的概念。基因是 DNA 上具有遗传效应的基本片段,生物性状表现就是由基因通过控制蛋白质的合成实现的。

单元练习

一、名词解释

1. 染色体　2. 同源染色体　3. 联会

二、判断题

1. 在减数分裂后期Ⅰ,染色体的两条染色单体分离,分别进入细胞的两极,实现染色体数目减半。 (　　)

2. 控制相对性状的相对基因是在同源染色体的相对位置上。 (　　)

3. 体细胞和精细胞都含有同样数量的染色体。 (　　)

三、选择题

1. 染色体存在于动物细胞的 (　　)

A. 内质网　　B. 细胞核　　C. 核糖体　　D. 叶绿体

2. 猪的体细胞($2n$)有 38 条染色体,有丝分裂结束后所形成的子细胞中的染色体数为 (　　)

A. 19 条　　B. 38 条　　C. 76 条　　D. 152 条

3. 减数分裂时染色体的减半过程发生于 (　　)

A. 前期Ⅱ　　B. 后期Ⅱ　　C. 后期Ⅰ　　D. 末期Ⅰ

4. 马的体细胞($2n$)有 64 条染色体,经过第一次减数分裂后形成的两个子细胞中染色单体数为 (　　)

A. 16 条　　B. 32 条　　C. 64 条　　D. 128 条

四、填空题

1. 填写下列物种的染色体数目:鸡:n = ______;狗:$2n$ = ______;牛:n = ______。

2. 人的体细胞有 46 条染色体,一个人从其父亲那里接受______条染色体;人的卵细胞中有______条性染色体,人的配子中有______条染色体。

3. 一次完整的减数分裂包括两次连续的分裂过程,减数的过程发生在________,联会的过程发生在________,核仁消失发生在________,鉴定染色体数目最有利的时期为________。

4. 形态和结构相同的一对染色体,称为________。有些生物的细胞中除具有正常恒定数目的染色体以外,还常出现额外的染色体,这种额外染色体统称为________。

5. 人的受精卵中有______条染色体,人的初级精母细胞中有______条染色体,精子和卵子中有______条染色体。

五、思考题

1. 简述细胞有丝分裂和减数分裂各自的遗传学意义。

2. 有丝分裂与减数分裂有何区别?

单元二
遗传基本规律的认知

单元概述

✲ 知识目标

1. 掌握遗传、显隐性、杂交、测交等基本概念。
2. 掌握分离定律 、自由组合定律、连锁交换定律、伴性遗传等遗传规律。

✲ 技能目标

1. 能够根据杂交现象确定显隐性性状。
2. 能够根据自由组合定律推测杂交后代的类型。
3. 能够根据伴性遗传制定鸡的雌雄自别系。
4. 能够利用遗传规律解释周围的现象。

本单元包括四个课题：分离定律、自由组合定律、遗传规律的发展和连锁交换定律，主要介绍了遗传、显隐性、杂交、测交的概念和分离定律、自由组合定律、连锁交换定律。

遗传学家通过一系列的实验研究，发现了生物遗传中存在三大基本规律——分离定律、自由组合定律和连锁交换定律。这三大定律已经被大量生产实践所证实，在研究生物的遗传变异方面具有普遍的指导意义。

课题一　分离定律

一、一对相对性状杂交的遗传现象

杂交是指在遗传学上具有不同遗传性状的个体之间的交配。杂交所得的后代被称为杂种。

相对性状指的是生物同一性状的不同表现型。例如,豌豆的花色这一性状的红色与白色、牛角的有无等都是一对相对性状。

分离定律是奥地利的孟德尔在1865年总结出的,又称为孟德尔第一定律。孟德尔在栽培豌豆的过程中观察到一些性状在遗传过程中会发生有规律的变化:孟德尔用世代开红花的豌豆和世代开白花的豌豆进行杂交,无论是红花做父本、白花做母本还是相反,子一代(F_1)全部开红花,而子一代的红花自花授粉得到的子二代(F_2)又出现了开白花的个体,开红花与开白花的植株数目之比约为3∶1(图2-1)。

P　红花(♀)　×　白花(♂)

↓

F_1　红花

↓

F_2　红花　　白花

比例　3　:　1

注:P表示亲本,F_1表示杂交子一代,F_2表示杂交子二代。

图2-1　红花豌豆与白花豌豆杂交的遗传图解

在杂交时,两亲本的相对性状能够在子一代中表现出来的叫做显性性状,不表现出来的叫做隐性性状。例如,豌豆的花色这一性状,红色就是显性性状,白色就是隐性性状。F_1代中只表现出显性性状而不表现隐性性状,这种现象叫做显性现象;到了F_2代,既有显性性状个体又有隐性性状个体的现象叫做分离现象。

二、分离现象的解释与验证

1. 分离现象的解释

个体是由雌、雄两个配子结合以后产生的,因此个体的表现必然跟配子有关。上例中,F_1代开红花,是因为得到了红色亲本配子中的遗传因子(用大写字母R表示);而F_1代自花授粉产生了开白花的后代,说明F_1代体内同样具有白色的遗传因子(用小写字母r表示),而这一遗传因子来源于白色的亲本,也就是说F_1代细胞中既有红色的遗传因子,也有白色的遗传因子,且两种遗传因子相互不发生融合,保持各自的独立性(Rr)。

孟德尔根据实验现象提出了三条假设(表2-1):

（1）生物的性状是由遗传因子控制的，在体细胞中遗传因子是成对存在的（如 RR、Rr、rr），其中一个来源于父本，另一个来源于母本。

（2）在形成生殖细胞时，成对的遗传因子相互分开进入不同的配子中，不同配子的比例是1∶1。

（3）配子结合时，不同配子结合的概率相同。

表 2-1　遗传因子分离示意表

雌配子（♀） \ 雄配子（♂）	R	r
R	RR	Rr
r	Rr	rr

2. 分离假说的验证

上述假说能否成立，关键在于杂合体内是否存在两种不同的遗传因子，不同的遗传因子是否相互分离。我们可以用测验杂交的方法检验上述假设。

测验杂交简称测交，就是用 F_1 代个体与隐性亲本交配。根据假设，F_1 代个体可以产生两种等量的配子 R 和 r，而隐性亲本只能产生一种配子 r，这样测交的后代就会出现等量的 Rr 和 rr 的个体（表 2-2）。

孟德尔测交检测的实际结果与假说推论完全相符，这证明分离假说是正确的，我们将这一假说称之为分离定律，又叫孟德尔第一定律。

表 2-2　测交示意表

雌配子（♀） \ 雄配子（♂）	R	r
r	Rr	rr
后代数量	1	1

这里说的遗传因子就是后来我们所说的基因，后来的分子遗传学实验也证明，成对的基因位于同源染色体的相同位点，被称为等位基因。而生物个体的遗传组成叫做基因型。例如，纯种开红花豌豆的花色基因型就是 RR，开花色豌豆的花色基因型就是 Rr。基因型是肉眼看不见的，要通过杂交试验才能鉴定。由相同基因组成的基因型个体叫做纯合体（如 RR，rr），由不同基因组成的基因型个体叫做杂合体（如 Rr）。在基因型的基础上表现出来的性状叫表现型。

实际上，自然界的很多现象都是遵循分离定律的，例如人的性别、牛角的有无、鸡蛋壳的颜色等。通过对分离定律的学习，我们就可以分析自然界的这些现象，还可为进一步学习其他复杂的遗传规律打下基础。

课题二　自由组合定律

分离定律成功地解决了一个性状的遗传问题，但是生物体往往具有多种性状，我们也希望把不同优点集中到某一个个体身上，那么几个不同的性状一起遗传会有什么样的情况出现呢？孟德尔进一步研究了两对性状的杂交问题。

一、两对性状杂交的遗传现象

孟德尔用两对不同性状的两个纯合体进行杂交，观察杂交后代的变化规律。孟德尔选择了具有黄色子叶、圆形的豌豆亲本和绿色子叶、皱形的豌豆亲本进行杂交，F_1 代个体全为黄色子叶、圆形的豌豆。这说明子叶颜色这一性状上，黄色对绿色是显性；种皮的形态中圆滑对皱缩是显性的。当用 F_1 代自花授粉时，得到的 F_2 代出现了四种类型的个体，除了两种亲本型黄色圆形、绿色皱形之外，又多了两种新类型豌豆，即黄色皱形、绿色圆形，且黄色圆形、黄色皱形、绿色圆形、绿色皱形数量之比为9∶3∶3∶1（图2-2）。

如果仍按照分离定律的分析方法，针对单一性状的不同表现型进行分析，无论是子叶颜色还是种皮外观，都接近分离定律的比例关系，这说明不同性状的遗传因子在传递给后代时相互不干扰，各自独立传递。

P　　黄色圆形（♀）　×　绿色皱形（♂）

↓

F_1　　黄色圆形

↓

F_2	黄色圆形	黄色皱形	绿色圆形	绿色皱形
个体数（株数）	315	101	108	32
比例	9 :	3 :	3 :	1

图2-2　两对相对性状的遗传图解

二、自由组合现象的解释与验证

1. 自由组合现象的解释

上述实验中观测的两对性状是由两对基因控制的，孟德尔用Y和y表示控制子叶颜色的基因，用R和r表示控制种皮形态的基因。从实验中可知，黄色对绿色为显性，圆形对皱形为显性，所以亲本黄色圆形的基因型为RRYY，绿色皱形的基因型为rryy。根据分离定律可知，控制一个性状的等位基因相互分离，即R与R分离、Y与Y分离形成了RY配子，r与r分离、y与y分离形成ry配子，杂交后形成的 F_1 代基因型RrYy。F_1 代自交产生配子时，同源染色体R与r分离，Y与y分离。那么非等位基因之间如何组合，对配子结合又产生什么影响？孟德尔又提出了两点假说：

① 在形成配子时，一对基因与另一对基因在分离时各自独立、互不影响；不同对基因之间的组合是自由的、随机的。

② 雌雄配子在结合时也是自由组合的、随机的。

根据这一假说，我们可以分析从 F_1 代可以产生四种不同基因型的配子（RY、Ry、rY、ry），形成 F_2 代基因组合如表 2-3 所示。

表 2-3　两对相对性状的遗传示意表

♂ \ ♀	RY	Ry	rY	ry
RY	RRYY（黄圆）	RRYy（黄圆）	RrYY（黄圆）	RrYy（黄圆）
Ry	RRYy（黄圆）	RRyy（黄皱）	RrYy（黄圆）	Rryy（黄皱）
rY	RrYY（黄圆）	RrYy（黄圆）	rrYY（绿圆）	rrYy（绿圆）
ry	RrYy（黄圆）	Rryy（黄皱）	rrYy（绿圆）	rryy（绿皱）

如表 2-3 所示，F_2 代有四种表现形式，即黄圆、黄皱、绿圆、绿皱，且数目比例正好为 9∶3∶3∶1，可见孟德尔的假说能够解释实验现象。

三、自由组合假说的验证

自由组合假说能否成立，孟德尔同样采用测交来进行检验，即用 F_1 代跟隐性纯合体亲本回交。根据自由组合假说的推论，F_1 代产生四种配子，而隐性纯合体亲本只能产生一种配子，这样测交的结果将是黄圆、黄皱、绿圆、绿皱四种表现型数目比例为 1∶1∶1∶1。

下面是孟德尔测交实验的图解（图 2-3）：

P 绿皱 rryy　×　F_1 黄圆 RrYy

配子	RY	Ry	rY	ry
ry	RrYy 黄圆	Rryy 黄皱	rrYy 绿圆	rryy 绿皱
F_1 为父本后代的植株数	31	27	26	26
F_1 为母本后代的植株数	24	22	25	26

图 2-3　自由组合定律的测交验证

图 2-3 内的四种表现型的个体数经卡方（χ^2）检验，不同表现型后代植株数比例符合 1∶1∶1∶1。这证明孟德尔的假说是正确的，我们称之为自由组合定律。

两对相对性状的杂交遵循自由组合定律，那么如果考虑更多对性状杂交会出现什么结果呢？根据实验结果及其分析得知它要复杂得多，但也有规律可循，只要每对基因都遵循独立遗传的规律，那么每增加一对基因，产生的配子基因类型就增加一倍，F_2 代的基因类型就增加两倍。现将两对以上相对性状的个体杂交变化归纳如表 2-4 所示。

表 2-4　相对性状数与遗传变化的关系表

相对性状的数目	F_1 代产生的配子类型数	F_2 代的基因型数	F_2 代表现型数	F_2 代表现型比例
1	$2^1=2$	$3^1=3$	$2^1=2$	$(3:1)^1$
2	$2^2=4$	$3^2=9$	$2^2=4$	$(3:1)^2$
3	$2^3=8$	$3^3=27$	$2^3=8$	$(3:1)^3$
4	$2^4=16$	$3^4=81$	$2^4=16$	$(3:1)^4$
…	…	…	…	…
n	2^n	3^n	2^n	$(3:1)^n$

四、分离定律与自由组合定律在畜禽育种实践中的意义

分离定律和自由组合定律对于指导动物遗传育种的实践具有重要意义。

（1）通过分离定律的应用，可以明确相对性状间的显隐性关系，帮助我们采用合适的杂交育种措施，预见杂交后代的各种类型比例，从而为确定选育群体的大小提供依据。

（2）判断家畜某种性状是纯合体还是杂合体。畜牧生产中常常需要培育优良的纯种，首先要选择出某些性状是纯合体的种畜（禽），利用这些定律可以满足我们的要求。

（3）可以帮我们识别、淘汰有遗传缺陷性状的种畜。遗传缺陷大多受隐性基因控制，杂合体表现不出来，所以杂合体就是缺陷基因的携带者，我们在育种工作中可以采用测交的方法检验出这种杂合体，并把它们淘汰掉。

（4）培育优良的新品种。在畜禽育种工作中，往往需要培育出拥有多个优良性状的品种。根据自由组合定律，选择具有不同优良性状的品种或品系杂交，可以实现杂交亲本性状的重新组合，出现我们需要的新类型。对出现的新类型继续选育，使之逐步纯化，可以得到一个新型优良品种或品系。

课题三　遗传规律的发展

生物的遗传现象是非常复杂的。随着研究的深入，科学家发现有些性状的遗传并不完全符合孟德尔遗传规律，但是验证的结果也并没有否定孟德尔的遗传规律，而是对它做了进一步的补充和完善。

一、不完全显性现象

上述实验和规律得以成立的前提是完全的显性，即 F_1 代完全表现为一方亲本的特

点，F_2 代中显隐性个体数目比为3∶1。但是在自然界中，还是有些性状的显隐性关系不那么明显、简单，显隐性关系仅仅是部分的、不彻底的。

1. 不完全显性

不完全显性又叫做半显性，其特点是杂合子表现为双亲的中间性状。如安达罗生鸡的羽毛有黑色和白色两种表现型，杂交所得的 F_1 代表现为蓝色，F_1 代自交产生的 F_2 代有三种表现型，分别是黑色、蓝色、白色，比例为1∶2∶1。

家鸡的卷羽性状（又称为翻毛鸡）也是这种类型。正常羽的鸡和卷羽的鸡杂交后 F_1 代是轻度卷羽，也呈现双亲之间的中间型。F_1 代自交产生的 F_2 代同样有三种表现型——正常羽、轻度卷羽和卷羽，比例为1∶2∶1。

由上述实例可知，F_1 代呈现双亲之间的中间型并不是因为两个不同基因出现了融合，F_2 代中重新出现了亲本类型说明了这一点，其根本原因是显性基因的显性作用不完全。这也更加证明了分离定律的正确性。

家蚕的体色、马的毛皮、金鱼身体的透明度等都属于此类不完全显性。

2. 共显性现象

一对等位基因在杂合子上都有自己的表型效应，称为共显性。人类的 MN 血型是很好的例子。在人类的 MN 血型系统中有三种血型，即 M、N、MN 型。他们是由基因型 $L^M L^M$，$L^N L^N$ 和 $L^M L^N$ 决定的。M 血型个体红细胞表面有 M 抗原，N 型有 N 抗原，MN 型同时携带有 M 抗原和 N 抗原，当 L^M、L^N 同时存在时，其性状都可以得到表现，或者说 M 血型和 N 血型不存在显隐性的关系，两种基因在同种组织中都得到了表达。

3. 致死基因

正常小鼠的毛皮是棕灰色的，科研人员研究小鼠时发现了一只黄色小鼠（下简称黄鼠），用这只黄鼠和纯系的正常小鼠杂交，产生的后代有一半是黄鼠，一半是正常小鼠。再将黄鼠和黄鼠杂交，后代中2/3 是黄鼠，1/3 是正常小鼠。

为什么会出现这样的比例呢？从第一组杂交实验的结果来看，后代中出现了两种表现型且符合测交的比例，说明黄鼠不是纯合的，黄色对棕灰色为显性。第二组杂交的分离比是2∶1，不符合杂合体自交后的孟德尔分离比（1∶2∶1），这是因为小鼠体内缺少了一种显性基因型纯合体，显性基因型纯合体就未能成活。这种导致生物死亡的等位基因称为致死等位基因。

小鼠的致死基因被发现后人们不断地在人类及动物中发现了很多类似的例子。致死基因可分为显性致死和隐性致死。像黄鼠的例子，A^Y 基因在控制毛皮的颜色上是显性的，但在致死这个表型上必须是纯合状态才能实现，也就是属于隐性的，因此我们称为隐性致死。人类有很多隐性遗传病都会致死，如镰刀型贫血、半乳糖血症等，它们都属于隐性致死。另一种类型是显性致死,如人类视网膜母细胞瘤,为显性遗传。视网膜母细胞患者多为1~5岁儿童,他们体内的抑癌基因Rb突变或缺失,即使在幼年摘除眼球,成年时还会转发骨癌或肺癌而致死。

4. 复等位基因

遗传学的研究早就发现,一个基因可能有两种以上的形式,这种情况称为复等位基因。

人类的血型遗传系统最常用的是ABO血型系统。对ABO血型系统的遗传进行分析可知,此系统共由3个复等位基因I^A、I^B、i控制,I^A和I^B互为共显性,但对i为显性。I^A基因控制产生A抗原;I^B基因产生B抗原,i基因为缺陷型,不能产生A抗原和B抗原(表2-5)。复等位基因在生物性状中是普遍存在的,譬如家兔的毛色等。

表2-5 人类ABO血型的表现型与基因型的对应关系

血型(表现型)	基因型
A	I^AI^A、I^Ai
B	I^BI^B、I^Bi
AB	I^AI^B
O	ii

课题四 连锁交换定律

一系列的实验已经证实了染色体是基因的载体,但是生物的染色体数量远远地小于基因的数量,那么就存在这样一种情况——有多个基因位于同一条染色体上,在细胞分裂形成配子的时候,染色体移向细胞的一极,在同一条染色体上的所有基因都将随着染色体移动,不能进行独立的分配,从而表现为另一种遗传现象,某些性状表现会联系在一起同时出现,即连锁遗传。美国生物学家摩尔根在前人研究的基础上,利用果蝇作为实验材料,发现了这一规律。

一、连锁与交换的遗传现象

(一) 完全连锁

果蝇的灰身(B)对黑身(b)是显性,长翅(V)对残翅(v)是显性,如果让纯合子灰身长翅(BBVV)雄果蝇与纯合子黑身残翅(bbvv)雌果蝇杂交,产生的F_1代均是杂合子的灰身长翅果蝇(BbVv)。让F_1代的雄果蝇与双隐性雌果蝇杂交,按照分离和自由组合定律推算,F_1代可以产生BV、Bv、bV、bv四种配子,所得后代应出现灰身长翅、灰身残翅、黑身长翅和黑身残翅四种表现型,比例为1∶1∶1∶1,但是实验中只出现了灰身长翅和黑身残翅两种亲本型,其比例是1∶1,不符合理论推算。摩尔根认为在这一过程中基因没有重新组合,不能形成四种配子,只能产生和亲本一样的两种配子,即BV和bv。

假设B与V在同一条染色体上用BV表示,b与v在同一条染色体上用bv表示,那么这一遗传现象即可得到解释:由于基因的连锁,杂合子F_1代雄果蝇在形成配子时只能产生两种基因组合BV和bv,双隐性纯合体雌果蝇能产生一种配子bv,测交后代也会有两种表现型,即灰身长翅和黑身残翅,比例是1∶1。这样就与实验结果一致了(图2-4)。

P_1 $\frac{BV}{BV}$ × $\frac{bv}{bv}$

↓

F_1 $\frac{BV}{bv}$ × $\frac{bv}{bv}$

↓

测交后代 $\frac{BV}{bv}$ $\frac{bv}{bv}$

图2-4 果蝇完全连锁遗传示意图

(二) 不完全连锁(交换)

1. 交换遗传现象

在家鸡中,卷羽基因(F)对常羽基因(f)为显性,白色羽基因(I)对有色羽基因(i)为显性。

如果用纯合子白色卷羽鸡(IIFF)与有色常羽鸡(iiff)杂交,F_1代全为白色卷羽,再用F_1代母鸡与双隐性公鸡(iiff)测交,结果会出现四种表现型的后代,即白色卷羽、有色常羽、白色常羽、有色卷羽(图2-5)。

P 有色常羽(iiff) × (IIFF)白色卷羽

↓

F_1 白色卷羽(FfIi) × 有色常羽(iiff)

↓

测交后代	白色卷羽	有色常羽	白色常羽	有色卷羽
	(15只)	(12只)	(4只)	(2只)

图2-5 鸡不完全连锁遗传示意图

测交后代有四种表现型,比例不是1∶1∶1∶1的关系,而是亲本型(白色卷羽、有色常羽)较多,占测交后代总数的81.8%;重新组合型(白色常羽、有色卷羽)占测交后代的18.2%。这一结果既不符合自由组合定律,也不符合连锁定律,为什么呢?

2. 连锁交换遗传现象的解释

在减数分裂的四分体阶段,同源染色体发生交叉,同一对染色体的两个成员间彼此交换一个节段,相互交换各自的等位基因以新的组合进入配子,称为基因互换。

交换率是指发生重组的配子数的百分率,它代表染色体上不同基因间的距离单位,从而表示基因间的连锁强度。在一定条件下连锁基因的交换率是恒定的,两对基因相距越近,交换率越低,则基因间连锁强度越大;反之,如果相距愈远,交换率越高,基因间的连锁强度越小。根据这一原理,可以采用一些方法确定不同基因在染色体上的位置。

交换率以正常条件下生长的生物为研究对象,以某种动物的杂交所得子一代与双隐性亲本进行测交,观察测交后代的表现型,分别统计各种表现型的数目,包括亲本类型和新类型。新类型反映了重组的配子数。根据下列公式计算交换值(互换值)。

$$互换值(\%)=重新组合配子数/总配子数\times100\%$$

上例中的白色卷羽、有色常羽为重新组合类型,互换值为 18.2%($\frac{4+2}{15+12+4+2}\times100\%$)。不同的连锁基因,互换率是不同的,互换值低的接近于0,则成为完全连锁,高的不超过50%。

连锁基因间的交换和基因的自由组合都可以造成不同基因的重新组合,从而出现新类型的个体,所以运用连锁交换定律不仅能够解释生物界的多种遗传现象,而且能够推测出杂交后代各种类型的比例。

连锁交换定律是遗传学第三个基本定律。

二、性别决定与伴性遗传

性别是动物体中最易区别的一个性状,很多动物群体中雌、雄两种性别之比都接近1:1,这是典型的一对基因杂合体测交后的后代比例,在单元一中我们也提到过,染色体组中有一对特殊的性染色体是与性别有关的。

(一) 性别决定

1. 性染色体的类型

动物体常见的性染色体类型有XY、ZW、XO和ZO。

(1) XY型:雌性是由一对着丝点接近中央、形状类似"X"的性染色体决定的,用符号XX表示;雄性由一条X染色体和一条比X小、形态也不同的Y染色体共同决定的,因此用符号XY表示。哺乳动物、两栖类、某些硬骨鱼类及很多昆虫的性染色体都属XY型。

(2) ZW型:此种类型与XY型恰好相反,雌性为不同的性染色体组合,雄性是一对相同的性染色体。为了与XY型相区别,我们用符号ZW表示这种类型的雌性,用ZZ表示此种类型的雄性。全部的鸟类、部分鱼类、部分鳞翅目昆虫属ZW型。

(3) XO型和ZO型：在XO型中，雌性有两条性染色体，用XX表示；雄性个体的性染色体只有一条X染色体，缺乏Y染色体，因此用XO表示。在ZO型中，雌性的性染色体只有一条Z染色体，用ZO表示；雄性有两条性染色体，用ZZ表示。大部分昆虫属于这两种类型。

2. 性别决定

生物类型不同，性别决定的方式往往也不同。多数雌雄异体的物种雌雄个体的性染色体组成不同，它们的性别往往是由染色体的差异决定的。如XY型的物种中，雄性(XY)可以产生含有Y染色体和含有X染色体的两种精子，两种精子的数量相等，而雌性只能产生一种含X染色体的卵子。若含Y染色体的精子与卵子受精，受精卵的性染色体为XY型，将来可发育成雄性；若含X染色体的精子与卵子受精，受精卵的性染色体为XX型，将来发育成雌性。人和哺乳动物的后代是雄性还是雌性完全由雄性精子所含性染色体决定。

ZW型与XY型相反，雄性只能产生一种含有Z染色体的精子，雌性可以产生含有Z和W两种不同染色体的卵子。若Z型精子和Z型卵子结合，后代将发育成雄性；若Z型精子和W型卵子结合，则后代将发育成雌性。

3. 性别分化

性别分化是指在性别决定的基础上进行雄性和雌性性别分化和发育的过程。任何性状都是基因型与环境条件共同作用的结果。当环境条件符合正常性别分化的要求时，个体将按照基因组成控制的方向分化和发育；如果环境条件不符合要求，性别的分化和发育就会发生变化，与个体的基因组成出现偏差。

(1) 温度与性别：青蛙的性染色体是XY型，如果让蝌蚪在较低的温度下发育，XX型可能会发育成雄性；如果让蝌蚪在较高的温度下发育，XY型可能会发育成雌性。它们的染色体组成并没有变，环境改变了表现型。

(2) 营养对性别影响：蜂群中有蜂王、工蜂和雄蜂三种，其中蜂王和工蜂都是由受精卵发育形成的，染色体组成相同。受精卵可以发育成正常的雌蜂（蜂王），也可以发育成不育的工蜂，关键取决于幼虫期的营养。若整个幼虫期都以蜂王浆为食，则幼虫可发育成为蜂王，具有产卵能力；若幼虫期仅食2～3d蜂王浆，则发育成体小的工蜂。

(3) 激素与性别：双胎牛犊如果是一公一母，那么公犊能正常发育成牛，而母犊的性腺发育受阻，这种母牛长大后不会发情，卵巢退化，子宫和外生殖器官发育不全，外形有雄性表现，称“自由马丁”。因为牛的双胎在发育时胎盘的绒毛膜血管互相融合，所以两个胎儿有共同的血液循环，双胎中的雄性个体性腺首先分化，产生的雄性激素随血液循环流向雌性个体影响了雌性个体的性腺分化，使其趋向间性，失去生殖能力。

除此之外，动物中还有性反转现象如牝鸡、鳝鱼等的性别改变也都说明除染色体之外还有其他因素可以影响动物最终的性别表达。

(二) 伴性遗传

同一条染色体上的不同基因可以连锁遗传，性染色体上携带有很多不同的基因，它们控制的性状表现往往和性别有着一定的联系，这种与性别联系在一起的连锁现象称为性连锁，又称为伴性遗传。

芦花鸡的毛色遗传就是典型的伴性遗传方式。用芦花母鸡和非芦花公鸡交配，得到的 F_1 代中，公鸡都是芦花的，母鸡都是非芦花的。F_2 代中，不论公母都是一半芦花，一半非芦花。亲本母鸡(ZW)是芦花的，而 F_1 代中的母鸡是非芦花的，根据我们所学过的知识可以判断，芦花基因必定存在于 Z 染色体上，不在 W 染色体上；亲本公鸡非芦花而子代出现芦花公鸡，可以推断芦花基因是显性的，我们将此遗传过程中的基因型变化用图 2-6 表示如下：

P	非芦花公鸡 Z^bZ^b	×	芦花母鸡 Z^BW	
G	Z^b	×	Z^B/W	
F_1		芦花公鸡 Z^BZ^b (♂)		非芦花母鸡 Z^bW (♀)
G		Z^B/Z^b	×	Z^b/W
F_2	Z^BZ^b 芦花公鸡	Z^bZ^b 非芦花公鸡	Z^BW 芦花母鸡	Z^bW 非芦花母鸡

图 2-6　非芦花公鸡与芦花母鸡交配示意图

反之，如果用非芦花母鸡与芦花公鸡进行杂交(反交)，结果就大不相同(图 2-7)。F_1 代无论公母都为芦花；F_2 代中公鸡全为芦花，母鸡一半芦花，一半非芦花。说明伴性遗传的正反交结果是不同的，两性间的分离比例也不同。

伴性遗传在养殖业中有着重要的应用。譬如在养鸡业上，很难区别雌雄雏鸡在外生殖器上的差异，芦花—非芦花可以被用来培育自别雌雄的品系，可以早期鉴别雏鸡的雌雄，将其分开饲养或雌性作产蛋用，公的作肉用。如上述事例中用非芦花公鸡与芦花母鸡杂交，F_1 代中芦花羽的必定是公鸡，非芦花羽的必定是母鸡，这样就可以尽早选择养殖者需要的性别。

生物中发现了很多伴性遗传的现象，除了芦花—非芦花这对性状外，鸡的 Z 染色体上还有慢羽对快羽、银色羽对金色羽等性状也是伴性遗传的，人类中的红绿色盲、血友病等遗传疾病也属于伴性遗传。

P　　芦花公鸡Z^BZ^B　　×　　非芦花母鸡Z^bW

↓　　　　　　↓

G　　Z^B　　×　　Z^b/W

↓

F_1　　芦花公鸡 Z^BZ^b（♂）　　芦花母鸡 Z^BW（♀）

↓　　　　　　↓

G　　Z^B/Z^b　　×　　Z^b/W

↓

F_2　　Z^BZ^B　　Z^BZ^b　　Z^BW　　Z^bW

芦花公鸡　　芦花公鸡　　芦花母鸡　　非芦花母鸡

图 2-7　芦花公鸡与非芦花母鸡交配示意图

单元练习

一、名词解释

1. 遗传　2. 显性　3. 隐性　4. 杂交　5. 测交

二、填空

1. 已知有以下两个猪的品种：平耳白猪和立耳黑猪。用这两种猪杂交后发现以下现象，请据图填空。

P　　平耳白猪　　×　　立耳黑猪

↓

F_1　　________

↓

F_2　　________　　平耳黑猪　　________　　立耳黑猪

F_2各表型比例为　　9　：　________　：　3　：　1

三、简答题

1. 牛的无角对有角是显性，无角公牛分别与 3 头母牛杂交，其杂交方式和结果如下：

（1）有角母牛 A × 无角公牛→无角小牛。

（2）有角母牛 B × 无角公牛→有角小牛。

（3）无角母牛 C × 无角公牛→有角小牛。

请分析上述亲本和后代的基因型。

2. 两个色盲的双亲能否生出一个正常的男孩？能生出色盲的女孩吗？两个正常的双亲能生出一个色盲的男孩或女孩吗？

单元三

变异现象的认知

单元概述

知识目标

1. 掌握变异的概念。
2. 了解变异的类型。
3. 了解诱发变异的因素。

技能目标

能够发现、解释周围的变异现象。

本单元包括三个课题:变异的概况、基因突变和染色体畸变,主要介绍了变异的概念和类型、基因突变、诱发基因突变的原因、染色体变异的类型和引起染色体变异的原因。

课题一　变异的概况

一、变异的普遍性

我们知道,地球上的环境是复杂多样、不断变化的。生物体如果不能产生变异,就不能适应不断变化的环境。如果没有可遗传的变异,也就不会产生新的生物类型,生物就不能由简单到复杂、由低等到高等不断地进化。由此可见,变异为生物进化提供了原始材料。生物的变异有利于生物的进化,因为各种有利的变异会通过遗传不断地积累和加强,不利的变异会被淘汰,使生物群体更加适应周围的环境。生物在繁衍过程中,不断地产生各种有利变异,这对于生物的进化具有重要的意义。变异是生物界的普遍现象,是生物的共同特征之一。

二、变异的类型和原因

(一) 变异的类型

生物界的变异一般分为遗传的变异和不可遗传的变异两类。

1. 遗传的变异

遗传的变异是基因的变异,是由于生物体内的遗传物质发生改变而引起的表现型的变异。因为这种变异是由遗传物质引起的,所以才能够遗传给后代,故称之为遗传的变异。例如,家鸡的卷羽、安康羊的短腿都是由于等位基因突变导致的。

2. 不可遗传的变异(表现型的变异)

不可遗传的变异一般都是因为环境条件改变而产生的,这种改变并没有相应的遗传物质的变化,所以不能遗传给后代。例如,同一品种的奶牛在饲养条件较好的时候产奶量会比较高,饲养不当时产奶量会下降,犊牛的人工去角、羔羊的断尾等差异也都如此。

遗传的变异和不可遗传的变异在实践中并不容易区分。因为遗传和环境变化可以产生很相似的变异,有时二者可能同时发生作用产生同一变异。要想区分这两种变异,首先要查明出现变异个体的来源;其次需要通过遗传试验确定其遗传组成,对实验中不同个体所处的环境要尽量控制相同、稳定。譬如,高矮明显不同的个体,高度的差别可能是因为遗传物质不同所造成的,也可能是由于外部环境因素不同造成的,怎么判断呢?研究发现,如果这些个体来自于不同的品种,那么可以初步认定是由于遗传组成不同而导致的品种差异;如果不清楚个体的来源需要进一步确定时,就需要进行遗传实验来了解其遗传组成:将这些不同个体在相同的时间、环境和管理条件下进行繁殖,看它们的后代在同一条件下的表现型。如果后代表现出类似于亲本的差异,说明很可能是遗传的变异;如果后代没有明显的差异,则可能是表现型的变异。

(二) 变异的原因

生物的性状表现是遗传基础和环境影响共同作用的结果,也就是说,生物的变异是由两种原因引起的——一是遗传物质的改变,二是环境条件的改变。

环境条件的改变一般不能引起遗传物质的改变,但是遗传物质的作用往往需要环境因素的配合。譬如,来航鸡的黄脚表现是一种可遗传的特征,但是要求饲料中有色素的存在,这一性状才能充分表现,如果饲料中长期缺乏黄色素,鸡脚的颜色会接近白色;一旦黄色素重新充足供应,鸡脚的颜色又会变成黄色。因此,在生产和生活中,可以通过改变遗传组成来获得我们需要的品种类型,同时要创造合适的饲养管理条件使品种表现型达到我们的要求。

遗传物质的改变可以分为两类,即基因突变和染色体畸变。

课题二　基因突变

一、基因突变的概念

基因突变是指染色体上某一位点的化学结构发生了变化(DNA 分子中发生碱基对增加、缺失或改变),一个基因变成了它的等位基因,从而使该基因的表现型也发生改变。基因突变在生物界是普遍存在的,在生物进化中具有重要意义。它是生物变异的根本来源,为生物进化提供了最初的原材料。例如,小麦从高秆变成矮秆,普通羊群中出现了短腿的安康羊等,都是基因突变的结果。

基因突变在生物界中是普遍存在的。无论是低等生物,还是高等的动植物以及人,都可能发生基因突变。例如,正常人的红细胞是圆饼状的,而镰刀型细胞贫血症患者的红细胞却是弯曲的镰刀状的。这样的红细胞容易破裂,使人患溶血性贫血,严重时会导致死亡。分子生物学的研究表明,镰刀型细胞贫血症是由基因突变引起的一种遗传病。基因突变在自然界的物种中广泛存在。例如,棉花的短果枝,水稻的矮秆、糯性,果蝇的白眼、残翅,家鸽羽毛的灰红色,以及人的色盲、糖尿病、白化病等遗传病,都是突变性状。自然条件下发生的基因突变叫做自然突变,人为条件下诱发产生的基因突变叫做诱发突变。

二、基因突变的原因

引起基因突变的因素很多,可以归纳为以下三类:第一类是物理因素,如 X 射线、激光等;第二类是化学因素,是指能够与 DNA 分子起作用而改变 DNA 分子性质的物质,如亚硝酸、碱基类似物等;第三类是生物因素,包括病毒和某些细菌等。

人工诱变是指利用物理因素(如 X 射线、γ 射线、紫外线、激光等)或化学因素(如亚硝酸、硫酸二乙酯等)来处理生物,使生物发生基因突变。用这种方法可以提高突变率,创造人类需要的变异类型,从中选择、培育出优良的生物品种。

三、基因突变的特点

基因突变作为生物变异的一个重要来源,它具有以下主要特点:

1. 突变有利有弊

多数基因突变对生物体是有害的。因为任一物种都是长期进化的产物,它们与环境条件已经取得了高度的协调。如果发生基因突变,就有可能破坏这种协调关系,所以,基因突变对于生物的生存往往是有害的。例如,人类的遗传病绝大多数就是由基因突变造成的,这些病(如血友病、红绿色盲、白化病等)对人类健康构成了严重威胁。又如,植物中常见的白化苗,也是基因突变造成的。这种苗由于缺乏叶绿素,不能进行光合作用制造有机物，最终导致死亡。

但是，也有少数基因突变是有利的。例如，植物的抗病性突变、耐旱性突变、微生物的抗药性突变等，都是有利于生物生存的。

还有些生物的基因突变对生物本身有害，但是对人类的生产生活是有利的，例如安康羊的短腿突变。

2. 基因突变是不定向的

一个基因可以向不同的方向发生突变，产生一个以上的等位基因，如基因 a 可以突变成为它的等位基因 a_1、a_2 等。例如，控制人类 ABO 血型的复等位基因系统，就是基因突变的结果。一个基因突变的方向虽然不定，但不是完全自由的，因为突变受 DNA 初始结构的制约，同时又受内外环境的影响，所以突变一般在同样的相对性状的范围内变化，如家兔毛色的变异。

3. 突变的可逆性

基因突变是可逆的。显性基因可以突变成为隐性基因，如基因 A→a，称之为正突变；反之，隐性基因也可以突变成为显性基因，如 a→A，称之为反突变。

4. 突变的频率

在自然状态下，对一种生物来说，基因突变的频率是很低的。据估计，在高等生物中，每 $10^5 \sim 10^8$ 个生殖细胞中，才会有 1 个生殖细胞发生基因突变，突变率是 $10^{-8} \sim 10^{-5}$。

突变可以发生在生物个体发育的任何时期。一般来说，在生物个体发育的过程中，基因突变发生的时期越晚，生物体表现突变的部分就越少，对生物体的影响也就越小。例如，植物的叶芽如果在发育的早期发生基因突变，那么由这个叶芽长成的枝条，上面着生的叶、花和果实都有可能与其他枝条不同。如果基因突变发生在花芽分化时，那么，将来可能只在一朵花或一个花序上表现出变异。

基因突变可以发生在体细胞中，也可以发生在生殖细胞中。发生在体细胞中的突变，一般是不能传递给后代的；发生在生殖细胞中的突变，可以通过受精作用直接传递给后代。自然状态下，基因突变的频率很低。

四、基因突变的应用

突变可以使生物体产生新的性状表现，所以诱发突变是改良现有品种的一种有效方法。近年来，辐射育种已在植物、微生物方面得到了广泛应用，并在生产上获得了巨大的效益，如青霉素产量的提高就是运用了人工诱变技术，植物育种中使用人工诱变技术也已培育出很多优良品种。但是在家畜家禽方面，由于基因结构较为复杂，生殖腺诱变较为困难，目前还未取得显著效果。

课题三　染色体畸变

染色体畸变是指在自然或人工诱变的情况下，染色体的结构和数目发生了变化。基因突变是染色体的某一个位点上基因的改变，这种改变在光学显微镜下是看不见的。而染色体变异是可以用显微镜直接观察到的比较明显的染色体变化。

一、染色体结构的变化

1. 缺失

染色体中某一片段的缺失，该段所携带的基因也随之丢失。染色体丢失部分位于染色体中央时称之为中间缺失，丢失部分在染色体的一端则称为顶端缺失。中间缺失的情况比较多见。发生缺失后，带有着丝点的染色体部分仍然可以继续存留在细胞中参与细胞分裂，而另一部分被称为片段，随着一次或几次的细胞分裂而丢失，这说明着丝点对细胞分裂有着重要的意义。

缺失会破坏正常的基因连锁，影响基因间的交换和重组。更重要的是，它可影响生物的正常发育和配子的生活力，影响程度取决于缺失部分的长度和所携带基因重要性的大小。如果体细胞中的某对同源染色体有一条发生了缺失，称为缺失杂合体；一对同源染色体缺失相同的部分称为缺失纯合体。一般情况下，缺失纯合体不能成活；缺失杂合体有时能够成活，但是与正常的遗传有所不同。杂合体个体内发生了缺失，如果缺失的是显性基因，那么剩余的隐性基因就可以表现出来，产生貌似隐性纯合体的表现型，这种现象称为假显性现象。

例如，猫叫综合征是人的第 5 号染色体部分缺失引起的遗传病，因为患病儿童哭声轻、音调高、很像猫叫而得名。猫叫综合征患者的两眼距离较远，耳位低下，生长及育迟缓，而且存在严重的智力障碍。果蝇的缺刻翅的形成也是由于一段染色体缺失造成的。

2. 重复

重复是指一个正常的染色体增加了相同的一个片段，增加的部分如果按照原来的顺序连接的称为顺序重复，如 1 2 3 4 5 6 $\underline{4\ 5\ 6}$ 7 8；如按照颠倒的顺序连接的称为反接重复，如 1 2 3 4 5 6 $\underline{6\ 5\ 4}$ 7 8。重复与缺失往往同时发生，一对同源染色体中的一条染色体发生缺失，丢失了一部分，脱落下来的部分可能会接到另一条染色体上形成重复。

基因重复可引起“剂量效应”，也可以改变连锁和交换。果蝇的棒眼现象就是 X 染色体上的部分重复引起的，果蝇的棒眼位于 X 染色体上的棒眼基因（B）对野生型（B^+）不完全显性，重棒眼（BD）对棒眼也表现为不完全显性。此外，重复的遗传学效应相对于缺失比较缓和，当然严重时也会致死。

3. 倒位

倒位是指染色体的某一片段发生断裂后旋转了180度又重新连接起来。发生倒位的染色体虽然基因没有丢失,但是位置有了改变,从而破坏了正常的连锁关系。如果生殖细胞内发生倒位的片段较大,则表现为高度不育。

4. 易位

易位是指非同源染色体之间发生了片段的转移。易位有两种情况:一是相互易位,指两条非同源染色体互相交换染色体片段的易位,这种易位较常见,也研究得较多;二是移位,是指一条染色体的片段转移到另一非同源染色体上的易位。

易位改变了正常的连锁关系,原来连锁的基因会变得独立遗传,而原来独立遗传的基因也可能产生连锁关系。

上述染色体结构的改变,都会使排列在染色体上的基因的数目和排列顺序发生改变,从而导致性状的变异。大多数染色体结构的变异对生物体是不利的,有的甚至会导致生物体死亡。更严重的是,如果这些变异出现在配子中,将来形成的合子也就含有变异的染色体,将变异遗传给后代。

染色体结构变异与染色体数目变异引起的疾病统称染色体病。现在已经可以通过适当的产前诊断手段来预防染色体病的发生。

二、染色体数目的变异

一般来说,每一种生物体的染色体数目都是稳定的,但是,在某些特定的环境条件下,生物体的染色体数目会发生改变,从而产生可遗传的变异。染色体数目的变异可以分为两类:一类是非整倍体的变异,细胞内的个别染色体增加或减少,另一类是整倍体的变异,细胞内的染色体数目以染色体组的形式成倍地增加或减少。

1. 整倍体的变异

在多数生物的体细胞中,含有完整的两个染色体组,也就是二倍体($2n$),但是也有体细胞内只有一个染色体组的生物,例如蜂群中的雄蜂就是未受精的卵细胞发育而成的。在自然条件下,玉米、高粱、水稻、番茄等高等植物,偶尔也会出现单倍体植株。与正常植株相比,单倍体植株长得弱小,而且高度不育。但是,它们在育种上有特殊的意义。育种工作者常常采用花药离体培养的方法来获得单倍体植株,然后经过人工诱导使染色体数目加倍,重新恢复到正常植株的染色体数目。用这种方法得到的植株,不仅能够正常生殖,而且每对染色体上成对的基因都是纯合的,自交产生的后代不会发生性状分离。因此,利用单倍体植株培育新品种,一般只需要两年时间就可以得到一个稳定的纯系品种,与常规的杂交育种方法相比,明显缩短了育种年限。

体细胞中含有三个或三个以上染色体组的叫做多倍体。其中,体细胞中含有三个染色体组的叫做三倍体($3n$);体细胞中含有四个染色体组的叫做四倍体($4n$)。例如,人、果蝇、玉米是二倍体,香蕉是三倍体,马铃薯是四倍体。多倍体在植物中很常见,在动物中比较少见。与二倍体植物相比,多倍体植物的茎秆粗壮,叶片、果实和种子都比较大,糖类和蛋白质等营养物质的含量都有所增加。例如,四倍体葡萄的果实比二倍体品种的大得多,四倍体番茄的维生素 C 含量比二倍体品种的几乎增加了一倍。因此,人们常常采用人工诱导多倍体的方法来获得多倍体,培育新品种。

多倍体产生的主要原因,是体细胞在有丝分裂的过程中,染色体完成了复制,但是细胞受到外界环境条件(如温度骤变)或生物体内部因素的干扰,纺锤体的形成受到破坏,以致染色体不能被拉向两极,细胞也不能分裂成两个子细胞,于是就形成染色体数目加倍的细胞。如果这样的细胞继续进行正常的有丝分裂,就可以发育成染色体数目加倍的组织或个体。

人工诱导多倍体的方法很多,目前最常用、最有效的方法是用秋水仙素来处理萌发的种子或幼苗。目前世界各国利用人工诱导多倍体的方法已经培育出不少新品种,如含糖量高的三倍体无子西瓜和甜菜。此外,我国科技工作者还培育出了自然界没有的农作物——八倍体小黑麦。

2. 非整倍体

非整倍体是指在整倍体的基础上增加或减少一条或几条染色体的细胞、组织或个体。常见的有以下几种情况:

(1) 染色体数目减少,有单体($2n-1$)、缺体($2n-2$)、双单体($2n-1-1$)等情况。二倍体生物的单体一般是不能存活的。只有极少数情况下可以存活,如果蝇或人的 XO 个体。多倍体植物的单体对植物的生活力影响不是很大,因此单倍体植物在自然界较为常见。

(2) 染色体数目增加,包括三体($2n+1$)、四体($2n+2$)、双三体($2n+1+1$)等。三体相对于单体来说,对个体的生活力影响小一些,因此在自然界可见到三体。

单元练习

问答题

1. 引起基因突变的因素有哪些?

2. 基因突变有哪些特点?

3. 一农民养的正常羊群中出生了一只短腿羊,试证明这一变化是基因突变造成的或是非遗传原因造成的。

单元四

数量性状遗传的认知

单元概述

知识目标

1. 了解数量性状的概念。
2. 理解产生近交衰退和杂种优势的原因。
3. 掌握遗传力、重复力和遗传相关的计算方法。
4. 了解遗传参数在生产上的应用。

本单元包括四个课题：数量性状的遗传基础、遗传力、重复力和遗传相关，主要介绍了数量性状产生的原因及数量性状对遗传工作的影响，特别是数量性状遗传的三个重要参数的作用。

课题一　数量性状的遗传基础

畜禽体的性状可以分为两大类：第一类是质量性状，主要指那些表现差异明显、“非此即彼”、变化没有连续性的性状，用数字来表示。可以用孟德尔遗传规律和连锁交换定律进行有效的分析。第二类是数量性状，性状表现呈现连续性变化，个体差异不太明显，变化规律较为复杂。畜禽的经济性状往往是数量性状，例如产奶量、产蛋量、日增重等，因此研究数量性状的遗传规律对于提高畜牧业的生产力水平和经济效益具有十分重要的意义。

一、数量性状的一般特征

因为数量性状的表现差异不太明显、呈现连续性变化，所以研究数量性状时必须使用称、量、数的手段加以度量，用数字进行表示，用统计的方法进行分析，这样才能发现它们的特点，总结出其中的规律。

1. 数量性状的特点

① 数量性状是可以度量的；② 数量性状呈连续性变异；③ 数量性状的表现容易受到环境的影响；④ 控制数量性状的遗传基础是多基因系统。

2. 学习数量性状遗传时应注意的方法

① 统计学思想贯穿数量性状遗传的全部内容；② 确定性与不确定性的矛盾时时体现；③ 研究对象在个体与群体间的相互转换；④ 遗传与变异的矛盾。

二、数量性状的遗传基础

1. 多基因假说

数量遗传性状表现是连续性变化的、差异不明显、易受环境影响的，那么它们是否遵循一定的规律？瑞典遗传学家尼尔迩·埃尔通过对小麦籽粒颜色的遗传研究，提出了数量性状遗传的多基因假说。

（1）两对基因控制的性状（图 4-1）。

P	红粒(♂) $A_1A_1A_2A_2$	×	白粒(♀) $a_1a_1a_2a_2$		
F_1		$A_1a_1A_2a_2$			
F_2	$1A_1A_1A_2A_2$	$2A_1A_1A_2a_2$ $2A_1a_1A_2A_2$	$4A_1a_1A_2a_2$ $2A_1A_1a_2a_2(a_1a_2A_2A_2)$	$2A_1a_1a_2a_2$ $2a_1a_1A_2a_2$	$1a_1a_1a_2a_2$
有效基因数	4R	3R	2R	1R	0R
表现型	深红	中深红	中红	浅红	白
表现型比例	1	4	6	4	1
（红：白）	15		:		1

图 4-1　两对基因控制性状的遗传图解

（2）三对基因控制的性状（图 4-2）。

尼尔迩·埃尔提出以下假说来解释上述现象：数量性状是由许多微效基因决定的，每个基因的作用是微效的；基因的作用是相等的，且可以累加、呈现剂量效应，等位基因间通常无显隐关系；基因在世代相传中服从孟德尔遗传规律即分离定律和自由组合定律，以及连锁交换定律。

P 红粒(♂) × 白粒(♀)

$A_1A_1A_2A_2A_3A_3$ ↓ $a_1a_1a_2a_2a_3a_3$

F_1 $A_1a_1A_2a_2A_3a_3$

↓

F_2

有效基因数	6R	5R	4R	3R	2R	1R	0R
表现型	最深红	暗红	深红	中深红	浅红	最浅红	白
表现型比例	1	6	15	20	15	6	1
(红:白)			63			:	1

图 4-2 三对基因控制性状的遗传图解

2. 基因的非加性效应

多基因假说认为控制数量性状遗传的各个基因的效应是累加的,即加性效应。这样可以解释很多中间遗传和越亲遗传现象,但是不能解释杂种优势现象。进一步研究和分析表明,基因的效应除了直接累加之外还有其他的效应,即除加性效应外还有非加性效应。基因的非加性效应包括显性效应和上位效应。

(1) 显性效应:由等位基因间相互作用产生的效应。

例1:有两对基因 A_1、A_2 的效应各为20cm,a_1、a_2 的效应各为10cm,基因型 $A_1A_1a_2a_2$ 按加性效应计算其总效应为60cm。而在杂合状态下,即 $A_1a_1A_2a_2$ 同样为两个A和两个a,其总效应可能是75cm,超出的15cm可能是由于A、a同时存在、相互影响产生的。

(2) 上位效应或互作效应:由非等位基因之间相互作用产生的效应。

例2:上例中 $A_1A_1A_2A_2$ 的加性效应是80cm,但实际总效应可能是90cm,超出的10cm可能是由于不同对基因相互影响产生的。

一般将数量性状的作用归纳如下:基因是性状表现的遗传基础,它与性状的关系不是"一一对应"的,基因的作用往往是多效的;基因的作用除了加性效应之外,还有非加性效应,其中非加性效应是产生杂种优势的原因;性状表现不仅取决于基因型,而且不同程度地受环境因素的影响。

三、通径系数理论

通径系数就是标准化的偏回归系数。通径系数的主要优点是能够借助图解简明地阐明各变量之间的关系。在遗传育种中可以利用通径分析来剖析相关性状的直接分析和间接分析,从而揭示性状间的真实关系。

两个有关变量之间可有两种关系,一是平行关系,二是因果关系。具有平行关系的双方不分因果，只是由于两者具有共同原因，或互为因果，因而彼此相关。单箭头线叫做通径，双箭头线叫做相关线（图 4-3）。

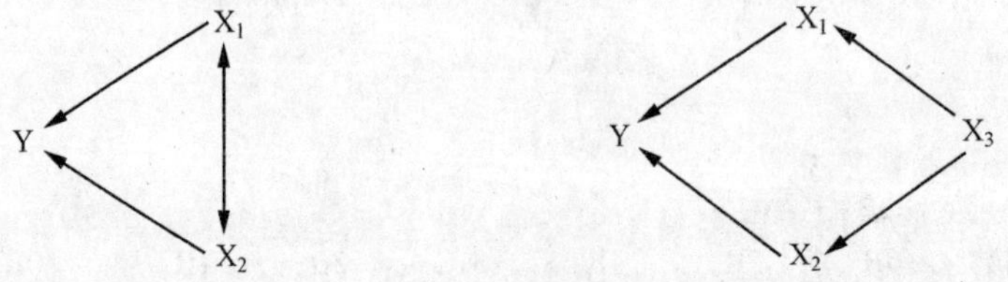

图 4-3　箭形图

我们常用一个数字来表明每条线的相对重要性，这种数字叫做系数。相关线的系数就是相关系数，通径的系数叫做通径系数。

通径系数即标准化回归系数，在多变量情况下就是标准化的偏回归系数。所谓标准化，就是每个变数减去均数，然后除以标准差。根据回归系数的性质，两个变量的各个变数分别减一常数，计算出来的回归系数不变；两个变量的各个变数分别除以一常数，计算出来的回归系数等于原回归系数乘以被除的两常数之比。所以标准化的回归系数（$Sb_{y \cdot x}$）即通径系数（$P_{y \cdot x}$）等于回归系数（或偏回归系数）乘以两标准差之比（自变量的标准差与依变量的标准差之比）：$Sb_{y \cdot x} = P_{y \cdot x} = b_{y \cdot x}\sigma_x / \sigma_y$。

课题二　遗传力

研究数量性状时必须使用统计学方法，为了说明某种性状的特性以及不同性状之间的表型关系，可以根据表型值计算平均数、标准差、相关系数等，统称表性参数。为了估计个体的育种值和进行育种工作必须用到的统计常量，称为遗传参数，常用的遗传参数有三个，即遗传力、重复力和遗传相关。其中最重要的、最常用的遗传参数是遗传力。

一、遗传力

在育种时，常要根据亲代的表现型估计下一代的表现型。遗传力就是亲代将性状表现传递给下一代的能力，不同性状表现的遗传力的大小是不同的。性状表现是由遗传基因和环境共同作用的结果，因此，性状的表现型（P）可依据原因分为两部分：一是遗传原因造成的部分，称为遗传值，或基因型值（G）；二是环境因素造成的部分，叫做环境偏差（E），即 $P = G + E$。从育种的角度看，这样的分析还是不够的，因为遗传部分还包括三个部分：一是基因的加性效应造成的，这一部分不但可以遗传，而且能够通过育种保持下去，所以被称为育种值，用 A 表示；二是由基因的显性效应造成的，称为显性偏差，用 D 表示；三是由基因的上位效应造成的，称为上位偏差或互作偏差，用 I 表示。虽然后两部分也是由遗传基因控制的,但是不能真实遗传,在纯繁育种中的意义不大。因此,我们把这两部分和环境偏差合并到一起称为剩余值(R),这样,表型值可写作:$P = G + E = A + D + I + E = A + R$。

由此可见,表型值只是数量性状的表现形式,而育种值才是真正的遗传实质。但是,我们能够观察和度量的只能是表型值,即只有通过表型值才能估计育种值。遗传力估算,表示为遗传的方差在总表型方差中所占的比率,计算公式为:

$$h^2 = \frac{\mathrm{VA}}{\mathrm{VP}}$$

遗传力估计值可以用百分数或者小数来表示。如果遗传力估计值是1(100%),表示该性状在后代畜群中变异的原因完全是由遗传所造成的;如果遗传力估计值是0,则说明这种变异的原因完全是由环境造成的,与遗传无关。事实上,没有任何一个数量性状的变异会和遗传或者环境完全无关,这两种情况也都不可能存在,所以遗传力的估计值都介于0~1之间。

部分畜禽数量性状遗传力估计值见表4-1。

根据性状遗传力大小,可将其大致划分为三等:0.3以上者属于高遗传力,0.1~0.3的属于中遗传力,0.1以下者属于低遗传力。

表4-1　不同畜禽数量性状的遗传力估计值

畜禽种类	性状	遗传力	畜禽种类	性状	遗传力
乳牛	泌乳量	0.25~0.36	猪	产仔数	0.15
	乳脂率	0.5~0.62		初生重	0.15
	6月龄体重	0.3		断乳窝重	0.17
	成年体重	0.40		180天体重	0.30
	体长	0.50		背膘厚	0.55
				胴体长	0.59
绵羊	剪毛量(污毛)	0.3~0.47		瘦肉比例	0.30
	净毛量	0.4~0.52			
	毛长	0.46~0.55	鸡	产蛋量	0.05
	羊毛细度(支纱)	0.49		蛋重	0.60
	出生羔重	0.25~0.30		开产日龄	0.30~0.50
	断奶至一周岁日增重	0.40~0.55		8周龄体重	0.35~0.47
	成年体重	0.40		育雏成活率	0.10
	多产频率	0.10		胴体重	0.30

二、遗传力的应用

遗传力是育种工作中使用的重要参数,主要用途有以下几个方面:

1. 估计种畜的育种值

育种值是个体表型值中能够真实遗传给下一代的部分,因此根据性状的遗传力估算育种值再进行选种准确有效。

2. 确定繁育方法

遗传力高的性状根据个体表型值选择效果好,这类性状适宜采用纯繁来提高。例如:20 世纪早期就估算出鸡日增重这一性状的遗传力较高,因而通过纯繁的方式很快提高了这一性状水平,培育出了肉鸡新品种。反之,对于遗传力较低的性状,一般杂种优势比较明显,所以常通过杂交改良的方法来提高。

3. 确定选择方法

遗传力中等以上的性状可以采用个体表型值选择这种简单有效的方法,遗传力低的性状则一般采用均数选择的方法。

4. 用于综合选择指数的制订

在同时选择多个性状制订综合选择指数时,必须用到遗传力这个参数。

课题三　重复力

一、重复力的概念和性质

同一个体的同一性状常常会有多次度量值,如一头乳牛每个泌乳期都有一个泌乳量记录,一生会有多次泌乳量度量值。畜禽生产中很多性状都可以多次度量,那么在评定畜禽品质时应当以哪一个数据为好?一般说来,一次度量的数据不如依靠多次度量的综合资料进行评定可靠。因为度量次数越多,抽样误差越小,度量数据信息也就越可靠。究竟度量多少次合理,取决于该性状不同度量值之间的相关程度。相关程度越接近 1,说明每次度量的数据越接近,需要测量的次数越少;反之,重复力越低,每次度量值的差异就越大,需要度量的次数也就越多。重复力是指同一个体的同一性状多次度量值之间的相关程度的指标。因是同一个体同一性状多次度量值之间的相关,所以从统计学的角度讲,这个相关程度也是不同个体某一性状多次度量的组内相关系数。在这里,组间就是个体间,组内就是同一个体的多次度量值之间。根据重复力这一性质,可用组内相关系数公式来表示重复力:r_e = 个体间方差/(个体间方差 + 个体内方差) = $\sigma_B^2/(\sigma_B^2+\sigma_W^2)$。即从遗传角度看,重复力就是遗传方差(育种值方差)与一般环境方差之和占总方差的比例。

为了说明重复力的性质,需要理解两个概念:一般环境方差(V_{Eg})和特殊环境方差

(V_{Es})。

对于个体而言,其环境方差可分为一般环境方差和特殊环境方差两部分。一般环境方差是由时间上持久的或空间上非局部条件所造成的,其影响是持久的(影响动物一生的生产性能),产生的效果等同于遗传因素的效果,属于个体间的方差。而特殊环境方差是由暂时的或局部的条件所造成的,这种影响是暂时的(只影响个体的某一阶段),属于个体内度量间的方差。因此,按方差的原因组分来划分,个体间的方差 $\sigma_B^2 = V_A + V_{Eg}$,个体内度量方差 $\sigma_W^2 = V_{Es}$。

所以,$r_e = \sigma_B^2/(\sigma_B^2 + \sigma_W^2) = (V_A + V_{Eg})/(V_A + V_{Eg} + V_{Es}) = (V_A + V_{Eg})/V_P$。

二、重复力的测定(计算)方法

上文中,重复力的计算公式是一个定义式,不能用它直接测定重复力,实际应用时,要在一定条件下(特定条件下的同一畜群)多次测定不同个体某一性状的值,根据方差分析原理,用组内相关系数公式来计算:

$$r_e = \sigma_B^2/(\sigma_B^2(♂) + \sigma_W^2(♂)) = (MS_B - MS_W) / [MS_B + (n-1)MS_W]$$

式中:MS_B 表示个体间均方,MS_W 表示个体内度量间均方,n 表示度量次数。但实际应用中,每一个体的度量次数常不相同,因此要计算出加权平均度量次数。

三、重复力的主要用途

1. 确定性状的度量次数

重复力是同一性状多次度量值之间的相关程度的表示。性状的重复力高,说明可根据少数几次的度量值就可以估计出个体的生产性能;反之,重复力低的话,则需要多次度量才能做出正确估计。一般,$r_e = 0.9$ 时,度量一次即可;r_e 介于 0.7 ~ 0.8 时,需要度量 2 ~ 3 次;r_e 介于 0.5 ~ 0.6 时,需要度量 4 ~ 5 次;$r_e = 0.25$ 时,需要度量 7 ~ 8 次。

2. 估计个体最大可能的生产力

有了重复力这一参数,可以从家畜早期生产记录资料估计其一生可能达到的平均生产力,从而评定其品质优劣,在早期即可确定留种与否。

Lush 提出的估计畜禽最大可能生产力(MPPA)公式是:

$$MPPA = \overline{P} + \frac{nr_e}{1 + (n-1)r_e}(\overline{P}_n - \overline{P})$$

式中:MPPA 表示畜禽个体性状的最大可能生产力估值,$\overline{P}$表示全群平均值,n 表示性状度量的次数,r_e 表示性状的重复力,$\overline{P}_n$ 表示个体多次度量值的平均值。

3. 用于验证遗传力估计的正确性

由重复力估计的原理可以知道,重复力的大小取决于基因的加性效应和一般环境效应,而遗传力取决于基因的加性效应,因此重复力必然大于遗传力。另外,计算重复力的方法比较简单,估计误差要小于同一性状的遗传力,所以重复力的估值更为准确。

4. 用于种畜育种值的估计

课题四　遗传相关

一、遗传相关的概念

畜禽体是一个统一的有机体,个体的不同性状之间必然会存在或多或少的联系,这种联系的程度称为性状间的相关,用相关系数来表示。引起相关的原因,可以分为遗传的原因和环境的原因,所以性状间的表型相关同样可以分为遗传相关和环境相关两部分。个体两性状之间的相关称为表型相关,用 $r_p(xy)$ 表示;其中育种值之间的相关称为遗传相关,用 $r_A(xy)$ 表示;环境效应值或剩余值之间的相关叫环境相关,用 $r_E(xy)$ 表示。三者之间的关系如下:

$$r_p(xy) = h_x h_y r_A(xy) + e_x e_y r_E(xy)$$

式中: $e_x = \sqrt{1-h_x^2}$, $e_y = \sqrt{1-h_y^2}$。由公式可知,表型相关不等于两性状的遗传相关和环境相关之和,还取决于两性状的遗传力水平。如果两性状的遗传力比较低,则表型相关主要由环境相关决定;反之,两性状的遗传力水平较高,则表型相关主要由遗传相关决定。而从育种角度来看,最重要的是遗传相关,因为这部分是可以遗传的。

部分畜禽数量性状的相关系数见表4-2。

表4-2　部分畜禽数量性状的相关系数

畜禽种类	相关性状	$r_p(xy)$	$r_A(xy)$	$r_E(xy)$
牛	产乳量与乳脂量	0.93	0.85	0.96
	产乳量和乳脂率	-0.14	-0.20	-0.10
	乳脂量和乳脂率	0.23	0.36	0.22
猪	体长和背膘厚	-0.24	-0.47	-0.01
	生长速度和饲料利用率	-0.84	-0.96	-0.50
	背膘厚度和饲料利用率	0.31	0.28	0.32
绵羊	毛被重和毛长	0.31	-0.02	0.17
	毛被重和每英寸卷曲数	-0.21	-0.56	0.16
	毛被重和体重	0.36	-0.11	0.05
鸡	体重(18周龄)和产蛋量	0.09	-0.16	0.18
	体重(18周龄)和蛋重	0.16	0.50	-0.05
	体重(18周龄)和开产日龄	-0.30	0.29	-0.50

二、遗传相关的用途

1. 进行间接选择

当对一个性状(X)不能直接选择或者直接选择效果很差时,可借助与之有相关的另一个性状(Y)的选择来达到对 X 性状选择的目的,Y 性状就称之为辅助性状。间接选择在畜禽育种工作中也具有十分重要的意义。

2. 用于不同环境下的选择

遗传相关还可以用于比较不同环境条件下的选择效果。我们可以把同一性状在不同环境下的表现作为不同性状看待,这样就可以解决育种工作中的重要问题——条件优越的种畜禽场选育出的优良品种推广到普通条件的生产场中怎样保持优良状态。

3. 多性状选择时,用于制订综合选择指数

在对多个性状进行选择时,需要运用遗传相关参数。例如,两性状间是正相关时,选择效果比较理想,反之,将难以达到选择目标。

单元练习

一、名词解释

1. 数量遗传　2. 质量遗传　3. 遗传力　4. 遗传相关　5. 重复力

二、简答题

1. 数量性状在遗传上有何特点?数量性状和质量性状的区别是什么?

2. 什么是遗传参数,主要的遗传参数有哪些?

3. 假定有两对基因,每对各有两个等位基因 Aa、Bb,以相加效应的方式决定植株的高度,纯合子 AABB 高 50cm,纯合子 aabb 高 30cm。请问:(1) 这两个纯合子之间杂交,F_1 高度如何?(2) 在 F_2 中什么样的基因型表现为 40cm 高度?

单元五

选种选配

单元概述

知识目标

1. 了解选种、选配的概念。
2. 掌握选种、选配的方法。
3. 掌握近交系数的计算方法。
4. 掌握预防近交衰退的措施。

技能目标

1. 能够绘制家畜的系谱图。
2. 能够计算家畜的近交系数。

本单元包括两个课题:选种、选配,主要介绍了家畜选种的概念、家畜鉴定和选种的方法、选配的概念和方法、近交系数和杂种优势率的计算方法。

畜禽生产的重要任务是扩大畜禽规模与数量、改良现有的畜禽品种、利用杂种优势,其中,选种、选配是杂交、改良工作的基础。

种是动物分类学的基本单位,是自然选择进化的产物,只有种和变种之分,没有品种概念;而品种则是畜牧学的分类单位,是人工选择、培育的产物。例如,猪、马、牛、羊是不同的种。同一个种的动物根据其生产用途的不同可以分为不同类型,如牛可以分为肉用型和乳用型;鸡可以分为蛋用型和肉用型;羊可以分为肉用型、毛用型、乳用型;等等。每一种类型又根据其地域分布、生产性能等差异再分为不同品种,如乳牛可以分为荷斯坦牛、娟珊牛等;猪可以分为大白猪、长白猪、杜洛克猪等。

畜禽品种的主要特征是具有独特的经济性状，能满足人类的一定需求，对一定的自然和经济条件有适应性，性状表现可以稳定地遗传。畜禽品种的好坏直接影响到畜牧业的发展水平。一般说来，只有适应性强、生产性能高、遗传稳定、种用价值高的品种才算是好品种。作为一个品种，必须具备下列条件：

（1）来源相同。同一品种畜禽在血统上的来源基本相同，其遗传基础也非常相似。

（2）适应性相似。因为品种是在一定的自然条件和社会经济条件下形成的，所以对该条件有着很好的适应性。

（3）特征、特性相似。同一品种的畜禽在体型结构、外貌特征和主要经济性状方面都很相似。

（4）遗传稳定。

（5）有一定的结构。

（6）足够的数量。品种是具有一定规模的群体。群体数量如果太少，则容易产生近交衰退，无法保持品种的生活力，丧失对环境的良好适应性。

课题一　选种

一、概念

选种就是从畜禽群体中选出符合人们需要的优良个体留作种用，同时将不良个体淘汰。通过选种可以增加畜禽群体中优良基因和基因型的比例，减少不良基因和基因型的比例，从而定向地改变畜禽群体的遗传结构，在原有的群体基础上创造出新类型，生产出更多更好的畜禽产品，提高畜牧业的生产效益。

选种包括对种公畜禽和种母畜禽的选择。俗话说，“公畜好好一坡，母畜好好一窝”。公畜禽的繁殖能力远大于母畜禽，故而养殖需要量比母畜禽少得多，对群体的影响也大得多，所以选好种公畜禽对于提高畜禽群的整体质量具有重要意义。同时也不能忽视对母畜禽的选择，因为对于后代个体而言，公母畜禽的遗传作用是一样的。

二、畜禽的鉴定

根据畜禽的生产力、生长发育和体型外貌等资料来评定畜禽品质的方法，称为鉴定。鉴定是选种的基础。鉴定可以分阶段来进行，每一阶段根据需要采用一种或多种方法，每次鉴定后不合格的个体要及时淘汰，合格的要加强培育。

（一）畜禽生产力鉴定

畜禽生产力是指畜禽为人类提供产品的能力。生产力是表示畜禽个体品质的最直接指标。

畜禽品种繁多,用途各异。一般将畜禽的生产力分为产肉力、产奶力、产蛋力、产毛力和繁殖力等。

肉用家畜主要有猪、牛、鸡、羊等。评定产肉力的指标有日增重、饲料利用率、屠宰率、背膘厚、眼肌面积和肉品质等。

奶用家畜主要指的是奶牛和奶山羊。评定指标有产乳量、乳脂率、饲料转化率等。

产蛋力是家禽的主要生产力。评定指标主要有产蛋量、蛋重等。

毛用家畜主要有绵羊、山羊和兔等。评定的主要指标有剪毛量、净毛率、毛长和毛的细度等指标。

繁殖力是畜禽重要的生产力指标。常用的繁殖力指标有受配率、受胎率、繁殖成活率等。

(二) 体型外貌的鉴定

1. 体质

体质就是人们常说的身体素质,是机体机能和结构协调性的表现。它在外形结构、神经类型、生产性能、健康性能、抗病和适应性等方面都有所体现。

体质、体型和气质的含义是不同的,体质可以认为是畜禽外部的、生理的、结构的、机能的整体综合,而体型是畜禽的外部表现,气质则偏重于神经类型的表现。

体质通常可分为如下五种类型:

(1) 结实型:此类型的畜禽体躯各部分协调匀称,皮、肉、骨骼和内脏发育适度;骨骼坚硬而不粗,皮紧而有弹性、厚薄适中,肌肉发达而不肥胖;外表健壮、结实,性情温顺,抗病力强,生产性能表现良好。这是一种理想的体质类型,种用畜禽应当具有这种体质。

(2) 细致紧凑型:此类畜禽骨骼细致而结实,头清秀,角蹄细致而有光泽,肌肉结实有力,皮薄有弹性,反应灵活,动作敏捷。

(3) 细致疏松型:此类畜禽结缔组织和脂肪发达,全身丰满,皮薄骨细,四肢比例较短,早熟易肥,神经反应迟钝,性情安静。

(4) 粗糙紧凑型:此类畜禽骨骼粗壮、结实,体躯魁梧,头粗重,四肢粗大,肌肉强健有力,皮厚毛粗,神经敏感度一般,适应性和抗病力较强。

(5) 粗糙疏松型:此类畜禽骨骼粗大,结构疏松,肌肉松软、无力,皮厚毛粗,神经反射迟钝,繁殖力和适应性均较差。这是最不理想的体质类型。

2. 外貌

外貌即外部形态,因为动物体是一个有机的整体,所以外部形态可以在一定程度上反映出畜禽内部机能、生产性能和健康状况。通过外貌观察可以鉴别不同品种(个体)间的差异,正确判断畜禽的健康状态、生产用途和生产力水平、畜禽的年龄。

畜禽的用途不同，外形特征也不同。不同用途的畜禽外貌特征如下：

(1) 肉用家畜：头轻小而粗短，颈粗短，胸宽、深，背腰平直而宽，臀部丰满、多肉，四肢短小，体型呈长方形或圆筒形。

(2) 乳用型：全身清秀，棱角突出，体大肉不多，后躯比前躯发达，体型呈三角形；乳房发育良好，乳静脉粗且弯曲多。

(3) 蛋用型：体型小而紧凑，毛紧，腿细，胸宽、深，背长腹大，耻骨间宽。

(4) 毛用型：肋骨圆拱，背腰平直，四肢长且结实，肌肉发达，全身被毛长而密。

另外，公母畜在外貌上有显著差异。一般公畜比母畜大而雄壮，骨骼、肌肉较发达，头短宽，性器官和第二性征明显。

3. 外貌鉴定

外貌鉴定的主要方法是肉眼鉴定和评分鉴定。

(1) 肉眼鉴定是指通过肉眼观察畜禽的整体及各个部位，有时也辅以触摸和行动观察，从而辨别其优劣。

肉眼观察的步骤：先概观，后细察，先远后近，先整体后局部，先静后动。鉴定时人与畜禽保持一定的距离（以三倍于家畜的体长为宜），依次从家畜的正面、侧面、后面、另一侧面的顺序进行观察，主要看其体型结构，判断其生产方向、整体发育是否健康结实、品种特征是否显著、有何主要优缺点，从而获得一个大致的认识。然后，接近家畜对其各部位进行详细观察，最后根据印象，综合分析，评定优劣。

肉眼鉴定的优点是不受时间、地点、器械等条件的制约，简单易行；缺点是：鉴定人员要有丰富的实践经验，熟悉各个品种的外形特征；容易受鉴定人员主观因素的影响。

(2) 评分鉴定：为了减少肉眼鉴定的误差，可采用评分的方法进行鉴定。评分鉴定要根据各品种的理想型标准制定出评分表。评分表的总分一般为 100 分，根据家畜不同部位在生产中的相对重要性分配相应的分值。鉴定时，根据每一部位的表现对照评分标准逐项评分，然后根据总分多少定出等级。

4. 生长发育鉴定

生长发育鉴定最常用的方法是测量体重、体尺。常用的测量用具有磅秤、地磅、测杖、卷尺等。

(1) 称重：就是以各种称量工具称量家畜的体重。

(2) 体尺测量：体尺是畜体不同部位尺度的总称。育种中，常测的体尺有以下四项：① 体高：鬐甲最高点到地面的垂直距离。② 体长：大家畜的体长又称为体斜长，是从肩端至臀端的距离；猪的体长称为身长，是两耳连线中点沿背线到尾根处的距离。③ 胸围：肩胛后缘处体躯垂直周径的长度。④ 管围：左前肢管骨上三分之一处的周长。

称重和体尺测量的时间视家畜种类、用途和年龄而定，其中最主要的几个测量时间点是初生、断奶、初配和成年。

5. 系谱鉴定

系谱是系统地记载个体及其祖先编号、名字、生产成绩及鉴定结果的一种文件。以审查家畜的系谱来推断其优劣的方法，称为系谱鉴定。

按记录内容是否完整全面可将系谱分为完全系谱和不完全系谱。完全系谱完整地记录了各代祖先的编号、名字、生产成绩、育种值、发育情况和外貌评分，以及有无遗传病和外貌缺陷；不完全系谱只记载祖先的编号和名字。

系谱一般只记录3～5代祖先的资料，因为代数太久远的祖先对种畜的影响很小。

（1）系谱的编制方法：系谱一般有四种形式，即竖式、横式、结构式和畜群系谱。下面只介绍竖式系谱和横式系谱。

① 竖式系谱的格式是种畜的名字记在上端，下面是父母，再向下是父母的父母代，依次类推，每一代的公畜记在右侧，母畜在左侧（表5-1）。

表5-1　竖式系谱

	子代							
父母代	母				父			
祖代	外祖母		外祖父		祖母		祖父	
曾祖代	外祖母的母亲	外祖母的父亲	外祖父的母亲	外祖父的父亲	祖母的母亲	祖母的父亲	祖父的母亲	祖父的父亲

② 横式系谱是按子代在左、亲代在右，公畜在上、母畜在下的格式来填写。横式正中可划一横虚线，上半部分为父系祖先，下半部分为母系祖先。横式系谱各祖先血统关系的模式如图5-1所示。

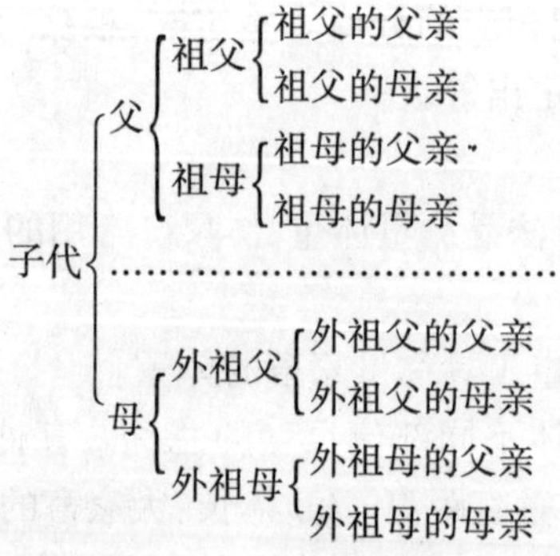

图5-1　横式系谱

（2）系谱鉴定：系谱鉴定是指通过分析各代祖先的生产性能、生长发育、外形特征等资料来推断种畜的种用价值,为选配提供依据。

系谱鉴定时应将多个待测种畜的系谱放在一起进行比较,比较时要用同代祖先进行比较,即亲代与亲代、祖代与祖代、父系与母系的祖先分别比较。比较的重点是亲代,血统越远,影响越小。比较时以生产性能为主,同时注意有无遗传缺陷。

三、选种的方法

选种就是选择种畜禽,在鉴定的基础上对已经筛选的个体进行少数重点性状的选择。选种的方法很多,主要有表型选择、同胞测定、后裔测定、估计育种值选择、多性状选择、间接选择和综合选择等方法。

1. 表型选择

根据个体性状表型值的高低进行选种的方法称为表型选择。常用的是择优选择法,即将畜群中表型值由高到低的顺序依次选留,直到达到留种数为止。本法简单易行,效果好,能够缩短世代间隔、加快遗传进展,适合于遗传力较高的性状。

2. 同胞测定

根据同胞群体的平均表型值高低进行选留或淘汰的方法称为同胞选择。这种选择方法适用于多胎动物或者遗传力较低的性状。因为家系选择时多个个体的环境偏差在家系均值中相互抵消,家系的均值更接近于家系的育种值,所以选种的准确性更高。例如,某一蛋鸡品种中有两个家系,甲家系中15个同胞30d平均产蛋213个,乙家系中的15个同胞30d平均产蛋225个,则应该选择乙家系中的个体留作种鸡。

同胞测定可以在当代得出结果,进行早期选种,缩短了世代间隔,但是选择的准确性不如后裔测定。

3. 后裔测定

后裔测定是指以某一畜禽的后裔表现作为选择依据的测定方法。常用的方法是母女对比法和同期同龄女儿比较法。

(1) 母女对比法:通过女儿成绩和母亲成绩的比较来判断种公畜的优劣。如果女儿成绩超过母亲成绩,则该公畜被认为是“改良者”;如果女儿和母亲的成绩相似,则该公畜是“中庸者”;如果女儿成绩低于母亲成绩,则该公畜是“恶化者”。

本法的优点是简单易行,缺点是母女所处年代不同,存在生活条件的差异。

(2) 同期同龄女儿比较法:也叫同群比较法。例如,用被测公牛的女儿与其同期(在同一季节内)产犊的其他公牛的女儿进行比较。统一安排被测公牛在12~14月龄时开始采精,采得精液在短期内分散到各奶牛场随机配种200头母牛,随后对这些公牛同期同牛场的女儿第一胎平均产乳量进行比较。此法的优点是配种、产仔时间一致,而且同一个场内各公牛后代的饲养管理条件相同,比较时误差较小。

(3) 后裔测定的注意事项：

① 与配母畜的条件要一致，以减少因母畜而引起的误差。在实验中可采用随机交配的方法，也可以组成几个相似的母畜群与不同的待测公畜交配。

② 后代女儿的年龄、饲养条件要保持一致，以减少环境条件引起的差异。

③ 后裔数量越多，鉴定的成果越可靠。大家畜最少20头以上，多胎动物可以更多。且要随机选留后代，不能只选优秀后代参与统计。

④ 后裔测定时以生产性能为主要指标，同时要全面分析后代的外形、发育状况等其他表现。

总的来说，后裔测定准确可靠，多用于种公畜的选择；缺点是所需时间长，耗费大，组织工作繁杂。

4. 估计育种值选择

任何一个数量性状的表型值都是遗传效应与环境效应共同作用的结果，其中的育种值部分可以真实传给后代。因为育种值不能直接度量，只能间接估计，所以根据育种值的高低选择种畜禽的方法称为估计育种值选择。

从表型值估计育种值是利用回归原理进行的。利用两个变量间的回归关系，可以从一个变量估计另一个变量。设 y 为依变量，x 为自变量，b_{yx} 是 y 对 x 的回归系数，则回归方程为：

$$y = b_{yx}(x - \overline{x}) + \overline{y}$$

同理，我们以育种值 A 为依变量，表型值 P 为自变量，b_{AP} 是 A 对 P 的回归系数，则回归方程变为：

$$A = b_{AP}(P - \overline{P}) + \overline{A}$$

在大群中，各种偏差正负抵消，所以 $\overline{P} = \overline{A}$，代入上式得：

$$A = b_{AP}(P - \overline{P}) + \overline{P}$$

根据统计分析证明，式中 $b_{AP} = h^2$，因此估计育种值的基本公式为：

$$A = (P - \overline{P})h^2 + \overline{P}$$

估计育种值时所依据的资料有自身资料、祖先资料、同胞资料和后裔资料四种，可以根据单项资料估计育种值，也可以根据多项资料估计育种值，本课题重点介绍根据单项资料估计育种值。

(1) 根据自身资料：它包括通过个体自身一次记录和多次记录估计育种值两种情况。根据一次记录估计育种值意义不大，生产上一般采用根据多次记录估计育种值，计算公式如下：

$$A_X = (\overline{P}_{(n)} - \overline{P})h^2_{(n)} + \overline{P}$$

上式中：A 为个体 X 某性状的估计育种值，$\overline{P}_{(n)}$ 为个体（X）n 次记录的平均表型值，$\overline{P}$ 为畜群该性状的平均表型值，$h^2_{(n)}$ 为 n 次记录平均值的遗传力。

由上式推导得：

$$h^2_{(n)} = \frac{nh^2}{1+(n-1)r_e}$$

上式中，r_e 为重复力。

［例］　某奶牛场 13 号母牛 5 次产乳量的平均值为 7 200kg，该奶牛场同品种牛群平均年产乳量为 6 800kg，产乳量的遗传力为 0.3，重复力为 0.45，试问：13 号母牛产乳量的估计育种值是多少？

［解］　已知：$n=5, h^2=0.3, r_e=0.45$

$$h^2_{(n)} = \frac{5\times 0.3}{1+(5-1)\times 0.45} = 0.535\ 7$$

代入公式得：$A_{13}=(7\ 200-6\ 800)\times 0.535\ 7+6\ 800=7\ 000.28$（kg）

根据计算结果，13 号奶牛的产乳量的估计育种值为 7 000.28kg。

在选种时，可用同样的方法计算出其他留种母牛产乳量的估计育种值，按育种值高低进行排队比较，选留估计育种值高的奶牛做种用。

（2）根据祖先记录（系谱资料）：祖先记录中，最主要的是父母的记录。在育种实践中，根据母亲多次记录估计育种值的方法比较常用，计算公式如下：

$$A_X = (\overline{P}_{P_{(n)}} - \overline{P})h^2_{P_{(n)}} + \overline{P}$$

上式中，$\overline{P}_{P_{(n)}}$ 为 1 个亲本 n 次记录的平均值，$h^2_{P_{(n)}}$ 为亲本 n 次记录平均值的遗传力。

［例］　某猪场 8 号后备母猪 3 次产仔数记录的平均值为 10 头，同期同品种猪群平均产仔数为 8 头，产仔数的遗传力为 0.1，重复力为 0.18，试问：8 号母猪产仔数的估计育种值是多少？

［解］　已知：$n=3, h^2-0.1, r_e=0.18$

$$h^2_{P_{(n)}} = \frac{0.5\times 3\times 0.1}{1+(3-1)\times 0.18} = 0.11$$

代入公式得：$A_8=(10-8)\times 0.11+8=8.22$（头）

所以 8 号后备母猪产仔数的估计育种值为 8.22 头。

5. 多性状选择

育种时，有时只针对一个性状进行选择，但是在多数情况下往往需要兼顾两个以上的性状，如奶牛的泌乳量和乳脂率、猪的产仔数和日增重等。多性状选择的方法较多，主要有以下三种：

（1）顺序选择法：对要选择的几个性状，依次逐个进行选择。即选择一个性状，达到预先设定的目标后，再选择另一个性状，如此逐个选择下去。这种选择方法的优点是：对所选的某一个性状来说，遗传进展较快，选种效果较好；缺点是：完成多个性状选择所需时间较长，如果性状间存在负相关，反而会延长育种时间。

（2）独立淘汰法：指对育种目标中包含的每个性状都设定一个最低选择标准，将各性状都超过相应标准的个体留作种畜，只要任何一个性状不够标准就一律淘汰。这种选择方法同时考虑多个性状，优于顺序淘汰法；缺点在于选择的个体可能在各性状上都表现平平。

（3）综合选择指数法：将目标包含的几个性状依据其遗传力及经济重要性的大小，分别给予一个适当的加权系数，综合成一个数值，这个数值叫做综合选择指数。根据综合选择指数的大小进行选种的方法叫综合选择指数法。其选择效果优于独立淘汰法和顺序选择法，在多性状选择中能获得最快的遗传进展，是一种较为理想的选择方法。

课题二　选配

一、选配的概念和目的

选配是指有计划地选择公母畜禽的配对，以培育出优秀的后代。选配实际上是一种交配制度，通过选配可以人为地增大优秀个体的交配机会，使优良基因更好地重新组合以获得我们所需的新类型。因此，选配在畜禽育种工作中有着十分重要的意义。

1．选配能够创造必要的变异，为培育新类型创造条件

因为与配双方的遗传基础不同，所生的后代必然是由亲代双方的遗传物质重新组合形成的，这样就可能产生新的类型。

2．选配可以稳定遗传，使新类型固定下来

选择基因型相同或相近的个体进行交配，可以增加后代中纯合体的比例，这样经过若干代的选配后，新的性状特征就会被固定下来。

3．选配能够把握变异的方向，强化变异

畜群中可能会出现有益的变异，将发生这种变异的畜禽选出，经过选配强化此种变异，就可以形成群体的独有特点，并可以进一步形成新的类群。

二、选配的种类

选配可根据双方品质不同分为同质选配和异质选配，也可根据与配双方亲缘关系的不同分为近交和远交。

1．品质选配

品质选配是指依据交配双方个体性状、生物学特性、外貌，特别是遗传素质等方面的

对比情况来进行选配的一种方式。可分为同质选配和异质选配。

同质选配也称为“同型选配”或“选同交配”，是一种以表型值相近为基础的选配方式，即选用性能表现一致、育种值均优秀的种公牛和种母牛交配，以期获得与双亲相一致或相似甚至优于双亲的优秀后代，最大限度地培育群体优良共性。

异质选配也称为“异型选配”或“选异交配”，是一种以表型不同为基础的选配方式。具体应用上可分为以下两类情况：

一类异质选配是具有不同优秀性能的公母畜相配，以期将两个优良性状在后代中结合在一起。例如，选泌乳量高而乳脂率不甚理想的母牛与乳脂率突出而泌乳量不突出的公牛相配。当得到兼具双亲不同优点的后代后，可转入同质选配，以巩固这种选配的结果。

另一类异质选配是选同一性状但优劣程度不同的公母畜相配，以达到优改劣、纠正或改进不理想特性的目的，所以异质选配又称为改良选配。例如，我国奶牛乳脂率性能普遍偏低，因此可选择与经验证乳脂率性能优良的公牛交配，从而给后代增加一些有利的基因。

2. 亲缘选配

亲缘选配是考虑交配双方亲缘关系远近的一种选配方法。如双方有较近的亲缘关系，就称为近亲交配，简称近交；反之，则称为远亲交配，简称远交。

3. 选配计划的制订

选配计划又叫选配方案。选配计划没有固定的格式，但一般都包括选配目的、选配原则、选配方法、预期效果、交配公母畜禽的名字和编号，以及其品质说明和亲缘关系。生产中，每个繁育场都应该制订一个选配计划，以促进各项工作的顺利实施。选配计划的执行过程中，要根据前期选配的效果，本着“好的维持，坏的重选”的原则对计划作出修订。

三、近交

近交是指有亲缘关系的个体间的交配或配子的结合，一般指五代以内具有共同祖先的公母畜禽交配。近交程度最大的是父子、母女和全同胞的交配，其次是半同胞、祖孙、叔侄、姑侄、堂兄妹及表兄妹之间的交配。一般用近交系数 F 来衡量和表示近交程度。

1. 近交系数的计算

一头家畜是不是近交个体，就是看它的系谱中父母双方有没有共同祖先。共同祖先个数愈多，出现的代数愈近，则近交程度愈大；反之则愈小。

个体近交系数的计算：近交系数可视为形成个体的两个配子间的相关系数。一个个体，从亲代得到某一基因的概率是1/2，从祖代得到某一基因的概率是1/4，即每多隔一代，从共同祖先得到同一基因的概率就减少1/2。形成个体 x 的两个配子之间的相关系数，即 x 的近交系数 F_x 可表示为：

$$F_x = \sum\left[\left(\frac{1}{2}\right)^{n_1+n_2+1}(1+F_A)\right]$$

式中，F_x 是个体 x 的近交系数，n_1 是一个亲本到共同祖先的世代数，n_2 是另一个亲本到共同祖先的世代数，F_A 是共同祖先本身的近交系数，$\sum$ 表示按每个共同祖先计算的值求和。

2. 近交的遗传效应及应用

近交的基本作用是使基因纯合，纯合基因既有有利的效应也有有害的效应，主要表现在以下方面：

（1）固定优良性状：优良基因纯合可以准确地遗传给后代，所以在培育新品种的过程中，出现了所需的优良性状后就要运用同质选配或者近交加以固定。

（2）暴露有害基因：决定有害性状的基因往往是隐性基因，这种基因在纯合的情况下就会暴露出来，所以通过近交可以及早发现并淘汰含有害基因的个体，从而降低有害基因在群体中的比例。

（3）降低群体均值：通过前面的学习，我们知道了数量性状的基因型值由加性效应和非加性效应组成，而非加性效主要在杂合状态下存在，从而表现出杂种优势。在近交时，由于基因纯合，非加性效应减少，群体均值也随之下降，这是近交衰退的主要原因。

3. 近交衰退及其防止措施

（1）近交衰退的原因：近交衰退的原因是基因纯合，基因的非加性效应减少、隐性有害基因纯合而出现有害性状。近交衰退常常表现为繁殖性能、生理活动以及与适应性有关的各性状有所削弱。

（2）防止近交衰退的措施：为了防止近交衰退的出现，除了合理应用近交、注意严格控制近交程度之外，还要采取以下措施：

① 严格淘汰。严格淘汰是近交工作中公认的必须遵循的原则，就是将不符合理想要求的生产力水平低、体质衰弱、繁殖力差和表现出退化现象的个体淘汰。实践证明，只要实行严格淘汰制，长时间的近交也不会出现明显的衰退。

② 轮换使用种畜，进行血缘更新。为了防止不良影响的积累，在进行了几代近交后，可再引入一些同品种、同类型但无亲缘关系的种畜来进行血缘更新。

③ 加强饲养管理。近交产生的个体种用价值一般比较高，遗传也相对稳定，但个体生活力比较弱，对饲养管理条件要求高。当满足其饲养管理要求时，可以减轻或者不出现近交衰退；反之，就容易表现出明显的衰退。所以加强对近交后代的饲养管理，对实现育种目标十分重要。

④ 适当地多留公畜,做好选配工作。如果能够将近交系数的增量控制在较低水平,连续若干代,近交衰退的影响就不显著。

单元练习

一、名词解释

1. 选种　2. 选配　3. 近交

二、简答题

1. 选种的方法有哪些?这些方法各有何特点,适用于什么情况?
2. 近交在育种中有何作用,如何防止近交衰退?在利用近交时需要注意哪些问题?
3. 选配有哪些类型,分别用于何种情况?
4. 简述系谱编制的方法和系谱鉴定时的注意事项。

单元六 品种培育及利用

单元概述

✻ 知识目标

1. 了解品种选育的概念。
2. 掌握引种和品种繁育的措施。
3. 了解品系的概念和类型。
4. 掌握杂交育种的类型和方法。
5. 掌握杂交育种的措施。

✻ 技能目标

能够运用公式计算杂种优势率。

本单元包括本品种选育、品系繁育和杂交三个课题，主要介绍了本品种繁育的措施、引种的方法、品系的概念和类型及建立方法、杂交的方法和杂种优势率的计算方法。

课题一　本品种选育

一、本品种选育的意义和作用

本品种选育是指在本品种内通过选种选配、品系繁育、改善培育条件等措施来提高品种生产性能的一种育种方法。本品种选育的目的是保持和发展本品种的优良特性，克服某些缺点，保持品种的纯度，不断提高品种的数量和质量。本品种选育的基础在于品种内存在着差异。本品种选育一般在品种的生产方向上不作重大改变时使用，通过本品种选育可以不断地提高其生产性能，在家畜育种上具有十分重要的作用。

二、本品种选育的基本措施

本品种选育一般包括地方良种的选育和引入品种的选育。

（一）本地品种的选育

1. 本地品种的特点及选育方法

我国地方品种众多，根据选育程度大体可以分为三类：第一类是选育程度较高、类型整齐、生产性能突出的良种；第二类是选育程度较低、群体类型不一、性状不纯、生产性能中等的品种；第三类是引进外血进行杂交培育成的新品种，其特点是生产性能较高，适应性较好，但纯度不高，遗传性能还不稳定。

对以上三种不同类型的良种应采取不同的选育措施。对于第一类，主要是加强选育工作，开展品系繁育，提高生产性能；对于第二类，重点是建立核心群，开展闭锁繁育，加强选择，提纯复壮；对于第三类，则要继续加强育种工作，提高品种纯度，使性状统一、遗传性能稳定，数量不足的种群还需要扩充群体含量。

2. 本品种选育的基本措施

首先要组织人员清查地方良种的分布、数量、主要性能、形成历史以及产区的自然条件和经济条件等情况，进一步明确品种的特征特性、主要优缺点，以便采取相应的选育措施，从而确保品种的保存和提高。

（1）制定选育规划，确定选育目标。在前期调查研究的基础上，根据社会经济发展的需要、结合当地自然条件和品种原有特点，确定选育的目标。在确定选育目标时，要注意保留和发展原品种的独特优点，根据原品种的具体情况确定重点选育性状。

（2）划定选育基地，建立良种繁育体系。在地方良种的产区划定选育基地，在选育基地范围内逐步建立育种场、良种繁育场和一般饲养繁育场，建立起一套良种繁育体系。要在育种场内建立好核心群，为选育区提供优良种畜，促进整个品种性能的提高。

（3）严格执行选育技术措施。选育过程中，定期进行性能鉴定是一项重要的技术措施。要拟定简易可行的良种鉴定标准和办法，不断地精选育种群、扩大繁育群。

要严格执行选种选配方案，进行选优去劣，实行良种登记制度，建立健全的种畜档案。此外，良种只有在适宜的条件下才能够充分发挥其优良特性，因此，饲养过程中要重视改善饲养管理条件。

（4）开展品系繁育。实践证明，开展品系繁育是加快选育进程的行之有效方法。一般来说，地方品种由于地理和血缘上的隔离，往往容易形成若干不同的类型，群体内的近交系数相对较高，而不同类型杂交能够产生生长快、品质好的后代，使良种的优良特性得到不断发展和提高。

(5) 加强组织领导,建立选育协作组织。本品种选育涉及面广,时间长,任务重,建立统一组织的领导、制订选育方案、各参与单位分工协作将会保证选育工作的有效开展。

(二) 引入品种的选育

1. 引入品种的特点

引入品种指的是由其他地区引入到本地区的品种,包括从国外引进和国内其他地区引进的品种。

引入品种的选育,本质上与本地品种选育是一致的,所以前面讲述的本品种选育措施也同样适用于引入品种的选育。但是引入品种毕竟不是当地条件下培育的,甚至条件差异会很大,因此引入品种的选育首先要加强引入品种对当地条件的适应性。其次,由于引入品种的数量一般不会太多,自群繁育容易出现近交衰退,所以还需要建立完善的选种选配制度,以确保引入品种的顺利发展。

2. 引入品种选育的主要措施

(1) 集中饲养、逐步推广。引入品种一般数量较少,应该采取相对集中饲养的措施,建立以饲养繁殖该品种为主要任务的良种繁殖场,以利驯化和开展选育工作。只有相对集中的条件下才能有效地提高饲养管理水平和繁育技术水平,提高引入品种的利用率、发挥它们的作用。一般来讲,良种群需经常保持 50 头以上的母畜和 3 头以上的公畜,才不致产生明显的近交衰退。

(2) 慎重过渡。对于引入品种要采取谨慎过渡的饲养管理办法,尽量创造有利于其性能发挥的饲养管理条件进行科学饲养。例如,从国外引入的良种猪,其原产地多为精料型饲喂,且饲料中蛋白质含量较高,因此在引入过程中要逐渐增加青料比例,改善饲养条件,加强适应性锻炼,使之逐渐适应我国的饲养方式,提高其耐粗饲、耐寒(热)性能和抗病力。

(3) 开展品系繁育。品系繁育是引入品种选育的一项重要措施。开展品系繁育除了可以实现一般目的之外,还可以改进引入品种的某些缺点,使之更加符合当地的要求。通过系间杂交,使来源不同、特点各异的品系优点进行综合,建立我国自己的综合品系。

3. 引种应注意的问题

(1) 正确选择引入品种。选择引入品种时,要考虑社会经济发展对于畜牧业的要求,以及待引入品种的经济价值、育种价值和适应性特点。

适应性包括耐寒、耐热、耐粗饲和抗病力等性状。适应性本身不是一个经济性状,但是可以直接影响生产力的发挥。一般来说,引入地与原产地的纬度、海拔气候、饲养条件等方面相差不大的,引种容易获得成功;反之则较为困难。另外,热带地区品种引入较寒冷的地区较容易成功；反之则较难。为判断是否适宜引种，最好先引入少量个体进行引种试验，效果良好后再大量引入。

（2）慎重选择个体。在引种时，除了关注个体的品种特性、体质外形以及健康状况外，还应该特别加强系谱的审查、注意亲代或同胞的生产力高低，防止带入有害基因和遗传性疾病。引入的个体之间不宜有亲缘关系，公畜最好来源于不同的家系。此外，年龄因素也是重要的影响因素，幼畜在生长发育过程中比较容易适应新环境，因此，选择幼年健壮的个体有利于引种的成功。

随着人工授精和胚胎移植技术的推广，采用引进良种公畜精液或种畜胚胎的方法，既可节约引种成本，又可提高引种的效果。

3. 注意引种方法，妥善安排调运季节

在安排调运季节的时候要考虑原产地季节与引入地的差异，如温暖地区引入寒冷地区，则最好安排在夏季，反之则最好在冬季，以便种畜逐渐适应气候的变化。

4. 严格检疫制度

切实加强种畜禽检疫，实行严格隔离观察制度，防止疫病的传播。

课题二　品系繁育

品系是指具有突出优点并能将这些突出优点相对稳定地遗传下去的种畜群。一群纯的具有一定特征、特性的群体，不强调血缘关系，不管什么方法育成，即使是由地区长期隔离繁殖选育的群体，均可称为品系。品系繁育指为培育具有共同优良品质的种畜群而制定的繁育制度。其特点是速度快、目标明确、群体小，因而在现代畜禽育种中品系繁育已逐步替代了传统的品种培育。

经典的品系繁育法，即系祖建系法被视为一种近交的温和形式，并强调某一或者某一些个体与一头卓越的系祖保持较高的亲缘关系。随着育种学科的发展，在养禽业中运用的近交系杂交产生了较好的效果，在养猪业中采用的专门化配套品系的方法大大提高了生产力。

一、品系的作用和类别

（一）品系的作用

1. 加速现有品种的改良

一般情况下，畜禽群体中的优秀个体毕竟是少数，采用品系繁育就能增加优秀个体对畜群的影响，使个别优秀个体的优点迅速扩散为群体所共有的特点，也可使多个个体的优点迅速集中，并成为群体共有的优点，从而提高整个品种的品质。

畜禽的性状很复杂，一个品种需要改良和提高的性状可能有十几甚至二十几个，如果按顺序选择，费时费力，且可能因为性状间的负相关而不可能成功；如果同时选择多个性状，势必会降低选择的效率。而使用品系繁育，先将各个优良性状分别在不同的畜群中选择，建立起各具特点的品系，进而通过品系间杂交形成兼备多种优良性状的大量个体，就可大大提高选育效率。

在品种内建立一系列各具特点的品系，可以丰富品种的结构，增加品种内部的异质性；同时由于品系内部具有一定程度的亲缘关系，而品系间则一般没有亲缘关系，这样可以提供更多种质资源，有效地防止和避免近交程度的增加，使品种不断地得到改良和提高。

2. 充分利用杂种优势

品系是闭锁繁育群，品系纯度大，遗传稳定，在品系间杂交可以获得显著的杂交优势。因此，近年来品系繁育在国际上得到了广泛的应用，取得了良好的效果。

3. 促进新品种的育成

品系繁育是一种有效的育种方法，无论是纯种繁育还是杂交育种都广泛采用了品系繁育，如短角牛、海福特、乌克兰草原白猪等品种在培育过程中都广泛运用了品系繁育。

(二) 品系的类别

品系大致可以分为以下几类：

1. 单系

单系是指从一个优良家系的优秀祖先发展起来的品系，一般以优秀种畜祖先即系祖的名号来命名。另外，单系不是普通的亲缘群，不是系祖所有的后代都是品系的成员，只有那些保持或发展了系祖特点的个体才是品系的成员。

2. 近交系

连续4～6代利用高度近亲交配，近交系数达到0.375甚至0.5以上的品系，称近交系。

3. 群系

生产实践中，选择某些性状表型值好的个体组成基础群进行严格的闭锁繁育，经过多个世代的选种选配，使畜群中的优秀性状迅速集中并转变成为群体所共有的稳定性状，这样综合了优良性状建成的品系，叫做群系。

4. 专门化品系

所谓专门化品系，是指根据家畜的全部选育性状可以分解为若干组的原则(如肉畜的性能可以分解为母畜的繁殖性能以及后代的育肥和胴体性能两大组)，而建立各具一组性状的品系，分别作为母本和父本，然后通过父本、母本品系间杂交，以获得优于常规品系的畜群。这些品系各具特点，且专门用于和另外的特定品系杂交，所以称之为专门化品系，其中专门用作父本的称为父本品系，专门用作母本的称为母本品系。例如，肉用畜禽的性状可以分为繁殖性状和育肥性状两组，建立具有良好繁殖性状的母本品系和具有良好育肥性状的父本品系，两者杂交就可以得到各方面表现良好的后代。

5. 合成系

合成系是指两个或两个以上来源不同但有相似生产性能水平和遗传特征的系群杂交后所形成的种群，经选育后可用于杂交配套。

合成系育种的重点为主要的经济性状，不追求血统上的一致性，因而育成速度快。合成系还有可能将不同位点的高产基因汇集到一个合成系中，提高性状的加性基因效应值，提高生产力。

二、建立品系的方法

在畜牧生产中，常用的建系方法有近交建系法、系祖建系法和闭锁继代选育法。

1. 近交系的建立

近交建系法是利用高度近交，如全同胞、半同胞或亲子交配，使优良性状的基因迅速达到纯合，形成品系的要求。其建系步骤是：

(1) 组建基础群。组建基础群时，首先要求有足够的数量，一般要求母畜越多越好，公畜数量则不宜过多；其次，要求基础群内的个体不仅优秀，且选育的性状相近，没有明显的缺点，没有遗传缺陷。

(2) 实行高度近交。实施近交过程中，既要考虑所选个体的品质，也要重视公母畜双方的选配效果，应通过分析上一代的近交效果来决定下一代的选配方式。如果近交后效果很好，则可继续应用同一选配方式，以迅速巩固其优良品质。

(3) 固定扩繁。当近交4~5代以后，基因纯合符合繁育目标，便可将重点转移至扩群保系上面来。

在鸡、猪的育种中可以选择近交建系法，其优点是建系速度快，但是建系过程中容易出现近交衰退，淘汰率较高，成本也较高，且不能保证完全成功。

2. 系祖建系法

本法适用于建立以低遗传力性状为特点的高产品系。具体方法是：首先从品种或系群中选择出卓越的个体（种公畜）作为系祖，然后通过中亲交配的近交形式，使其后代保持和积累其系祖的优秀品质，从而使该系祖的优秀品质扩展成为群体共有的优点。

系祖建系法方法灵活，简单易行，可以在小规模畜群中进行，易于固定某一个或几个个体的优良特性。本法的缺点是：系祖难于看准，很不易得到，且以一头系祖为中心组群建系，遗传基础太窄，成功率难以保证；选择后代时选择强度较大，后代一般很难接近更无法超过系祖;品系不易维持,寿命不长。

3. 闭锁继代选育法

闭锁继代选育法又叫群体继代选育法、系统选育法、纯系内选育法。其建系的步骤大体分为如下三步:

(1) 组建基础群。由于此种建系方法为闭锁繁育,中途不再引进种畜禽,所以基础群的组建非常关键。组建基础群时应符合以下要求:

① 基础群的质量好。基础群所选的个体必须具有高遗传力的优良性状才有育种意义。

② 遗传基础广泛。为防止近交衰退,必须保证基础群具有广泛的遗传基础,群体内特别是公畜禽之间不能有亲缘关系,广泛的遗传基础也可以创造出更多的基因组合类型的个体。同时群体必须保证一定的数量和合适的公母畜比例。实践中,猪的基础群要求公猪数不少于 8 ~ 10 头,公母比例为 1∶5;鸡的基础群则应以 1 000 只母鸡和 200 只公鸡为宜。

(2) 闭锁繁育。基础群组建成功后,畜群必须严格封闭,开展闭锁繁育,至少 4 ~ 6 代不能引入任何其他来源的种畜。这样,群内的各种基因通过分离重组,有益性状逐渐集中和稳定,畜群成为具有共同优良特点的亲群体。

(3) 严格选留。在建系过程中,选择目标和选种方法要始终一致。各世代选种时,应该按照发育和生产阶段多次进行选择,每次都应保证较大的选择强度;同时也须尽量保持相对稳定的饲养管理条件,使各世代的性状表现能够直接比较,提高选种的准确性。

当经过 4 ~ 6 代的闭锁繁育后,近交系数达到 10% ~ 15%、选择的性状符合建系的指标、群体遗传稳定时,群系就建成了。

群体继代选育建系法缩短了世代间隔,建系速度快,适用于品种内部以高遗传力为主要特点的品系,目前在猪、鸡的生产中运用广泛。

课题三 杂交

一、杂交的概念和作用

遗传学上的杂交是指两个基因型不同的纯合子间的交配。而畜牧生产中的杂交,指的是不同种群(物种、品种、品系或者品群)之间的公母畜的交配。

杂交在生产中的作用十分重要,通过杂交可以使畜禽群中的杂合体比例增加,增大非加性效应,从而提高群体平均值,产生杂种优势。具体说来,生产中杂交常常用于培育新品种和提高畜禽生产力。

1. 培育新品种

因为杂交可以使畜群中的基因重新组合,创造出新的类型,进而培育出新的品种。

2. 提高畜禽生产力

实践证明,杂交产生的杂种优势可以有效提高畜禽的生产性能。例如,在养猪业中,杂种猪的生长速度和饲料利用率方面要比亲本高5% ~10%,另外产仔数、断奶窝重也有明显改善。

二、杂交育种

杂交育种是培育新品种的重要方法,被各国广泛使用。所谓杂交育种,就是运用杂交的方法将两个或两个以上品种的特性结合在一起,创造出新品种。

(一) 杂交育种的方法

1. 导入杂交

导入杂交,也称作引入杂交,是以原有品种为主,在保留原有品种基本品质的前提下,通过导入另一品种来克服原品种个别缺点的杂交方法。当地方品种已有较高的生产性能,能够基本满足当地的生产需要,但还存在某些或个别不足之处,而这些不足用本品种选育不能得到有效改进,这时可以考虑采用导入杂交。

导入杂交的具体方法是:首先选择与原品种基本同质但在原品种需要克服的性状上表现优秀的品种作父本,然后将其与原品种杂交,在杂交后代中选择理想公畜(母畜)个体再与原品种母畜(公畜)回交,回交产生的个体将含有25%的外血,此时即可选择理想个体横交固定。如果此时原有品种的品质不能完全保持,也可再与原品种继续回交一次,然后再横交固定,这时的个体将含有12.5%的外血。

导入杂交时需要注意的问题:

① 选择合适的父本。根据导入杂交的目标,选择的父本品种应该与原品种基本同质且具有针对原品种缺点的显著优点。

② 正确使用杂交方法。为了防止原品种特点的丧失,引入品种只能杂交一次。为了实现预期的育种目标,可先进行小规模杂交试验。如果效果良好,再开展全面的导入杂交育种;如果效果不好,则需要重新选择其他品种。

③ 加强对后代的选择和培育。导入杂交的关键是对杂交后代的选择和培育,如果稍有不慎,导入的优点就会随着世代延续而逐渐消失,导致育种失败。

2. 级进杂交

级进杂交又被称为改造杂交、吸收杂交。它是一种以引入品种为主,彻底改变原有品种的 种杂交方法。当地方原有品种不能满足社会经济发展的需要,或者生产方向需要根本改变的时候,常选用本杂交方法。

级进杂交的具体方法是：选择引入品种的优良公畜与原品种母畜进行杂交，产生的杂种母畜继续与引入品种公畜交配，直到所得后代群满足育种要求时，再进行自群繁育，以固定获得的优良性状，育成新品种。一代杂种体内含有50%引入品种的基因，二代含有75%，三代含有87.5%……依此类推。

实践证明，级进杂交可以迅速改进原有品种，满足畜牧业发展的需要。我国使用级进杂交时间较早，在地方牛、羊的品种改造工作中取得了良好的效果。

3. 育成杂交

用两个或两个以上的品种进行杂交，在后代选优固定，育成新品种的杂交方法，叫育成杂交，也称杂交育种。如果原有地方品种具有某些优点但不能满足地方经济的需要并且没有别的品种可以代替，或者需要把几个品种的优点结合起来育成新品种，就可以采用育成杂交的方法。

育成杂交没有固定的模式，一般是根据育种的目标采用级进杂交或者多品种交叉杂交等方法，以达到育成新品种的目的。

(二) 杂交育种的步骤

杂交育种一般分为以下三个阶段：

1. 杂交创新阶段

这一阶段的主要任务是选择杂交亲本，确定杂交方案，通过杂交创造出新的理想型。为了提高育种的效率，杂交创新必须有明确的理想型标准，所选品种最好包含本地品种。

2. 自繁定型阶段

当杂交后代中出现了理想型之后，就要停止杂交，改用这些理想个体自群繁殖，使理想性状能够稳定遗传，并对它们所生后代进行培育，从而获得稳定遗传的理想型。

3. 扩繁提高阶段

当新品种理想型固定以后，工作重点就要转移到增加数量和提高质量方面，丰富群体结构、扩大群体分布范围，使之符合一个品种所需要的条件。

最后还要进行鉴定验收，确实符合品种条件的，即可成为新品种。

三、杂种优势的利用

(一) 杂种优势的概念及表现

杂种优势是指杂种后代(子一代)在生活力、生长发育和生产性能等方面的表现优于亲本纯繁个体表现的现象。

杂种优势是自然界中的一种普遍现象。但是并不是任意两个品种杂交都可以产生杂种优势，杂种是否有优势以及杂种优势表现程度如何，主要取决于杂交选择的亲本质量和组合方式，也受到饲养管理、营养条件等其他因素的影响。

（二）配合力的测定和杂种优势的度量

1. 配合力测定

配合力是指种群通过杂交能够获得杂种优势的程度，即杂交效果的大小。各种群间的配合力大小不一，所以只有通过杂交试验进行配合力测定才能选出理想的杂交组合。

配合力有两种：一般配合力和特殊配合力。一般配合力是一个种群和其他各个种群杂交所能获得的杂种优势的平均值。如果一个品种与其他各品种杂交经常能够获得较好的效果，那么它的一般配合力就好。一般配合力产生的基础是基因的加性效应。

特殊配合力是指两个特定的种群之间杂交所能获得的超过一般配合力的杂种优势。特殊配合力产生的基础是非加性效应，即显性效应和上位效应。一般杂交试验测定配合力，主要测定的是特殊配合力。特殊配合力一般用杂种优势值表示。

2. 杂种优势的度量

杂种优势的度量一般以杂种优势值来表示：$H=\overline{F}_1-\overline{P}$。式中，$H$ 是杂种优势值，$\overline{F}_1$ 是杂交获得后代的平均值，$\overline{P}$ 是杂交所使用的亲本群体纯繁时的平均值。

为了便于不同性状间的比较，杂种优势值常用相对值，即杂种优势率表示，计算公式为：

$$H=\frac{\overline{F}_1-\overline{P}}{\overline{P}}\times 100\%$$

例如，一次杂交试验结果如表 6-1 所示。

表 6-1　杂交试验结果

组别	头数	育肥期日增重/g	每千克增重消耗饲料/kg
约克夏×约克夏	6	461.3	3.59
新淮猪×新淮猪	6	440.1	3.65
约克夏×新淮猪	6	480.1	3.54

平均日增重杂种优势率的计算过程如下：

$$\overline{F}_1=480.1$$

$$\overline{P}=\frac{1}{2}(461.3+440.1)=450.7$$

$$H=\frac{\overline{F}_1-\overline{P}}{\overline{P}}\times 100\%=\frac{480.1-450.7}{450.7}\times 100\%=6.5\%$$

（三）提高杂种优势的措施

1. 杂交亲本的选优与提纯

杂种从亲本获得优良、高产的基因是产生强大杂种优势的基础，所以亲本的好坏和纯度会直接影响杂种优势的效果。

"选优"就是通过选择使亲本群体高产基因的比例尽可能地增加,"提纯"就是通过选择和近交使得亲本群体在主要性状上基因纯合程度不断提高。通过选优与提纯使得亲本群体的优良基因纯合程度尽可能地高,杂交双方基因差别也会更大,杂种优势就会越明显。

杂交亲本选优与提纯的主要方法是实行品系繁育和近交等方法,在猪、鸡的生产中获得了显著的生产效果和良好的经济效益。

2. 确定最佳杂交组合

选出了优良的杂交亲本群体后,就需要通过杂交试验(配合力测定)选出最佳的杂交组合方式。

为了获得最优的杂交组合,应考虑选择那些在分布上相距较远、来源差别较大、类型特点不同的品种或类群作为杂交组合。

生产上,杂交母本常选择那些本地区数量多、适应性好、繁殖力强、母性好、泌乳能力强的品种或品系,父本应考虑那些生长速度快、饲料利用率高、胴体品质好的品种或品系。

很多地方通过杂交组合试验选出了适合本地生产的最优杂交组合。如北京地区选出了"杜×(长×北)"的杂交组合(即杜洛克猪、长白猪和北京黑猪的三元杂交组合),而全国大部分地区则应用"杜长大"或者"杜大长"的组合。

3. 建立专门化品系和杂交繁育体系

专门化品系可专作父本或者母本品系,杂交后可以获得显著的杂种优势。建立专门化品系时,一般母系的主选性状为繁殖性状,父系的主选性状为生长快、饲料利用率高、胴体品质好等。

杂种优势利用还应该注重建立杂交繁育体系。所谓的杂交繁育体系,就是建立一整套合理的组织机构,以充分利用杂种优势,其主要工作就是建立各种性质的畜牧场。目前建立的杂交繁育体系有三级杂交繁育体系和四级杂交繁育体系。

① 三级杂交繁育体系:如果实行的是两品种杂交,可建立三级杂交繁育体系,即建立原种选育场、纯种繁殖场和商品场。原种选育场的主要任务是选育、培育杂交亲本;纯种繁育场主要进行纯种繁育,为商品场提供父母本;商品场主要进行杂交畜禽的商品生产。

② 四级杂交繁育体系:如果实行的是三品种杂交,则须在三级繁育体系上加建一级杂种母本繁殖场,专门生产杂种母畜作为商品场的杂种母本。

(四) 杂种优势的应用

1. 二元杂交

二元杂交又称为单杂交,就是利用两个品种杂交,产生的一代杂种无论公母全部作为经济利用，不留种。这种方法简单易行，用当地母畜作为母本，外来公畜作为父本，只需做一次配合力的测定即可，且杂种优势可靠。其缺点是不能利用杂种母畜的繁殖力优势。

2. 三元杂交

三元杂交又称为三品种杂交，就是先用两个品种杂交产生具有杂种优势的母本，再与第三个品种的公畜杂交，产生的三品种杂种全部作为经济利用。

一般三元杂交后代总的杂种优势要超过二元杂交，因为第一代杂种后代母畜的繁殖力得到充分利用，第二次杂交的后代又得到了生活力和生长性能的杂种优势，总体杂种优势明显。目前猪的三元杂交方式已在全国普遍应用。三元杂交的缺点是组织工作和技术工作较为复杂，成本也较高。

3. 双杂交

选择四个品种分别两两杂交，然后两种杂交后代之间再进行杂交，产生的后代全部作为经济利用。

双杂交的优点是：遗传基础广泛，杂种公畜和杂种母畜的优势全部得到利用，易于获得更大的杂种优势；充分利用了杂种繁殖，可以少养纯种，降低了成本。缺点是：因涉及四个品种，所以组织工作更为复杂。现代常用于蛋鸡生产。

4. 轮回杂交

用两个或者两个以上的品种轮流进行杂交，各世代的杂种母畜除了用于杂交之外，剩余的和杂种公畜全部作为经济利用。

单元练习

简答题

1. 什么是引种？引种需要注意哪些问题？

2. 现有 2 个由 100 只母鸡和 10 只公鸡组成的鸡群，分别采用随机留种法和各家系等量留种法，要求计算出各自的群体有效含量和近交系数增量。

3. 现有一保种核心猪群，拟选集 100 头优秀母猪，每代近交增量控制在 1% 左右。试问：需要多少只公猪和采用何种方式，才能使群体有效含量保持为 100 头？如采用随机留种法，公猪需增加到多少头？

4. 杂交有哪些类型，分别适合在何种情况下使用？

5. 试说明配套系建系的方法及其实践意义。

单元七

家畜生殖器官的认知

单元概述

知识目标

1. 掌握公畜生殖器官的组成。
2. 掌握公畜生殖器官的结构和功能。
3. 掌握母畜生殖器官的组成。
4. 掌握母畜生殖器官的结构和功能。

技能目标

1. 能够辨别公畜、母畜的生殖器官及其组成。
2. 能够分辨不同家畜的生殖器官。

本单元包括两个课题:公畜生殖器官和母畜生殖器官,主要介绍了公母畜生殖器官的组成、结构和功能。

课题一　公畜生殖器官

公畜生殖系统由睾丸、附睾、输精管、尿生殖道、副性腺、阴茎、阴囊和包皮等生殖器官和结构组成(图7-1)。

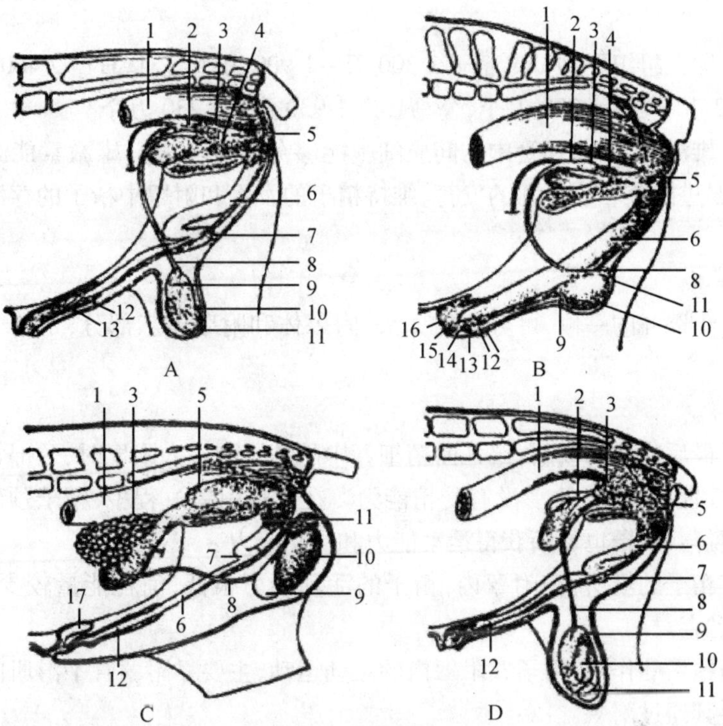

图7-1　公畜生殖器官

A. 公牛的生殖器官　B. 公马的生殖器官　C. 公猪的生殖器官　D. 公羊的生殖器官

1. 直肠　2. 输精管壶腹部　3. 精囊腺　4. 前列腺　5. 尿道球腺　6. 阴茎　7. S状弯曲　8. 输精管　9. 附睾头　10. 睾丸　11. 附睾尾　12. 阴茎游离端　13. 内包皮鞘　14. 外包皮鞘　15. 龟头　16. 尿道突起　17. 包皮憩室

（自《家畜繁殖》第二版，农业出版社，1986）

一、睾丸

1. 形态结构

睾丸是公畜的性腺，呈椭圆形，一对睾丸分别位于阴囊的左、右两室内。睾丸的大小和重量差异较大，其纵轴在阴囊内呈垂直、水平或一定的角度。

大多数哺乳动物的睾丸在胚胎发生过程中从腹腔腰部逐渐向腹侧移行，于出生前或出生后不久通过腹股沟管下降入阴囊。如睾丸未降入阴囊，停留于腹腔或腹股沟管内，称为隐睾。阴囊是由腹壁皮肤形成的柔软和富有弹性的皮肤囊，具有藏纳睾丸和调节睾丸温度的作用。

2. 生理功能

（1）生精功能：睾丸曲精细管内的生精细胞不断产生精子，精子随着精细管内的液流而到达附睾。

公牛每克睾丸组织平均日产精子1 300万~1 900万个,公猪日产2 400万~3 100万个,公羊日产2 400万~2 700万个,公马日产1 930万~2 230万个。

(2) 分泌雄激素:曲精细管中的间质细胞能够分泌雄激素。雄激素能激发公畜的性欲和性行为,促进阴茎和副性腺的发育,维持精子的发生和附睾中精子的存活。

二、附睾

1. 组织结构

附睾附着于睾丸的一侧,可分为附睾头、附睾体和附睾尾三部分,是精子成熟和贮存的地方。

2. 生理功能

(1) 精子最后成熟的场所:睾丸曲精细管中的精子刚进入附睾时,颈部常常有原生质滴的存在,活动能力很弱,几乎没有受精能力。在通过附睾过程中,精子颈部的原生质滴向尾部移行、脱落,精子也逐渐获得运动能力和受精能力。

(2) 贮存精子的场所:在附睾内,精子的活动能力很低、消耗能量较少,处于休眠状态,可以长期贮存。

(3) 运输精子的作用:精子在附睾内的主动运动,主要靠附睾管平滑肌的收缩作用和液体的流动使其通过附睾。

(4) 对精子的吞噬和吸收作用:衰老、死亡的精子在附睾内被分解和吸收。附睾还具有吸收作用,可使精子浓度升高达每毫升几亿至十几亿。

三、输精管

输精管是由附睾尾延续而来的,折转后包于输精管系膜内,沿附睾内侧面向腹腔前行,入腹腔转而向上向后至盆腔入口,与输尿管一同行于膀胱背侧的尿生殖襞内,越过同侧输尿管的背侧,向膀胱颈汇聚,在雄性尿道的起始段变细,与同侧精囊腺的导管汇合成短的射精管,开口于尿生殖道的精阜。

输精管的后段为腺部,有的家畜膨大为输精管壶腹,在壁内具有丰富的分支管状腺。

四、副性腺

1. 组织结构

副性腺是位于尿道盆部的一些腺体,包括精囊腺、前列腺和尿道球腺。其发育和功能受性激素的影响。

(1) 精囊腺:一对,位于膀胱颈的背侧,包于生殖襞内。大多为实质性腺体;少数家畜的精囊腺呈囊状,如马;有的甚至缺如,如骆驼。

精囊腺的导管与输精管汇合成短的射精管,开口于尿道黏膜的精阜上。分泌物为白色或黄白色胶状物,富含果糖。

(2) 前列腺:由壁外部(前列腺体)和壁内部(前列腺扩散部)构成。前列腺体位于尿道起始部的背面;扩散部则位于尿道盆部的壁内,在海绵层与尿道肌之间。前列腺导管较多,开口于精阜两旁。其分泌物可中和精液中精子在代谢时产生的二氧化碳。

(3) 尿道球腺:一对,位于尿道盆部后端的背外侧,有的甚至缺如,如狗。

腺外面或被覆有横纹肌,称球腺肌;或被球海绵体肌覆盖。导管数目不等,开口于尿道盆部的黏膜上。其黏性分泌物可冲洗和润滑尿道及母畜的阴道。

2. 功能

(1) 冲洗尿生殖道:射精前尿道球腺的分泌液可以冲洗尿生殖道中残留的尿液,保护精液的环境。

(2) 供给精子营养:精囊腺的分泌物中富含果糖等营养物质,其中的果糖是精子直接可用的营养物质,可以满足精子存活所需。

(3) 活化精子:副性腺液呈弱碱性,有利于精子的活动。同时,副性腺液的渗透压较低,可以使得精子吸收水分,恢复正常活动能力。

(4) 缓冲作用:副性腺液中含有柠檬酸盐和磷酸盐等,具有很好的缓冲作用,以保证精子的存活和受精能力。

(5) 运送精子:在精液排出过程中,副性腺液的流动起一定的推动作用。

(6) 防止精液倒流:在射精进入母畜体内后,精液会凝结成半固体状,从而防止精液倒流。

五、尿生殖道

尿生殖道大部分是排尿和排精的共同通道,可分为盆部和尿道海绵体部。

盆部从膀胱颈起,在直肠与骨盆联合之间向后行,至坐骨弓处变狭,称尿道峡,然后出骨盆而折转入阴茎,延续为尿道海绵体部。尿道盆部具有副性腺。

尿道海绵体部构成阴茎的一部分,沿阴茎海绵体的腹侧向前行,末段在阴茎头处形成尿道突,尿道外口开口于其上。

六、阴茎和包皮

1. 阴茎

阴茎是公畜的交配器官,由阴茎海绵体和尿道海绵体部构成,可分为阴茎根、阴茎体和游离部,末端形成阴茎头。

2. 包皮

包皮是阴茎前部容纳阴茎游离部和阴茎头的腔,由两层皮肤褶构成。

课题二　母畜生殖器官

母畜的生殖系统由卵巢、输卵管、子宫、阴道、尿生殖前庭和阴门等器官组成(图7-2)。

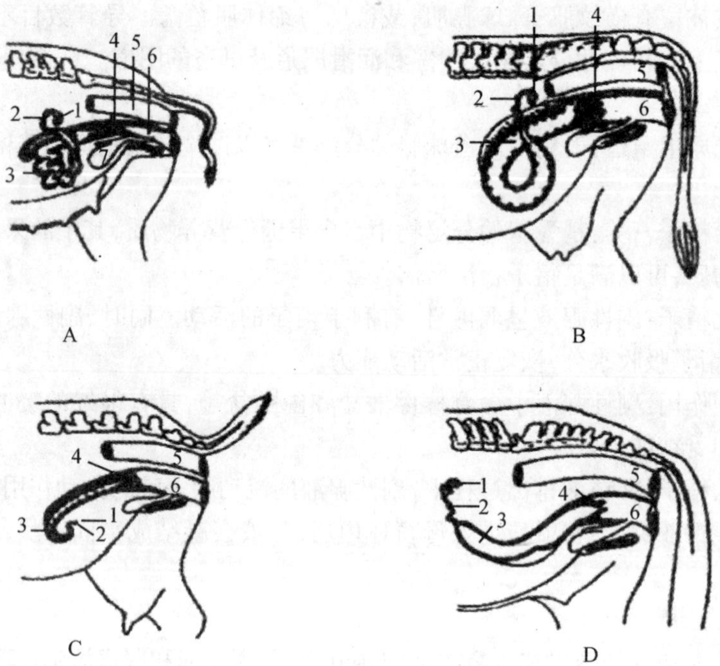

图7-1　母畜的生殖器官

A. 母猪的生殖器官　B. 母牛的生殖器官　C. 母羊的生殖器官　D. 母马的生殖器官

1. 卵巢　2. 输卵管　3. 子宫角　4. 子宫颈　5. 直肠　6. 阴道　7. 膀胱

一、卵巢

1. 形态结构

卵巢为母畜的性腺,呈椭圆形,位于腹腔内,通过卵巢系膜悬挂于腰下部或盆腔入口处。经产母畜的卵巢常稍坠向前下方。各种家畜卵巢的形状和大小不同。

卵巢被覆生殖上皮,上皮下为结缔组织构成的白膜。卵巢实质区在外周,由间质细胞和各级卵泡构成,因此又称卵泡区。血管区在中央。大卵泡在卵巢表面,肉眼可见。

2. 生理功能

(1) 产生卵子:卵巢皮质部有许多同阶段的卵泡存在,原始卵泡、初级卵泡、次级卵泡和成熟卵泡。成熟卵泡破裂排卵后可在原处形成黄体。

（2）分泌激素：卵泡的发育过程中，卵巢皮质细胞所形成的卵泡膜可分为血管性的内膜和纤维性的外膜。内膜可以分泌雌激素，引起母畜的发情行为。黄体可以产生孕激素，以维持妊娠。

二、输卵管

1. 形态结构

输卵管是连接卵巢与子宫的细长而弯曲的管道。其前端扩大成输卵管漏斗；边缘不规则突起，称输卵管伞。漏斗的中央为输卵管腹腔口，与腹膜腔相通。输卵管的前段较宽，为输卵管壶腹部；后段较狭、较直，称输卵管峡部。

2. 生理功能

（1）运输作用：输卵管能够收纳卵子。卵巢和输卵管并不直接相连，在卵巢排卵前，输卵管伞张开包裹住卵巢，使排出的卵子能够顺利进入输卵管向后运行。

（2）输卵管是精子获能、精卵受精和卵裂的场所。精子进入母畜体内，必须先在母畜子宫、输卵管内完成获能过程，然后在输卵管壶腹部与卵子结合形成受精卵，开始卵裂。

（3）分泌功能：在母畜的发情期，输卵管还能够产生分泌液，为精子、卵子的获能以及后来的受精卵发育提供必需的内环境。

三、子宫

（一）子宫的形态、位置

子宫是有腔的肌－膜性器官，是胎儿发育的场所。浆膜在子宫角的背侧和子宫体的两侧形成浆膜褶，被称为子宫阔韧带，将子宫悬吊在腰下部。子宫大部分位于腹后部，少部分位于骨盆腔内，背侧与直肠相邻，腹侧与膀胱相邻。可分为一对子宫角、一个子宫体、一个子宫颈三部分。子宫角向前逐渐变细而与输卵管相连，子宫体向后延续为子宫颈。子宫颈的壁较厚，后端突入于阴道内，形成子宫颈阴道部。

子宫角和子宫体的内腔称子宫腔。子宫颈的腔较狭，称子宫颈管；向前以子宫内口与子宫腔相通，向后以子宫外口与阴道腔相通。子宫壁由黏膜、肌层和浆膜三层构成。黏膜层内分布有大量分支管状的子宫腺，子宫颈的黏膜形成许多纵襞。子宫肌的肌层间有发达的血管层。

（二）不同家畜子宫的特点

1. 牛（羊）的子宫

成年母牛（羊）的子宫角长达 20～30cm，角的基部粗 2～3cm，子宫体较短，一般 3～5cm 长。青年牛或产胎次数较少的个体，两侧的子宫角弯曲像绵羊角基部；产胎次数较多的个体，子宫一般不能完全恢复原来的形态。两子宫角基部连接处有一条角间沟，子宫内膜上大约有 100 个突出于表面的子宫阜，阜上没有子宫腺，但深处有丰富的血管，妊娠时可以发育成母体胎盘。子宫颈口突出于阴道,子宫颈肌的环状层厚而硬,直肠检查时容易摸到。羊的子宫与牛的很相似,但体积较小。

2. 猪的子宫

猪的两个子宫角长而弯曲,经产母猪可长达1.2~1.5m,形似小肠,两角基部之间的纵隔不明显,子宫体短,子宫颈较长,可达10~18cm,子宫颈内有数个彼此交错的半圆形突起,后部逐渐过渡为阴道,没有明显的子宫颈阴道部。

3. 马的子宫

马的子宫体发达,长8~15cm,宽6~8cm,子宫颈呈圆柱形,收缩不紧密,突出于阴道部内,不发情时可容纳一指伸入,发情时张开很大。

(三) 生理功能

1. 贮存、筛选和运送精子,有助于精子获能

母畜发情配种后,子宫颈口张开,有利于精子逆流进入,子宫颈黏膜隐窝内可以贮存大量精子,同时也淘汰了衰老或死亡的精子。子宫肌有节律地收缩也可以帮助运输精子到达受精部位。此外,子宫内环境可以使进入的精子发生获能变化,能够与卵子完成受精过程。

2. 孕体的附植、妊娠和分娩

子宫内膜可以满足孕体附植的需要。随后子宫内膜可以形成母体胎盘,与胎儿胎盘结合,为胎儿的生长发育创造良好条件。妊娠时,子宫颈内膜细胞能够分泌出高浓度的黏液,形成栓塞封闭子宫颈口,防止异物的进入,起到保胎的作用。分娩前栓塞会液化流出,子宫颈也会扩张,以便胎儿的排出。

3. 调节卵巢的状态,引起发情

未受孕的母畜在发情周期的特定阶段,子宫内膜可以产生前列腺素引起卵巢上周期性黄体溶解,母畜在体内促卵泡素的作用下进入发情阶段。妊娠期,子宫内膜不再分泌前列腺素,周期性黄体可长期存在,以维持妊娠。

四、阴道

阴道是母畜的交配器官,也是胎儿娩出的通道。阴道背侧为直肠,腹侧为膀胱和尿道,阴道前部有子宫颈阴道部突入,子宫颈阴道部周围的阴道腔被称为阴道穹窿。

不同动物的阴道长度不同,猪的阴道长约10cm,牛的阴道长22~28cm,羊的阴道长8~14cm。

五、外生殖器

1. 尿生殖前庭

尿生殖前庭是从阴瓣到阴门裂的部分,前高后低,稍微倾斜,既是尿道又是生殖道。

2. 阴唇

阴唇构成阴门的两侧壁，外表是皮肤，内为黏膜。

3. 阴蒂

阴蒂与雄性动物的阴茎为同源器官，由2个勃起组织构成，凸起于阴门下角内的阴蒂窝内，具有丰富的感觉神经末梢。

单元练习

一、填空题

家畜的睾丸为______形；成年未孕母牛卵巢的形状为______形；公畜的交配器官是______；母畜的交配器官是______；精子在______中最后成熟；原始卵泡位于卵巢的______部；子宫角基部之间的纵隔有一纵沟，称______；胎儿的发育场所是______。

二、选择题

1. 卵巢游离缘上有排卵窝的家畜是　（　　）

A. 猪　B. 马　C. 牛　D. 羊

2. 附睾头是由10～30条以下组织构成的　（　　）

A. 精细管　B. 曲精细管　C. 睾丸输出管　D. 直精细管

3. 子宫颈阴道部不明显的家畜是　（　　）

A. 猪　B. 马　C. 牛　D. 羊

三、简答题

1. 简述睾丸、附睾和副性腺的主要生理功能。

2. 简述卵巢、输卵管和子宫的主要生理功能。

单元八

畜禽生殖激素的认知

单元概述

✻ **知识目标**

1. 掌握生殖激素的概念和作用特点。
2. 了解生殖激素的分类与来源。
3. 掌握生殖激素的生理功能。

本单元包括两个课题:生殖激素概述、生殖激素的生理功能与临床应用,主要介绍了生殖激素的概念、作用特点、主要来源、生理功能和临床应用。

课题一　生殖激素概述

动物的生殖活动是一个非常复杂的过程,其变化都是受激素调控的。激素主要是由内分泌腺或内分泌组织的细胞所分泌并对机体的其他细胞、组织发挥作用的一类特殊的化学物质。其中与动物性器官、性细胞、性行为等的发生和发育以及发情、排卵、妊娠、分娩和泌乳等生殖活动有直接关系的激素,称为生殖激素。另外,某些激素虽与生殖活动无直接关系,但它通过影响动物机体的生长、发育及代谢功能而间接影响生殖功能,称为次要生殖激素,如生长激素、甲状腺素、胰岛素等。

一、生殖激素的种类

生殖激素的种类很多,我们常常根据其来源将其分为四类:①脑部激素,如下丘脑、垂体产生的激素;②性腺激素,如睾丸和卵巢产生的激素;③胎盘激素;④其他组织器官分泌的激素,如子宫产生的激素;⑤外激素。

也有按照激素的化学组成，将其分为含氮激素、类固醇激素（又称甾体激素）和脂肪酸类激素三类。

二、生殖激素的作用特点

1．结构特点

生殖激素的作用往往与其结构关系密切，如激素必须与受体结合后才产生生物学效应。各种生殖激素都有一定的靶器官或靶组织，因为在这些部位有其特殊的受体，只有当激素与这些受体结合后才能够表现其生物学效应。此外，结构相似的激素一般具有类似的生物学活性，如人工合成的乙烯雌酚和雌二醇。

2．微量性和巨效性

生殖激素是一种高效能的生物活性物质，微量的生殖激素即能发挥很强的生理效应，如用1pg（10^{-12}g）的雌二醇直接作用于阴道黏膜或子宫内膜上，即可产生明显的生物学效应。

3．在动物机体中由于受分解酶的作用，其活性丧失很快

如果将孕酮注入动物体内，在10～20min内就有90%从血液中消失，但其作用要在数小时或数天内才表现出来。

4．生殖激素间具有协同或拮抗作用

两种生殖激素协同产生某种效果，如促卵泡素和促黄体素可以共同作用使母畜的卵泡发育和发生排卵。除了协同作用之外，激素之间还有拮抗作用。如雌激素可以引起子宫的兴奋，但如果同时注射一定量的孕激素，则可以抵消雌激素的作用。

课题二　生殖激素的生理功能与临床应用

一、脑部激素

下丘脑和垂体是脑部重要的内分泌结构。下丘脑是间脑的重要组成部分，位于第三脑室的底面和部分侧壁，主要包括视交叉、乳头体、灰白结节和正中隆起等部分。通过垂体门脉系统调控直接或间接作用于生殖器官。垂体是间脑底部的腺体，位于脑下部的蝶鞍内，以垂体柄与丘脑相连，又称脑下垂体。它是一个很小的腺体，只有体重的万分之一左右，成年牛和马的垂体质量为2～5g，猪和羊的垂体质量为0.4～0.5g，人的垂体质量为0.5～0.6g。垂体按生理功能不同分为腺垂体和脑垂体。

下丘脑和垂体分泌的主要生殖激素有促性腺激素释放激素（GnRH）、催产素（OXT）、促黄体素（LH）、促卵泡素（FSH）、催乳素（PRL）等。

（一）促性腺激素释放激素(GnRH)

1. 生理功能

（1）促使垂体前叶合成与释放 LH 和 FSH,但以 LH 的合成和释放为主。

（2）刺激排卵。GnRH 能刺激各种动物排卵。用电刺激兔丘脑下部的腹侧可激发 GnRH 的释放,从而引起大量 LH 和少量 FSH 的分泌,使卵巢上的卵泡进一步发育而排卵。

（3）促进精子生成。GnRH 可促使雄性动物精液中的精子数增加,使精子的活动能力和精子的形态有所改善。

（4）抑制生殖系统的功能。当长期、大量应用 GnRH 时,可抑制生殖系统的功能甚至具有抗生育作用,如抑制排卵、延缓胚胎附植、阻断妊娠、引起睾丸或卵巢萎缩以及阻碍精子生成。

2. 促性腺激素释放激素的应用

现已广泛合成 GnRH 类似物并在生产上应用,主要用于促进排卵和调整生殖功能紊乱。

（1）促排卵,提高受胎率。

（2）缩短牛的分娩间隔:产后 10～20d,肌肉注射 100～200μg GnRH,可以提早发情,促进子宫恢复,缩短恢复时间。

（3）对鱼类产卵有良好的促排效果,用量 5～10μg/kg。

（4）用于疾病的治疗:牛卵巢静止,肌肉注射 200～400μg GnRH,1～3 次,11～33d 发情;持久黄体,使用 400～800μg ,1～4 次;卵泡囊肿,使用 400～600μg, 2～4 次,15～30d 消失;牛排卵延迟,颈部肌注 200μg 。

（一）催产素(OXT)

1. 来源

OXT 主要在下丘脑视上核、室旁核内合成,在垂体后叶贮存和释放。

2. 生理功能

（1）能够强烈地刺激子宫收缩,促进分娩的完成。

（2）OXT 是产生泌乳反射的重要原因,能促使乳腺组织排乳。

（3）催产素可增加输卵管的蠕动,对发情、排卵有抑制作用,可引起雄性生殖道收缩。对输卵管的作用,在人工授精中,可以用它加速精子在生殖道中的运行。

3. 应用

常用于促进分娩,治疗胎衣不下、子宫脱出、产后子宫出血和子宫内容物(如恶露、子宫积脓或木乃伊)的排出等。事先用雌激素处理,可增强子宫对催产素的敏感性。通常临床用量:马和牛 30 ~ 50 IU,猪和羊 10 ~ 20 IU。

(三) 卵泡生成素(FSH)

1. 来源

FSH 又称为促卵泡成熟素,在 GnRH 作用下,由垂体前叶细胞产生。

2. 生理功能

(1) 对雌性动物可刺激卵泡的生长和发育。FSH 在卵泡生长发育中的具体作用为:促进内膜细胞的分化,促进颗粒细胞增生,促进卵泡液的分泌,使卵巢重量增加,体积增大。一般说来,单纯使用 FSH 可以增加卵巢上卵泡生长发育的数量,在促黄体素的协同下,还可以促进卵泡的最后成熟、破裂、排卵,并进一步促进黄体的形成。

(2) 对雄性动物可促进生精上皮发育和精子产生。

3. 应用

(1) 治疗母畜卵巢疾病,如不发情、卵巢静止、卵巢发育不全、卵巢萎缩等。使用剂量:牛每次肌注 100 ~ 200 IU、猪 50 ~ 100 IU、马 200 ~ 300 IU、驴 100 ~ 200 IU,一般 2 ~ 3d 为一个疗程,每次间隔时间 1 ~ 2d,连用 2 ~ 3 次。

(2) 使动物的性成熟提早。和雌激素配合使用对接近性成熟的动物可提早促使发情配种。

(3) 可用于诱导发情。对产后 4 周的泌乳母猪及 60d 以后的母牛应用 FSH 可提高发情率和排卵率,缩短产仔间隔。用于季节性繁殖的母畜,可使其在非繁殖季节发情、排卵。例如,注射 FSH 可诱发奶山羊在非繁殖季节发情和排卵。

(4) 用于同期发情或超数排卵:用 FSH 和孕激素或前列腺素配合使用,可增加群体母畜发情和排卵的同期率。还可用于牛、羊胚胎移植技术中的超数排卵:FSH 能增加生长卵泡的数量,在正常情况下,由于垂体前叶分泌的 FSH 量有限,只能保证一个或少数几个卵泡正常发育,其他卵泡因得不到足够的 FSH,而先后闭锁、退化。以牛为例,出生时约有 7 万个卵泡,10 ~ 14 岁时为 25 000 个,20 岁时只剩 3 000 个。当补充外源性促卵泡素时,可以促使比正常多的卵泡开始发育,从而达到超排的目的。

(5) 治疗公畜精液品质不良。当精子密度不足或存活率低时,应用 FSH 可提高精液品质。

(四) 促黄体素(LH)

1. 来源

LH 又称为黄体生成素,由垂体前叶细胞产生,是一种糖蛋白激素,分子量牛、羊约 30 000u,猪为 10 000u。

2. 生理功能

(1) 对雌性动物:可与 FSH 协同促进卵泡发育成熟后排卵,促进排卵后颗粒细胞转变为黄体细胞，使黄体产生和分泌孕酮。

（2）对雄性动物：可刺激睾丸间质细胞合成和分泌睾酮。这与副性腺发育、精子最后形成有很大关系。

3. 应用

（1）治疗卵巢疾病。FSH 可以用于治疗卵巢囊肿、排卵障碍等。与 FSH 合用可治疗卵巢静止或卵泡中途萎缩，还可以诱发季节性繁殖的母畜在非繁殖季节发情、排卵。

（2）防止流产。对由于黄体发育不全造成习惯性流产的母畜，可在配种时和配种后注射 LH。

（3）治疗公畜不育症。LH 对公畜性欲减退、精子密度低等疾病有一定疗效。

（五）催乳素（PRL）

1. 来源

PRL 由垂体前叶细胞分泌，是一种蛋白质激素。

2. 生理功能

（1）促进乳腺系统的功能。可以与雌激素协同作用于乳腺导管系统，与孕激素共同作用于乳腺泡系统，促进乳腺的发育；与类皮质激素一起激发和维持泌乳活动。

（2）促进黄体分泌孕酮。

（3）促进母畜的母性行为，如禽类的就巢性等。

（4）对公畜，具有维持睾丸分泌睾酮的作用，并在雌激素的协同下刺激副性腺的发育。

二、性腺激素

由睾丸和卵巢分泌的激素统称为性腺激素，主要包括雄激素、雌激素、孕激素等。

（一）雄激素

1. 来源

睾酮为雄激素的主要形式，来源于间质细胞。另外，肾上腺皮质、卵巢也能分泌少量雄激素。睾酮不在体内存留，很快被利用和分解（产生雄酮），然后通过粪、尿液、胆汁排出体外。

2. 功能

（1）促进雄性生殖道及副性腺的生长发育和机能。

（2）刺激精子的发生（若无促间质细胞激素，则间质细胞变性，无雄激素产生）。

（3）维持附睾发育，延长附睾中精子的寿命与活力。

（4）刺激并维持雄性动物的性行为。

（5）促进蛋白质的合成代谢。

(6) 促进雄性动物的第二性征表现。

(7) 雄激素量过多时,可抑制 FSH、促间质细胞激素(ICSH)的分泌,使雄激素量降低,以维持激素平衡。

3. 雄激素在畜牧业上的应用

人工合成的雄激素类似物主要有甲基睾酮和丙酸睾酮。

(1) 主要用于治疗公畜性欲不强(如阳痿)和性功能减退,常用药物为丙酸睾酮。应用时可以皮下或肌肉注射,一般使用剂量为:牛 100 ~ 300 mg,羊 100 mg。

(2) 去势公畜用雄激素处理,可用作试情公畜。

(二) 雌激素

1. 来源

雌激素主要由卵泡内膜、颗粒细胞分泌,其次是卵巢间质细胞、黄体及胎盘;肾上腺皮质、睾丸(马)也可少量分泌。雌激素的主要成分有雌二醇(E2)、雌酮、雌三醇(E3)。

2. 生理功能

(1) 刺激并维持雌性个体生殖道的发育。如初情期前摘除卵巢,生殖道就不能发育;初情期后摘除卵巢,则生殖道退化。

① 输卵管:刺激内膜上皮增生和分泌活动。

② 子宫:使子宫内膜充血、增生,子宫肌增生、运动性增强和对催产素反应性增大。

③ 子宫颈:充血、黏液分泌增多。伴随着水分和盐浓度的上升,黏液变稀。

④ 阴道:使黏膜肥厚,上皮细胞角质化。

(2) 在少量孕酮的协同作用下,可使雌性个体出现性欲和性兴奋。如接受公畜爬跨,子宫颈充血、开张等。

(3) 使雌性个体发生并维持第二性征(体型、声音、皮毛、羽装等),抑制长骨骨骺骨化,使成熟的雌性个体比雄性小。

(4) 刺激乳腺管道系统的生长,与孕酮共同刺激并维持乳腺的发育。

(5) 分娩时,雌激素水平升高,使子宫肌对催产素的反应性增大。雌激素是参与发动分娩的激素之一。

(6) 抑制雄性第二性征,使雄性睾丸萎缩,副性腺退化,最后导致不育。

3. 雌激素在畜牧业上的应用

近年来合成了类雌激素,如乙烯雌酚、苯甲酸雌二醇等。此类物质的生理效应几乎和天然雌激素完全相同,但它们成本低,可口服且吸收、排泄快,临床上多采用此类物质。

(1) 用于家畜的催情。小剂量乙烯雌酚可引起发情症状微弱的母畜发情。但往往只有发情表现,无卵泡发生,可第二情期再配种。

(2) 促进产后胎衣不下或排出干尸化(木乃伊)胎儿。

(3) 提高家畜的同期发情率。在同期发情中配合小剂量的雌二醇能提高发情同期率。

(4) 生物去势。应用于肉用畜禽,特别对小公鸡,注射雌激素后能使肉质鲜嫩。

(5) 刺激未孕母畜泌乳。

(三) 孕激素

1. 来源及分类

孕激素主要来源为卵巢中的黄体细胞。在马和绵羊等多数家畜中,妊娠后期的胎盘为孕激素更重要的来源。此外,在睾丸、肾上腺和卵泡颗粒层细胞中也曾分离出孕酮,这可能是合成雄激素的中间产物。

天然的孕激素主要是孕酮(P4,又称黄体酮)。人工合成的有甲孕酮(MAP)、甲地孕酮(MA)、氯地孕酮(CAP)、氟孕酮(FGA)等。

2. 生理功能

(1) 对妊娠的作用:维持妊娠。

① 通过刺激子宫内膜腺体分泌和抑制子宫肌收缩而促进胚胎着床并维持妊娠。孕酮能促进子宫黏膜增生;刺激子宫腺体增长,分泌增强,有利于胚泡附植。

② 抑制子宫自发性活动,降低子宫肌的兴奋作用(对催产素的反应),可促使胎盘发育,维持正常妊娠。

③ 促使子宫颈口收缩,子宫颈黏液变稠,形成子宫颈栓塞,以防止外物侵入子宫,利于保胎和胎儿生长发育。

(2) 对生殖道发育的作用:孕酮能促进生殖道发育。生殖道受到雌激素的刺激开始发育,但只有经过孕酮的作用后才能发育得更充分。

(3) 对发情的作用:少量孕酮与雌激素共同作用,使母畜出现发情的外部表现,并接受交配。对大多数家畜,孕酮都有这种作用,因为只有在少量孕酮的协同作用下,中枢神经系统才能接受雌激素的刺激,母畜才能表现性欲,有外部发情表现和交配欲;否则,卵泡虽有发育也无发情表现,初情期第一次排卵但不伴随发情表现,就是这个原因。

(4) 孕酮能刺激乳腺泡系统的发育,并且和雌激素共同维持乳腺的发育。

(5) 大量孕酮能抑制发情。大量孕酮对下丘脑或垂体具有负反馈作用,抑制 FSH、LH 的释放,所以在黄体开始萎缩以前卵巢中虽有卵泡生长,但不能迅速发育,也不表现发情,就是由于大量孕酮对抗雌激素而抑制了发情。

3. 孕酮在生产中的应用

(1) 诱导同期发情:连续给药 7d 以上可抑制垂体促性腺激素的释放,从而抑制发情,造成人工黄体。一旦停药,即能反馈性引起促性腺激素释放,使家畜在短期内出现发情。

(2) 协助超数排卵。

(3) 进行妊娠诊断:采集配种后21~25d(猪、牛、山羊)或19~23d(绵羊)的血浆、乳汁、尿液等样品,用放射免疫或免疫酶标测定法确定其孕酮含量。若未孕,孕酮接近发情时水平;否则,含量会很高,接近或超过黄体期水平。

(4) 治疗繁殖疾病:可用于治疗排卵迟缓、卵巢静止、暗发情,以及预防孕酮不足性流产。

三、胎盘促性腺激素

胎盘激素即母体妊娠期间所形成的胎盘分泌的激素。胎盘不仅是孕育胎儿的场所,而且是内分泌器官。由下丘脑—垂体—性腺轴分泌的几乎所有激素,均可由胎盘分泌。

胎盘分泌的主要激素有孕马血清促性腺激素(PMSG)、人绒毛膜促性腺激素(HCG)、松弛素(RLX)。

(一) 孕马血清促性腺激素(PMSG)

1. 来源和特性

PMSG主要存在于孕马血清中,它是由马、驴或斑马子宫内膜的“杯状”组织分泌的。一般妊娠后40d开始出现,60d时达到高峰,可维持至120d,然后逐渐下降,到170d时几乎完全消失。血清中的PMSG含量因品种不同而异,轻型马最高(100 IU/mL血液),重型马最低(20 IU/mL),兼用型马适中(50 IU/mL)。在同一品种中,也存在个体间的差异。此外,胎儿的基因型对其分泌影响最大,如驴怀骡分泌量最高,马怀马次之,马怀骡再次之,驴怀驴最低。

PMSG是一种糖蛋白激素,含糖量很高,达41%~45%。分子量53 000u。PMSG的分子不稳定,高温、酸、碱等都会引起失活,分离提纯也比较困难。

2. 生理作用

(1) 具有类似FSH和LH的双重活性,但以FSH为主,因此有着明显的促卵泡发育、促排卵和黄体形成功能。

(2) 对雄性动物有促使曲精细管发育和性细胞分化的作用,对母马本身的作用了解不够(可能帮助副黄体形成)。

3. PMSG的应用

(1) 治疗母畜卵巢发育不全、卵巢功能减退、长期不发情或安静发情。牛皮下注射1 500~2 000 IU、羊200~400 IU、猪肌注750~1 000 IU。

(2) 治疗公畜睾丸功能衰退等。牛皮下注射1 500 IU、羊500~1 200 IU。

(3) 给绵羊注射PMSG可提高双羔率。发情前3~4d皮下一次性注射500 IU。

(4) 用于胚胎移植技术中的超数排卵。牛一次性肌注 2 000 ~ 3 000 IU、羊 500 ~ 800 IU、猪一次性肌注 1 500 ~ 2 000 IU。

(5) 非繁殖季节诱发奶山羊发情。

(二) 人绒毛膜促性腺激素(HCG)

1. 来源

由人和灵长类动物胎盘绒毛膜合胞体层细胞分泌。一般孕后第 8d 开始分泌,第 8—9 周(55—65d)升至最高,第 21—22 周降至最低。150d 后消失, 目前的商品制剂,主要来自孕妇尿液、流产刮宫液中。

2. 生理作用(与 LH 相似)

(1) 对雌性动物可促进卵泡成熟、排卵和形成黄体。

(2) 对雄性动物可促进睾丸的发育及间质细胞分泌雄激素。

(3) 在人,HCG 可作为胎盘信号,使周期黄体转变为妊娠黄体,并维持其功能;胎盘形成后不久,可逐渐代替卵巢功能,具有明显的免疫抑制作用。

3. HCG 的应用

(1) 根据其促进母畜卵泡成熟、排卵的功能,用于提高母畜配种受胎率。据报道,马、驴在输精前 8 ~ 12h 注射 HCG 1 000 ~ 2 000 IU,情期受胎率显著高于对照组,马为 52.2% 比 33.2%,驴为 30.3% 比 17.5%。

(2) 治疗母畜繁殖障碍疾病:

① 治疗母畜排卵延迟和不排卵。据报道,对这类母畜静脉注射 HCG 1 000 ~ 2 000 IU,可在 20 ~ 60h 后排卵。

② 治疗卵泡囊肿及慕雄狂,病牛经静脉注射 2 500 ~ 5 000 IU,肌注 10 000 IU,慕雄狂症状于 2 ~ 3d 后消失,囊肿很快黄体化。

③ 治疗公畜性腺发育不良(一侧睾丸过小、单睾)和阳痿。施用 HCG 可以促进睾丸发育,阳痿得到纠正。马、牛、驴的用量为 1 000 ~ 5 000 IU,猪、羊为 500 ~ 2 000 IU。

④ 用于增强超数排卵效果,主要用于猪,一般先用 PMSG 或 FSH,发情时再肌注 HCG。据中科院畜牧所 1989 年报道,用 PMSG 1 500 ~ 2 000 IU + HCG 500 ~ 1 000 IU 对 30 头青年母猪进行超数排卵处理,平均每头排卵 22.9 枚,每头平均获可用胚 15.1 枚。

⑤ 用于增强同期发情效果,以注射 HCG3d 后发情者为同期发情计算,同期发情率分别为:断奶母猪 100% (8/8)、青年母猪 84.6% (11/13)、成年母猪 60% (9/15)。

(三) 松弛素(RLX)

RLX 属多肽,为水溶性,妊娠后期由黄体产生。兔的 RLX 主要来自胎盘,分子量为 6 300u。

RLX 的主要功能如下：

(1) 使骨盆韧带、耻骨联合松弛，利于分娩。

(2) 使子宫颈口开张，子宫肌舒张。

(3) 在雌激素协同下，促进乳腺发育。

(四) 前列腺素

1. 前列腺素(PGs)的来源

早在 1930 年，人们发现人、猴、山羊、绵羊的新鲜精液中有一种物质可引起子宫收缩反应，当时认为这种物质主要来源于前列腺，故命名为前列腺素。此后发现，前列腺素并非由专一的内分泌腺产生，而广泛存在于哺乳动物的组织和体液中，以生殖器官，特别是子宫内膜、母体胎盘、精液中较多，实际上与前列腺的关系不大。

2. 前列腺素的特征与分类

前列腺素的基本结构式为含有 20 个碳原子的不饱和脂肪酸。根据其化学结构和生物特性的不同可分为三类(PG1、PG2、PG3)九型(即 A、B、C、D、E、F、G、H、I)，简称 PGs。在生殖系统起作用的主要是 PGF2α 和 PGE2，尤其以 PGF 型最为重要。

3. 前列腺素的生理功能

(1) 能促进平滑肌收缩。PGE、PGF 具有兴奋平滑肌的作用，尤其对子宫有强烈的作用。

(2) 溶解黄体(主要是 PGF2α)。PGF2α 通过逆流传递机制由子宫静脉透入卵巢动脉，到达卵巢。

(3) 影响排卵。可触发卵泡壁降解酶合成，同时刺激卵泡外膜组织平滑肌纤维收缩。

(4) 对子宫、输卵管的作用：调节受精卵在输卵管的发育(PGF 使其在输卵管滞留，PGE 解除) 与子宫收缩和分娩活动有关(PG 产生与雌激素升高有关，敏感性强)。

(5) 另外，前列腺素(PGA、PGE)的降压作用及增加唾液分泌、减少胃液、促进血小板凝集作用明显。

4. PGs 的应用

前列腺素在家畜养殖方面越来越多地显示出它的重要性。天然的 PGs 提取困难，价格昂贵，且作用时间短，而人工合成的类似物成本低，作用时间长，所以目前广泛应用 PGs 类似物。

我国合成的 PGs 类似物有 15 甲基 - PGF2α、PGF2α 甲脂、氯前列烯醇等，它们溶解黄体的作用比天然的高 100 ~ 200 倍。在畜牧业上的应用主要有以下几方面：

(1) 调节发情周期。前列腺素用于同期发情的方法有子宫注入和肌肉注射。前者用药量少，效果明显，但注入有时比较困难；肌肉注射操作容易但用药量增加。

(2) 用于超数排卵。

(3) 用于人工引产和同期分娩。对不应该维持的妊娠可用PGF2α终止,主要用于妊娠早期。为使家畜产后便于管理,也可用PGF2α使家畜提前分娩,达到同期分娩的目的。总的来看,在妊娠初期(120d前)PGF2α对人工引产有效,120~250d之间效果不大,但妊娠后期催产效果明显。

(4) 用于治疗生殖器官的疾病,如治疗持久黄体、黄体囊肿、子宫积脓、干尸化胎儿等。用量:牛12~15mg,猪2.5~10mg,绵羊10~25mg。

(5) 提高人工授精受胎率。

(6) 增加公畜精子的射精量。

① 对公牛采精前30min注射PGF2α 20~30mg,不仅可以增加精子数,而且使精液中PGF2α含量升高45%~50%。

② 在公兔输精前2h注射PGF2α,可增加精子排出量。

(五) 外激素

1. 外激素的概念

外激素是由动物体释放到体外并引起同类动物行为和生理反应的一种化学物质,是动物不同个体之间进行化学通讯的信使。

2. 外激素的来源与特性

外激素是由外激素腺体释放的。外激素腺体分布很广泛,遍及全身各处,靠近体表,主要有皮脂腺、汗腺、唾液腺、下颌腺、泪腺、包皮腺及会阴腺等,有些家畜的尿液和粪便中也含有外激素。

外激素的性质因分泌动物的种类不同而异。如公猪的外激素有两种:一种是由睾丸合成的有特殊气味的类固醇物质,贮存于脂肪中,由包皮腺和唾液腺排出体外;另一种是由下颌腺合成的有麝香气味的物质,经由唾液排出。

羚羊的外激素含有异戊酸,具有挥发性。

3. 外激素的生理功能

(1) 促进雌性动物初情期的提前到来,促进性成熟。

(2) 促进雌性动物的母性行为和识别行为。

4. 外激素在畜牧业上的应用

(1) 母猪催情。给断奶后的母猪鼻子上喷洒合成外激素,能促进其卵巢功能的恢复。

(2) 公羊效应中的化学刺激——公羊的气味可看作是外激素(性引诱剂)。公羊刺激可以促进青年母羊性成熟;促使乏情季节提前结束;延长发情季节;可使母羊发情集中,排卵提早,提高母羊的排卵率和产羔率。破坏母羊的嗅觉,则会降低配种率。反过来,母羊的气味对公羊也是一个强烈刺激因子。公羊可以根据母羊的气味从羊群中找到发情母羊，破坏公羊的嗅觉则会失去这种鉴别能力。

（3）促使母猪提早发情。公猪的下颌腺和包皮腺是外激素的主要来源，将成年公猪放入青年母猪群中 5 ~ 7d 即会出现发情高峰，比未与公猪接触的青年母猪提早发情 30 ~ 40d。

（4）用于母猪的试情。母猪对公猪的外激素反应非常敏感，如用雄烯酮等合成的公猪外激素试情，发情母猪则出现静立反应，发情母猪检出率在 90% 以上，而且受胎率和产仔率比未用激素者高。

（5）用于检出发情母牛。

（6）使用外激素可加速公畜采精训练的完成。

单元练习

简答题

1. 什么是生殖激素，生殖激素的作用有何特点？

2. 试说明 GnRH、FSH、LH、PMSG、HCG、雌激素、孕激素、前列腺素的生理功能及其在生产中各有何用途。

单元九

家畜的人工授精

单元概述

知识目标

1. 熟悉发情的概念和变化，掌握发情鉴定的方法。
2. 掌握假阴道的安装方法，掌握采精的方法。
3. 掌握精液检查的方法。
4. 掌握精液保存的方法。
5. 掌握直肠把握输精法和阴道开张输精法。

技能目标

1. 能够发现发情母畜的表现，并根据发情表现确定输精时间。
2. 能够正确安装可用的假阴道。
3. 能够配制制定配方精液的稀释液。
4. 能够对精液进行解冻。
5. 能够做好直肠把握输精的准备工作。

本单元包括三个课题：母畜发情与发情鉴定、采精及精液处理、输精，主要介绍了母畜发情的分期、发情的表现、输精时间的确定，假阴道的安装、采精的方法、精液的组成、精液检查的方法、精液保存的方法，输精的方法。

现代畜牧生产广泛地采用了人工授精的繁殖技术，极大地提高了公畜的利用效率和良种率，加快了品种培育和改良的速度，提高了家畜的生产水平。

人工授精是指人工采集公畜的精液，经过适当的处理后，将其输入母畜生殖道的适当部位，使之受孕的配种方法。

课题一　母畜发情与发情鉴定

一、母畜发情

（一）发情生理的认知

母畜生长发育到一定年龄（性成熟）之后，生殖器官和性行为会出现一系列的变化，并产生性欲，这种生理状态称为发情。

正常的发情主要有三方面的表现：卵巢的变化、生殖道的变化和行为的变化。其中卵巢上卵泡的生长发育、成熟和分泌雌激素是发情的本质原因，而外部生殖器官和行为的变化是发情的外部表现。

1. 卵巢的变化

母畜发情开始之前，卵巢上的卵泡已开始生长，至发情前 2～3d 卵泡发育加快，卵泡内膜增生，至发情时卵泡发育成熟，卵泡液分泌增多，此时卵泡壁变薄而突出于卵巢表面。进而在激素的作用下，卵泡壁破裂，卵子被挤压而排出。

2. 生殖道的变化

发情时卵泡迅速发育、成熟，雌激素分泌量增加，强烈地刺激生殖道，使血流量增加，外阴部表现出充血、肿胀、松软、阴蒂充血且有勃起；阴道黏膜充血、潮红；子宫和输卵管平滑肌的蠕动加强，子宫颈松弛，子宫腺体增大，分泌功能增强，有黏液分泌。

3. 行为的变化

发情开始后，由于发育中的卵泡分泌较多的雌激素，并在少量孕酮的协同作用下，作用于神经系统的性中枢，引起性兴奋，使母畜常表现为兴奋不安、对外界的变化刺激十分敏感，常鸣叫，喜欢接近公畜，接受公畜的爬跨，举尾拱背，频频排尿，食欲减退，泌乳量减少，放牧时常离群独自行走。

（二）母畜性功能的发育

母畜的性功能发育是一个由发生、发展至衰退停止的过程。这一过程中，初情期、性成熟期、初配适龄期和繁殖终止期是较为重要的时期。不同的畜种、品种、个体以及不同季节和饲养管理条件，性功能的变化过程也会有差别（表 9-1）。

1. 初情期

初情期是指母畜第一次出现发情排卵的年龄。在母畜初情期前后，生殖器官开始迅速发育，但是生殖器官发育还不充分，性功能也不完全，因此发情表现也不充分。生殖器官发育迅速，开始有繁殖的能力，此时交配有受孕的可能，但由于此时的母畜自身正处于快速生长发育阶段，一旦受孕则会影响母畜自身的发育，也会影响胎儿的发育，进而影响整体生产性能的发挥，因此不能安排此时进行配种。

2. 性成熟期

初情期之后，母畜的生殖器官进一步生长发育完全，发情排卵正常，具备繁殖能力，这一时期称为性成熟。性成熟后的母畜身体的发育仍未完成，所以也不宜配种。

3. 初配适龄期

性成熟之后再过一段时间，当机体器官、组织的发育基本完成，并且具有本品种固有的外貌特征，一般是体重达到成年体重的70%左右，此时就可以参加配种，这一时期被称为初配适龄期。在初配适龄期配种，妊娠不会影响母畜和胎儿的生长发育。初配适龄对于指导生产具有重要的意义。

4. 体成熟期

体成熟期是指母畜的身体各器官完全成熟，达到成年体重的时期。一般初配适龄配种繁殖2～3胎后，才能够达到体成熟阶段。

5. 繁殖终止期

随着家畜年龄的增大、身体各器官的老化，繁殖功能也会逐渐丧失。在繁殖功能停止之前，生产效益明显下降时就应及时淘汰。

表9-1　母畜性功能发育的重要阶段

家畜种类	初情期	性成熟期	初配适龄期	繁殖终止期
奶牛	6～12月龄	8～14月龄	1.5～2岁	13～15岁
山羊	4～8月龄	6～8月龄	10～12月龄	8～11岁
绵羊	4～8月龄	6～8月龄	12～18月龄	8～11岁
猪	3～6月龄	5～8月龄	8～10月龄	10～15岁
马	12月龄	12～18月龄	2.5～3岁	20～25岁

（三）发情周期

在母畜的发情期，卵巢出现周期性的卵泡发育和排卵，同时生殖器官及整个有机体也发生一系列周期性的生理变化，这种变化周而复始（非发情季节和怀孕期间除外），一直到性功能停止活动的年龄为止，母畜的这种周期性的性活动称为发情周期。

发情周期的计算，一般是从一次发情的开始到下一次发情开始的间隔时间。家畜发情周期的长短因生物种类不同而异，猪、牛、水牛、山羊、马平均为21d，绵羊平均为17d，驴为23d，兔8～15d。

1. 发情周期的划分

在家畜的发情周期中，根据机体所发生的一系列生理变化，可分为几个阶段，生产上一般多采用四期分法来划分发情周期，另外也有二期分法。

(1) 四期分法：根据家畜的性欲表现及生殖器官的变化，将一个发情周期分为发情前期、发情期、发情后期和间情期四个阶段。

① 发情前期：这是卵泡发育的准备时期。此期的特征是：上一个发情周期所形成的黄体退化萎缩，卵巢上有新的卵泡生长发育；雌激素也开始分泌；使整个生殖道血管供应量开始增加，引起毛细血管扩张伸展，阴道和阴门黏膜轻度充血、肿胀；子宫颈略为松弛，分泌少量稀薄黏液，阴道黏膜上皮细胞增生，但母畜外在行为无性欲表现。这一时期一般在21d发情周期中的第16～18d。

② 发情期：这是母畜性欲表现明显的时期，一般相当于发情周期的第1～2d。此期的主要特征是：卵巢上的卵泡迅速发育，体积明显增大，多数母畜在发情期末排卵，牛在发情后期排卵。雌激素分泌量增多，强烈刺激生殖道，使阴道及阴门黏膜充血、肿胀明显，子宫黏膜显著增生，子宫颈充血，子宫颈口开张，子宫肌腺体分泌能力增加，有大量透明稀薄黏液排出外阴部。母畜外部发情现象明显，愿意主动接近公畜、接受公畜交配。

③ 发情后期：这时黄体开始形成，相当于21d发情周期中的第3～4d。这一时期的特征是：卵巢上成熟卵泡破裂排卵后雌激素分泌显著减少，黄体开始形成并分泌孕酮作用于生殖道，使充血肿胀逐渐消退，腺体活动减少，黏液量少而稠，了宫内膜逐渐增厚，子宫颈逐渐收缩封闭，动物性欲表现由激动逐渐转入安静状态。

④ 间情期：又称休情期，是发情后期结束到下一次发情前期的阶段，相当于发情周期的第5～15d。主要特征是：雌性动物性欲已完全停止，精神状态恢复正常。间情期的前期，黄体继续发育增大，分泌大量孕酮作用于子宫，使子宫黏膜增厚，子宫腺体高度增生，大而弯曲、分支多，分泌作用强，其作用是产生子宫乳供胚胎发育。如果卵子受精，这一阶段将延续下去，动物不再发情；如未受精，在间情期后期增厚的子宫内膜回缩，腺体缩小、分泌活动停止，周期黄体也开始退化萎缩，卵巢有新的卵泡开始发育，又进入到下一次发情周期的前期。

(2) 二期分法：根据卵巢的组织学变化以及有无卵泡发育和黄体存在，将一个发情周期分为卵泡期和黄体期。

① 卵泡期：是指黄体基本退化，卵泡开始发育直到排卵为止的阶段。卵泡期实际上包括发情前期和发情期两个阶段。

② 黄体期：是指从卵泡破裂排卵后形成黄体，直到黄体萎缩退化为止的阶段。黄体期相当于发情后期和间情期两个阶段。

2. 发情季节

季节是影响家畜发情的重要环境因素。季节变化中的各种因子会作用于家畜的神经中枢,引起内分泌系统的活动,改变其发情状态。按照家畜的发情活动与季节之间的关系,发情可以分为以下两种类型。

① 季节性发情:这一类型的家畜,只在特定的季节才出现发情排卵。在非发情季节,卵巢功能处于静止状态,不会发情排卵,则称为乏情期。在发情季节,有的动物有多次发情周期,称为季节性多次发情,如马、驴、绵羊及山羊等;有的在发情季节只有一个发情周期,称为季节性单次发情,如狗的发情季节有两个,即春、秋两季,每季只有一个发情周期。

② 全年发情:这一类型的家畜,除了妊娠外,全年均可发情,无发情季节之分,配种没有明显的季节性。猪、牛、湖羊等属此类型。

家畜发情周期的季节性表现是适应自然环境的结果。只有在合适的季节,才能保证所生幼仔的成活率,保证物种的繁衍。例如,马的发情多在春季 3 ~ 7 月份,妊娠期为 11 个月,所以分娩季节也为春季,这时有利于马驹成活;绵羊的发情季节是秋季,妊娠期为 5 个月,分娩季节也为春季,有利于羔羊成活。

3. 乏情、产后发情和异常发情

(1) 乏情:乏情是指已达初情期的家畜不发情,卵巢无周期性的功能活动,处于相对静止状态。导致乏情的原因较多,常见的如季节性原因、生理性原因和病理性原因等。

① 季节性乏情:动物在长期进化过程中形成了季节性繁殖现象。在非繁殖季节,因卵巢卵泡的生长发育无周期性活动,生殖道也无周期性变化。对季节性发情的动物,可以通过改变环境条件(如温度、光照等)来使卵巢功能从静止状态转为活动状态,使发情季节提早到来。例如:绵羊属于短日照动物,在非发情季节,人为地缩短光照时间可以刺激母羊生殖内分泌的活动,引起发情排卵。

② 妊娠性乏情:母畜在妊娠期间也没有发情活动,这是因为妊娠期卵巢上存在的妊娠黄体产生了高水平的孕激素,抑制了发情。妊娠期乏情可以很好地保护胎儿的生长发育。

③ 泌乳性乏情:有些母畜在产后泌乳期间,由于卵巢周期性活动功能受到抑制而导致不发情。泌乳乏情的发生和持续时间,因畜种和品种不同而有很大差异。母猪在哺乳期间,发情和排卵受到抑制,正常情况下仔猪断奶后母猪才发情。乳牛产后 35 ~ 50d 出现发情,而肉牛则在产后的 90 ~ 100d 甚至更长才能够出现发情。泌乳性乏情的原因,是泌乳期间母畜体内高水平的催乳素对下丘脑产生负反馈作用,抑制了 GnRH 的释放,致使雌性动物不发情。另一方面,泌乳过多会抑制卵巢周期活动的恢复,因而影响发情。

④ 衰老性乏情:母畜衰老后,下丘脑—垂体—性腺轴的功能减退,引起垂体促性腺激

素分泌量减少,卵巢对激素的反应性降低,不能激发卵巢功能活动而表现不发情。

⑤ 营养性乏情:日粮中营养水平对卵巢功能活动有明显的影响。因营养不良可以抑制发情,且对青年动物比成年动物影响更大。例如:能量水平过低,矿物质、微量元素和维生素缺乏都会引起母畜乏情;放牧母牛和绵羊缺磷可引起卵巢功能失调;饲料缺锰可导致母猪和母牛卵巢功能障碍;缺乏维生素 A 和维生素 E 会导致发情周期不规律或不发情。

⑥ 应激性乏情:不同环境引起的应激,如恶劣气候、畜群过于密集、使役过度、栏舍卫生不良、长途运输等都可使下丘脑—垂体—卵巢轴的功能活动转变为抑制状态,抑制母畜的发情、排卵及黄体功能。

⑦ 病理性乏情:疾病,特别是生殖系统疾病会对母畜的生理功能产生影响,抑制正常的发情、排卵活动。

(2) 产后发情:产后发情是指母畜分娩后的第一次发情。不同种类、不同饲养管理水平和健康状态的母畜,产后发情的时间也不同。

母猪在分娩后 3 ~ 6d 之内就会出现发情,但多数不排卵。一般在仔猪断乳后一周之内出现第一次正常发情。

母马往往在产驹后 6 ~ 12d 发情,一般发情表现不太明显,甚至无发情表现,但和母猪不同的是母马产后第一次发情时有卵泡发育且可排卵,因此可配种,俗称"配血驹"。

母牛一般在产后 40 ~ 50d 发情,产后第一次发情时子宫往往未完全恢复,所以此时不能配种。正常母牛产后第二次发情时才能安排配种。

母羊大多在产后 2 ~ 3 个月发情,不哺乳的可在产后 20d 左右发情。

母兔在产后 1 ~ 2d 就有发情,卵巢上有卵泡发育成熟并排卵。

(3) 异常发情:

① 短促发情:指母畜的发情持续时间短,如不注意观察,往往错过配种时机。短促发情多发生于青年动物,家畜中乳牛短促发情的发生概率较高。发生短促发情的原因可能是神经—内分泌系统的功能失调,卵泡很快成熟破裂排卵,缩短了发情期,也可能是由于卵泡突然停止发育或发育受阻而引起。

② 断续发情:指母畜发情持续时间很长,且发情时断时续。多见于早春或营养不良的母马。其原因是卵泡交替发育,先发育的卵泡中途发生退化,新的卵泡又再发育,因此产生断续发情的现象。

③ 持续发情:持续发情是慕雄狂的一种症状,常见于牛和猪,马也可能发生。表现为持续强烈的发情行为。发情周期不正常,发情期长短不一,经常从阴户流出透明黏液,阴户浮肿,荐坐韧带松弛,同时尾根举起,配种不受胎。

慕雄狂发生的原因与卵泡囊肿有关,但并不是所有的卵泡囊肿都具有慕雄狂的症状,也不是只有卵泡囊肿才引起慕雄狂表现，如卵巢炎、卵巢肿瘤以及下丘脑、垂体、肾上腺等内分泌器官功能紊乱，均可引发慕雄狂。

④ 孕后发情：又称妊娠发情或假发情，是指动物在怀孕期仍有发情表现。母牛在怀孕最初3个月内，常有3%~5%的母牛发情，绵羊孕后发情率可达30%。孕后发情发生的主要原因是由于激素分泌失调，即妊娠黄体分泌孕酮不足，而胎盘分泌雌激素过多所致。母牛有时也因在怀孕初期卵巢上仍有卵泡发育，致使雌激素含量过高而引起发情，并常造成怀孕早期流产，有人称之为“激素性流产”。

二、发情鉴定

发情鉴定是家畜繁殖工作中的一项重要技术。通过发情鉴定，预测排卵时间，以便确定配种时间，及时进行配种，还可以发现动物发情是否正常，以便发现问题，及时解决问题。

1. 牛的发情鉴定

母牛发情的外部表现比较明显且有明显的规律性，因此通常采用外部观察法进行发情鉴定。另外，B超检查法具有直观、准确可靠的优点，也在生产中得到广泛应用。

（1）外部观察法：每天早晚各观察母牛一次。主要观察母牛的外阴部黏液分泌情况和接受爬跨与否，以确定是否可以安排输精。

① 发情初期：母牛开始出现食欲下降、兴奋不安、大声哞叫、四处走动、追逐和爬跨其他牛，但是不接受其他牛的爬跨。外阴部稍肿胀，子宫颈微开，有少量稀薄透明的黏液流出。

② 发情盛期：母牛表现出显著发情症状，外阴部充血明显，子宫颈口开张较大，流出大量黏性较强的黏液，呈丝缕状或玻璃棒状挂在母牛外阴。在舍外运动时，愿意接受公牛和其他母牛的爬跨。另外，母牛在发情盛期还会表现出频繁排尿、举尾等动作。

③ 发情后期：外阴部流出的黏液减少，颜色也由无色透明转为白色，不再愿意接受爬跨，母牛逐渐安静，恢复正常的生理状态，进入间情期。

（2）直肠检查法：发情的同时卵巢上有卵泡迅速发育，因此直接检查卵泡的情况也可以确定母牛的发情状态。直肠检查法是牛、马等大家畜较常使用的方法。牛的卵泡发育可分为四期，各期主要特点如下。

① 卵泡出现期：卵巢稍增大，卵泡直径为0.5~0.75cm，触摸为软化点，母牛开始出现发情的表现。

② 卵泡发育期：卵泡增大到1.0~1.5cm，呈小球状突出于卵巢表面，波动明显，母牛在此期发情症状最为明显，并在后半段逐渐减弱。

③ 卵泡成熟期：卵泡不再增大，直径约2.0cm，但泡壁变薄，紧张性增强，有一触即破

之感。此期须抓紧配种。

④ 排卵期：卵泡破裂排卵，卵泡液流失，卵泡壁变松软，成为一个小的凹陷。排卵后6～8h，黄体开始生成，并逐渐突出于卵巢。

2. 猪的发情鉴定

母猪发情持续2～3d，发情时外阴部和行为变化明显，因此主要采用外阴部观察法。

发情初期表现不安，有时鸣叫，阴部微肿充血，外阴微湿润。发情达到高潮时，阴门充血肿胀，阴道湿润，对外界反应敏感，喜欢拱圈门，或前肢趴在圈墙上张望，甚至跳圈寻找公猪。有人接近时，臀部靠人，推之不去。用手压其背部，静立不动，称之为“静立反射”，表示母猪发情至高潮。过后，母猪交配欲逐渐减弱，外阴充血消退，阴门变干，此时为配种最佳时期。

3. 羊的发情鉴定

羊的发情期短，外部表现不明显，又无法进行直肠检查，因此主要依靠试情，结合外部观察。将试情公羊按一定比例（1:40）每日一次或早晚两次定时放入母羊群中，当母羊接受公羊的爬跨时，即可输精。

4. 马的发情鉴定

马的发情期较长（4～7d），排卵不规律，因此发情鉴定常用直肠检查法。

（1）卵泡出现期：卵巢一端或背侧出现一个或数个卵泡发育，只有一个获发育优势，卵泡硬小，有弹性无波动，排卵窝深（1～3d）。

（2）卵泡发育期：获得优势的卵泡体积明显增大（直径约4cm），泡液增加，突出于卵巢表面如半个乒乓球大小，表面光滑，软化黏液及弹性增加，波动仍不明显，排卵窝变浅。此时马往往具有明显的发情表现。此期一般不配种。

（3）卵泡成熟期：卵泡发育到最大阶段（直径5～6cm），卵泡体积不再增大。卵泡壁薄而紧张，弹性强，有一触即破之感，后期卵泡壁薄而软，波动明显，弹性减弱，有软皮蛋感，即排卵。此期必须配种。

（4）排卵期：从卵泡破裂到卵子完全排出。卵子排出后，卵泡壁变软，呈弥漫性，指压有凹窝，维持1～2h。此期可立即配种。

（5）空腔期：卵泡中的卵泡液完全流失，在原位置上形成两层薄皮，凹窝内可摸到颗粒状突起，母马有疼痛反应，表现为回头、不安、弓背等状态。此期还可以灵活补配。

（6）黄体形成期：排卵后12～24h流血形成红体，最后变成黄体。黄体呈扁圆形，触之有面团状肉样感觉。

直肠检查时，有些症状难于区别，通常需要连续多次检查、比较才能得出准确的结论。

课题二　采精及精液处理

一、采精

采精是人工授精的首要技术环节。采精的方法很多,目前生产中常用的有假阴道采精法和手握法。对难于训练或拒绝假阴道采精的公畜(经常是在放牧条件下)或特种经济动物,可采用电刺激法;对家禽和犬,可采用按摩法。

(一) 假阴道法采精

假阴道是模仿母畜阴道内环境条件而设计制成的一种人工阴道。安装好的假阴道,具备适宜的温度(38~40℃)、恰当的压力(内胎入口处自然闭合成"Y"形)和一定的润滑度等基本条件,能满足公畜需要,顺利地采得精液。

1. 采精前的准备

(1) 器材的清洗与消毒:采精用的所有人工授精器材,均应力求清洁无菌,使用之前要严格消毒,每次使用后必须洗刷干净。

(2) 假阴道的准备:家畜用的假阴道由外壳、内胎、集精杯(瓶、管)、气嘴和固定胶圈等基本部件组成。此外,牛用的假阴道尚有集精杯保护套或集精胶漏斗;猪用的有集精腔漏斗,同时还有双联充气球。

安装假阴道前应先检查外筒、内胎是否有破损裂缝、沙眼、老化发黏等不正常情况,否则将会发生漏水、漏气而影响采精。

(3) 采精场所的准备:采精要有良好的固定场所与环境,以便公畜建立起巩固的条件反射,同时保证人畜安全和防止精液污染。为此,采精场所应该宽敞、平坦、安静、清洁和固定。供保定台畜的采精架(或称配种架)和供公畜爬跨射精的假台畜(图9-1),必须坚固牢实,安放的位置要便于公畜出进和采精人员操作。采精场所的地面既要平坦,但又不能过于光滑,最好铺上橡皮垫以防打滑。采精前要将场所打扫干净,并配备喷洒消毒和紫外线照射灭菌设备。

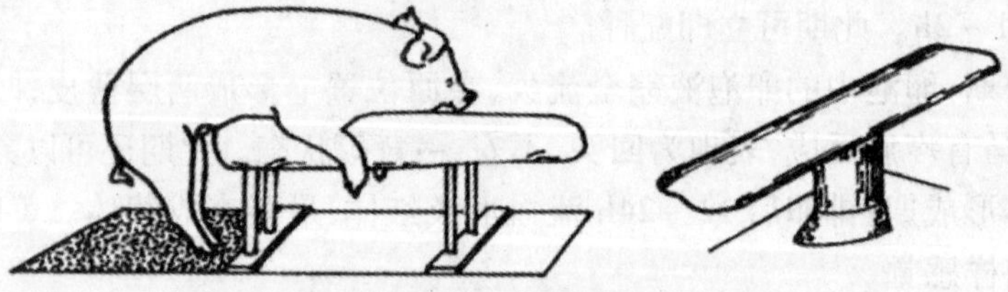

1. 左为公猪爬跨假台畜图,右为两端式假台猪

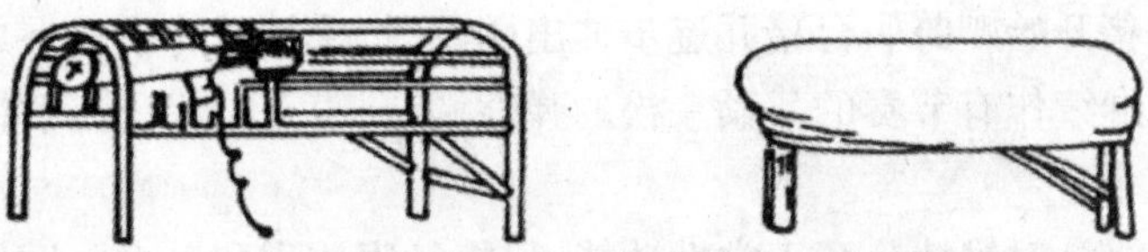

2. 左为假台马结构（已装上假阴道），右为假台马外形（牛用可以参照此图）

3. 左为假台羊旬形，右为假阴道安装位置

图 9-1 采精用的假台畜

（4）台畜的准备：采精用的台畜有真、假之分，且各有利弊。所谓真台畜，是指使用与公畜同种的母畜、阉畜或另一头种公畜作台畜。应选择健康无病、体格健壮、大小适中、性情温顺而无踢腿等恶癖的家畜。一般说来，具备上述条件的以发情母畜最为理想。

所谓假台畜（即采精台），是指模仿母畜体型高低大小，选用钢管或木料等做成的一个具有一定支撑力的支架，架背上铺以适当厚度的竹绒、棉絮或泡沫塑料等有适当弹性的填充物，其表面包裹一层备皮或麻袋、人造革。

（5）种公畜的准备：种公畜采精前的准备，包括体表的清洁消毒和诱情的准备两个方面。这和精液的质量和数量都有密切关系。采精前，应擦洗公畜下腹部，用0.1%的高锰酸钾溶液等洗净其包皮外并抹干，挤出包皮腔内积尿和其他残留物并抹干。

2. 采精方法及其技术要领

采精者一般应立于公畜的右后侧。当公畜爬上台畜时，要沉着、敏捷地将假阴道紧靠于台畜臀部，并将假阴道角度调整好，使之与公畜阴茎伸出方向一致，同时用左手托住阴茎基部使其自然插入假阴道。射精完毕当公畜跳下时，假阴道不要硬行抽出，待阴茎自然脱离后立即竖立假阴道，使集精杯（瓶）一端在下，充分收集滞留在假阴道内胎壁上的精液。

牛、羊对假阴道内的温度比压力更敏感，因此要特别留意温度的调节。公猪必须特别注意假阴道内的压力调节。温度过低则不能刺激公畜性欲，温度过高则会影响精子生活力。压力不足，公畜不会射精或射精不完全；反之，压力过大，不仅妨碍公畜阴茎插入和射精，还可造成内胎破裂和精液外流。润滑度不够，公畜阴茎不易插入并有摩擦痛感；润滑剂过多，则往往混入精液，影响精液质量。

（二）猪的手握法采精

手握法，又称拳握法，指用手掌代替假阴道进行采精，是目前广泛采用的一种方法。

其操作方法为：公猪开始爬跨假台猪并逐步伸出阴茎时，采精员将手掌握成空拳使公猪阴茎导入其内，手掌继续作有节奏的一紧一松的弹性调节，直至引起公猪射精。

（三）采精频率

公畜的采精频率，对维持公畜正常性功能、保持健康体质和最大限度地提高采精数量和质量都是十分重要的。采精频率的确定，要根据睾丸定期内产生精子的数量、附睾的贮精量、每次射精量和公畜饲养管理水平来衡量。

公牛每周可采精 2 ~3 次，连续采精两次时，往往第二次采得的精液，无论数量还是质量都较第一次的好，可将二者混合使用。

公猪因射精量大，采精次数一定要适当控制。成年公猪最好不多于隔日一次；青年公猪（1 岁左右）和老龄公猪（4 岁以上）以每三天采精一次为宜。

绵（山）羊配种季节短，射精量少而附睾贮精量大，因此在配种季节每天多次采精并连续数周也无多大问题。

二、精液品质检查

精液品质检查既是确定新鲜精液进行稀释、保存的依据，还能反映公畜饲养管理水平和生殖器官的功能状态，因此常作为诊断公畜不育或确定种用价值的重要手段；同时它也是衡量精液在稀释、保存、冷冻和运输过程中的品质变化及处理效果的重要判断依据。

（一）精液的组成和理化特性

1. 组成

精液由精子和精清组成。精液中 95% 是精清，精清来源于三大副性腺、睾丸液、附睾液和输精管壶腹部的分泌物。它是精子生活环境和运输的载体。

2. 精液的化学成分

无机成分主要有 K^+、Na^+、Ca^{2+}、Mg^{2+}、Cl^-、PO_4^{3-} 和 HCO_3^- 等，这些离子对于维持渗透压具有重要意义。

糖类：包括果糖、山梨醇等，主要来源于精囊腺，在精液中存留的时间很短，是精子可利用的主要能源。

柠檬酸：来源于精囊腺，其主要作用是与 Na^+、K^+ 形成缓冲体系，维持精液 pH 和渗透压的稳定和阻止精子的凝集。

甘油磷脂酰胆碱：来源于附睾，在雌性生殖道中可分解为磷酸甘油，是精子在雌性生殖道中运行的一种能源。

此外，精液中还有酶类、脂类、维生素等物质。

3. 精子的结构

哺乳动物的精子外形像蝌蚪，可分为头、颈和尾三个部分。

（1）头部：精子头部是精子最重要的部分，是由核物质、顶体、质膜和核膜构成的。顶体位于头的最前部，它所覆盖的部分称顶体帽。受精时，顶体破裂，释放顶体酶，以穿过卵子周围的卵丘细胞层和透明带，触击卵质膜，完成受精过程。

（2）颈部：颈部连接精子的头和尾，是精子最脆弱的一部分，振动频率过大和超声波都会引起头、尾分离。

（3）尾部：是精子最长的一部分，是精子的运动器官。根据其结构分为中段、主段和尾段。

4. 精子的代谢

（1）糖酵解：在无氧情况下，精子把精液或稀释液中的果糖等物质分解并释放出能量的过程，称糖酵解。

（2）精子呼吸：指精子在有氧条件下将糖酵解产物进一步氧化分解，产生大量能量的过程。精子在进行呼吸作用时会消耗大量的营养物质和氧气，从而造成精子的早衰死亡。因此，精液保存时，常用低温、隔绝空气和充入 CO_2 等方法来减少精子的能量消耗，延长精子寿命。

5. 精子的运动

（1）正常精子靠尾部的摆动向前运动。在光学显微镜下观察，精子的运动形式大体分为三种类型：直线前进、原地摆动和转圈运动。直线前进运动的精子才可能运行至受精部位与卵子完成受精，是有效精子。

（2）精子运动的特性：

① 向流性：在流动液体中，精子有逆流而上的运动特性。在发情母畜生殖道内，精子能沿管腔壁逆流而上。

② 向触性：精子会游向异物并附着在异物的边缘做摆动运动。

③ 向化性：精子有趋向某些化学物质运动的特性。这对精子在雌性生殖道内识别卵子的位置有重要作用。

6. 影响精子存活的外界因素

（1）温度：温度是影响精子存活的重要环境因素之一，在高于40℃的环境下，精子在短时间的剧烈运动后死亡。

① 体温（37～38℃）：能保持正常的代谢和运动状态，在精液品质检查时，要求在此温度下进行。

② 低温（0～5℃）：温度降低，精子的代谢活动下降；到5℃以下，精子的运动和代谢就基本停止。如果稀释液中有抗冷休克物质，当温度回升时，精子又可恢复原来的活率。但是，如果精液未经处理，温度由体温骤降到10℃以下时，会造成部分或全部精子不可逆地

丧失活力的现象称为冷休克。

③ 超低温（-196～-79℃）：精子在保护剂的作用下，代谢活动完全停止，但当温度回升到体温时，仍可达到输精的要求。

(2) 渗透压：精子只有在等渗的环境中才能正常代谢和存活。高渗溶液会使精子脱水、干瘪死亡；低渗溶液会使精子吸收周围的水分，造成头部膨胀，损伤精子细胞，形成不可逆的损伤。

(3) pH：家畜新鲜精液的正常pH，牛、羊为6.5～6.9，马、猪为7.4～7.5。pH低于6.0或高于8.0将导致精子死亡，活力直接丧失。稀释液的pH下降能抑制精子活动，延长精子寿命，pH上升刺激精子运动，缩短精子寿命。

(4) 光照和辐射：阳光直射能刺激精子的代谢和活力，加速精子的运动，缩短精子寿命。紫外线能降低精子活力甚至导致死亡，γ、α射线或核射线能造成DNA突变，造成精子死亡。精子在处理过程中常要求暗光或避光，保存瓶通常为棕色。

(5) 化学药物：常见的消毒药和具有挥发性的药品对精子都有危害，所以精液应尽量避免与这些药物接触。精液中加入一定浓度抗生素可以抑制病原微生物的生长繁殖，促进精子的代谢活动，对精液品质无不良影响。吸烟产生的烟雾对精子有强烈的毒害作用，因此，在精液处理时要严禁吸烟。

(6) 振动：精子对振动有一定的耐受力，但剧烈振荡会损伤精子的头尾结构，畸形率升高。

(7) 稀释：家畜新鲜精子的运动很活跃，经过适当的稀释可以增强精子活力。而高倍稀释则会对精子的正常生理状态造成不利影响，因此被称为稀释打击。

（二）精液品质检查项目及方法

精液品质检查的目的是鉴定精子品质的优劣，作为输精的依据，同时还可以作为公畜饲养管理水平和种用价值的评价依据，也可以反映出精液处理的水平。

精液品质常规检查项目包括精液量、色泽、气味、云雾状、pH、活率、密度等，其他都属于定期检查项目。

1. 精液外观检查

(1) 精液量：所有公畜采精后应立即观察射精量。猪和马的精液，还应用4～6层消毒过的纱布过滤或离心处理，除去胶状物再检查滤精量。各种家畜的射精量见表9-2。

表 9-2　各种家畜的射精量

家畜种类	一般射精量/mL	变化范围/mL
牛	5～10	0.5～14
羊	0.8～1.2	0.5～2.5
猪	150～300	100～500
马	40～70	30～300
驴	50～80	40～100

（2）颜色：正常的精液一般为乳白色或灰白色，精子密度越高，其颜色越深。牛、羊的精液均为乳白色，但有时呈淡黄色；猪、马的精液为淡乳白色或灰白色。

如果颜色异常，则为不正常现象。如果带有浅绿色或黄色，则是混有脓液或尿液的表现；若带有淡红色或红褐色，即为含有鲜血或陈血的证明。这样的精液应该弃而不用，并应立即停止采精，与兽医会诊寻找发生的原因和确定诊疗方案。

（3）气味：公畜的精液略带腥味，牛羊的精液还略带汗脂味。如有异常气味，可能是混有异物的表现，应废弃。

（4）云雾状：牛、羊的精液因精子密度高，因此用肉眼观察刚采得的新鲜精液时，可看到如翻腾滚滚的云雾状，这是精子密度大而运动又非常活跃的表现。云雾状显著者可用"+++"表示，比较显著者用"++"表示，不够明显者可用"+"表示，不呈云雾状者则用"－"表示。

2. 精子活力检查

精子活力是指精液中呈前进运动精子所占的百分率。它是目前评定精液品质优劣的常规检查的主要指标之一。一般在采精后，稀释保存和运输前后以及输精前后都要进行精子活力检查。

活力检查通常采用显微镜放大 200～400 倍，对精液样品进行目测评定。

精液样品检查标本的制作方法：

① 平板压片法——在普通载玻片上滴一滴精液，然后用盖玻片均匀覆盖整个液面，做成压片。这种方法简便，但精液容易变干，影响精子活动力。

② 悬滴法——在盖玻片中央滴一滴精液，然后翻转覆盖在凹玻片的凹窝处，即制成悬滴检查标本。这种方法虽然不易变干，但由于精液厚度不匀，在观察时也较容易产生误差。

密度大的牛、羊精液和猪的浓份精液，可用生理盐水、5% 葡萄糖溶液或其他等渗稀释液稀释后再行制片，这样在检查时可以比较清晰地看清单个精子的运动状态。猪、马、驴的全份精液或已经稀释保存后的牛、羊精液，由于密度较低，故可直接制片观察。

在检查活率时，为了取得比较客观的评估结果，每个样品应观察几个视野，求取活力的平均值。

活力评定一般采用十级评分法，即按呈前进运动的精子所占百分率分别评为1.0、0.9、0.8……0.1共10个等级。若无前进运动的精子，则以"0"表示之。例如：0.8表示呈前进运动的精子数，占总精子数的80%；1.0则表示100%的精子呈前进运动。

3. 精子密度检查

精子密度是指每毫升精液中所含精子数。精子密度是目前评定精液品质优劣的常规检查中的一个主要项目。目前测定精子密度的主要方法是目测法、血细胞计计数法和光电比色计测定法。

（1）目测法：又称估测法。生产中常与活力检查同时进行。在显微镜下可根据精子稠密程度，粗略地分为稠密、中等、稀薄3个等级（图9-2）。目测法评定精子密度方法简便，但有较大的主观性，因而误差也较大。

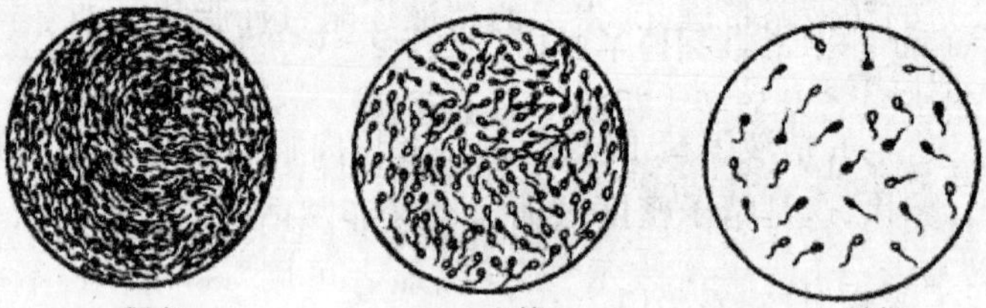

图9-2 目测法观察精液密度的三个等级

（2）血细胞计计数法：是一种比较准确地测定精子密度的方法，设备比较简单，一般也只在对公畜精液作定期全面检查时采用。

血细胞计计算室边长1mm，高度为0.1mm，分为25个大方格，每个大方格又划分为16个小方格。计算精子密度的基本操作步骤如下：

① 在显微镜下找到计算室，看清计算室后盖上盖玻片。

② 稀释精液：用3%氯化钠溶液稀释样品并致死精子，便于观察计数。根据各种公畜精子密度的不同，分别采用红吸管（如牛、羊）稀释100或200倍或白吸管（如猪、马）稀释10或20倍吸取精液样品。

③ 将稀释后的精液滴入计算室内。

④ 显微镜放大400～600倍抽样观察计算5个大方格（即80个小方格）内的精子数（抽样观察的5个大方格，应位于一条对角线上或四角加中央）。对于头部压线的精子采用"计上不计下，计左不计右"的原则避免重复或漏计。

⑤ 将5个大方格内的精子总数代入下列计算公式，换算出每毫升原精液内的精子数。

1毫升原精液内的精子数 = 5个大方格内的精子数 × 5 × 10 × 1000 × 精液稀释倍数。

为了保证精子计数的准确性，要注意滴入计算室的稀释精液量过多易外溢，太少室内易出现空泡。为了减少误差，每次应连续检查两个样品，求其平均数。如果两个样品所得数字相差较大，则应再做第三个样品检查，然后取相差较小的两个数字求平均值。

(3) 光电比色法：目前该方法在世界各国已较普遍地应用于牛、羊精子密度的测定，已滤去胶状物的猪、马精液亦可测定。此法的原理是：精子密度越高，其精液越浓，透光性越低，从而使用光电比色计通过反射光或透射光检验，能准确测定精液样品中的精子密度。

事先应将原精液稀释成不同倍数，并用血细胞计计算其精子密度，从而制成已知系列各级精子密度标准管，然后使用光电比色计测定其透光度，根据透光度求出每相差1%透光度的级差精子数，编制成精子密度查数表备用。正式检测精液样品时，只需将原精液按一定比例(通常为1:80～1:100)稀释后，用光电比色计测定其透光值，然后根据其透光值查对精子密度查数表，即可从中找出其相对应的精子密度值。

4. 精子的其他检查

(1) 精子畸形率的检查：凡形态和结构不正常的精子，通称为畸形精子。正常精液中也不可能完全没有畸形精子，但一般不会超过10%～20%，且对受精力影响不大。如果超过20%，则会影响受精力，表示精液品质不良，不宜用作输精。

根据精子的变态部位，精子畸形一般可分为四类：①头部畸形，如头部巨大、瘦小、细长、圆形、轮廓不明显、皱缩、缺损、双头等；②颈部畸形，如颈部膨大、纤细、曲折、不全、带有原生质滴、不鲜明、双颈等；③中段畸形，如中段膨大、纤细、不全、带原生质滴、弯曲、曲折、双体等；④主段畸形，如主段弯曲、屈折、回旋、短小、长大、缺陷、带原生质滴、双尾等。

畸形精子的检查，可用少许精液小心操作做成抹片，用红、蓝墨水染色3min，水洗干燥后，置于高倍(不低于600倍)显微镜下检查。随机观察500个精子(最少不得少于200个)，看其中有多少个属于畸形精子，即可计算出畸形精子百分率。

(2) 精子顶体异常率的检查：精子的顶体异常会导致受精障碍。顶体的异常有膨胀、缺损、脱落等。正常精子的顶体异常率较低，牛平均为5.9%，猪为2.3%。如果异常率超过14%，受精能力就会明显下降。

顶体异常率的常规检查方法是：先制成抹片，待自然干燥后再在固定液中固定片刻，水洗后用姬姆萨缓冲液染色1.5～2h，再水洗干燥后，用树脂封装，置于1000倍以上普通生物显微镜下随机观察500个精子(不得少于200个)，即可计算出顶体异常率。

三、精液的稀释

精液稀释,就是在采得的精液里,添加一定数量的、按特定配方配制的、适宜于精子存活并保持受精能力的溶液。

(一) 精液稀释的目的

(1) 扩大精液容量,提高一次射精量可配母畜头数。

(2) 通过向精液中添加营养物质、缓冲剂和保护剂,可以延长精子的寿命。

(3) 便于保存和运输。

(二) 稀释液的主要成分和作用

1. 稀释剂

稀释剂主要用于扩大精液容量。必须与精液具有相同或相似的渗透压。严格说来,所有加入精液的成分都有扩大精液容量的作用,都属于稀释剂。常用的稀释剂有等渗的氯化钠、葡萄糖和蔗糖等。

2. 营养剂

营养剂主要提供精子活动所需的营养,补充精子的能量消耗。一般多采用糖类、奶类、卵黄等。

3. 保护剂

保护剂主要保护精子免受各种不良外界环境因素的危害,又可分为以下几种。

(1) 缓冲物质:在精子代谢过程中,由于代谢产物(如乳酸和碳酸)的不断积累,会影响精液品质,甚至使精子自身酸中毒。因此,需要在稀释液中加入适量的缓冲剂,以保持精液相对恒定 pH。常用作缓冲剂的物质有柠檬酸钠、酒石酸钾钠、磷酸二氢钾和磷酸氢二钠等。近年来采用三羟甲基氨基甲烷(Tris)作为缓冲剂,取得了良好的缓冲作用。

(2) 降低电解质浓度:精液中电离度很高,生理上具有激发精子运动的作用,有利于精子和卵子受精过程的完全;但同时又会促进精子的早衰,不利于精液的有效保存。为此,有必要在稀释液中加入适量的非电解质或弱电解质,以降低精清中的电解质浓度。一般常用的非电解质为各种糖类、弱电解质(如甘氨酸)等。

(3) 抗冷物质:在保存精液时,常需降温处理,由于冷刺激,会使精子遭受冷休克而丧失活力。因此,在低温保存稀释液中需要添加防冷休克的物质,其中以卵磷脂的效果最好。常用的抗冷物质有奶类和卵黄等。

(4) 抗冻物质:精液在冷冻保存过程中,将经历液态到固态的转化过程,从而导致精子遭受冻害而死亡。而抗冻物质有助于减轻或消除这种危害。一般常用的抗冻物质有甘油、二甲基亚砜(DMSO)、三羟甲基氨基甲烷(Tris)、N-三羟甲基-甲基-2-氨基乙烷磺酸(TES)等。

(5) 抗菌物质:在人工授精过程中,即使努力改善环境卫生条件和严格操作规程,也很难做到无菌,而精液和稀释液都是营养丰富的物质,为微生物繁殖提供了适宜环境。这些微生物的污染,不仅直接影响精子的生存,而且是引起母畜生殖道感染、不孕和早期胚胎死亡的原因之一。因此,在稀释液中有必要添加一定数量的抗菌物质。常用的有青霉素、链霉素和氨苯磺胺等。近来国外将卡那霉素、林可霉素、多黏菌素、氯霉素等试用于精液的稀释保存,取得了较好的效果。

此外,有的稀释液含有明胶,对精子有一定的保护作用。蜂蜜含有葡萄糖、果糖和多种维生素,不仅是精子的能量物质,而且具有良好的保护作用。

4. 其他添加剂

除了上述成分外,研究人员有时也向精液中加入其他试剂以达到一些特殊作用。

(1) 酶类:过氧化氢酶能分解过氧化氢,有提高精子活率的作用;β-淀粉酶具有促进精子获能、提高受胎率的作用。

(2) 激素类:催产素、前列腺素(PGE)等,具有促进母畜生殖道蠕动,提高受胎率的作用。

(3) 维生素类:如维生素 B_1、B_2、B_{12}、C、E 等可改善精子活率,有利于提高受胎率。

(三) 稀释液的种类和配制

1. 稀释液的种类

(1) 现用稀释液:用于采精后立即稀释输精,以单纯扩大精液容量,增加输精母畜头数为目的。此类稀释液常以简单而等渗的糖类和奶液为主体。

(2) 常温保存稀释液:用于精液在常温下短期保存,以糖类和弱酸盐为主体,pH 偏低。

(3) 低温保存稀释液:适用于精液低温保存,含有卵黄或奶类等成分,具抗冷效果。

(4) 冷冻保存稀释液:适用于精液超低温冷冻保存,以含甘油、二甲基亚砜等为主体,具抗冻特点。此类稀释液比较复杂,可由一液者或多液组成。同时,还有配套的解冻液。

生产中究竟选用何种配方稀释液,应依据家畜种类、保存方法和实际稀释保存效果作出综合判断。

2. 配制稀释液需要注意的问题

(1) 稀释液应现用现配,确需保存的,经消毒、密封后放入冰箱,最多保存 2~3d。

(2) 配制和分装稀释液的一切物品用具,事先都必须刷洗干净和严格消毒。

(3) 稀释用水最好使用 pH 为 7.0 左右的中性、新鲜、纯净的蒸馏水。

(4) 配制稀释液的各种药物原料品质要纯净,一般选择化学纯或分析纯制剂,称量准确,经溶解、过滤、消毒后使用。

(5) 卵黄要取自新鲜鸡蛋，并且不应混入蛋白或卵黄膜等杂物。

(6) 奶粉的颗粒较大，溶解时先用等量的蒸馏水调成糊状，然后加蒸馏水至需要量，用脱脂纱布过滤后放入90~95℃的水浴中消毒10min。

(四) 精液的稀释倍数和稀释方法

1. 精液的稀释倍数

精液稀释的倍数过大，会造成稀释打击，稀释倍数过小又达不到稀释的目的，因此必须准确计算精液的稀释倍数。

生产中常根据家畜种类、稀释液配方和保存方法确定稀释倍数。牛的精液一般稀释10~40倍，公猪精液稀释2~4倍即可。

例1：现给一头荷斯坦奶牛采精，得到鲜精8mL，检查发现精子活力0.7，精子密度12亿/mL。如果给母牛输精时要求有效精子不少于3000万，一次输精量为0.25mL，计算本次采得的精液可以为多少头母牛输精？

解：射精量=8mL，精子密度=12亿/mL，精子活率=0.7

每mL原精液含有有效精子数=12亿/mL×0.7=8.4亿/mL

每mL稀释后精液中要求含有效精子3000万÷0.25=1.2亿/mL

所以稀释倍数=8.4亿/1.2亿=7(倍)

输精头数：8×7÷0.25=224

根据以上计算结果表明，8mL原精液稀释后可供224头母牛输精之用。

2. 精液的稀释方法

精液稀释应在采精后尽快进行(一般要求最多不超过0.5h)，并尽量减少与空气和其他器皿接触。一般是将精液和稀释液同时置于30℃左右的水浴锅或保温瓶中。

稀释时，将稀释液沿杯(瓶)壁缓缓加入精液中，然后轻轻摇匀。如作20~30倍以上的高倍稀释时，则应分两步进行。先做低倍稀释(如3~5倍)，稍待片刻后再做高倍稀释，防止稀释打击。

四、精液保存

精液在稀释后即可保存。现行保存精液的方法，按保存温度可以分为常温保存(15~25℃)、低温保存(0~5℃)、冷冻保存(-79℃或-196℃)三种。各种精液保存方法的理论根据是：暂时抑制或停止精子的运动，降低其代谢速度，减缓其能量消耗，以便延长精子存活时间而又不致丧失受精能力。

1. 常温保存

精液常温保存的温度在15~25℃，保存温度允许有一定变化，故又称室温保存。该法利用弱酸性环境，抑制精子的运动和代谢，能在一定时间内延长精子的存活时间并保持受精能力。猪、马、羊精液的常温保存效果比低温保存好。

常温保存的稀释液一般需要有营养物质、抗菌物质、缓冲物(如柠檬酸钠、碳酸氢钠)等,有时还可加入明胶以阻碍精子运动。

随着冷冻精液的普及,牛精液的常温保存现已不多采用。

2. 低温保存

低温保存是将稀释后的精液置于0~5℃的低温条件下保存。在这种低温条件下,精子处于一种休眠状态,代谢降低到极低水平,而且混入精液中的微生物危害也较小,故其精子的保存时间一般相对延长。但公猪精液采用低温保存则反倒不如常温保存的效果好。

低温保存精液时,除了使用含卵黄或奶类的成分保护精子外,还要先用数层纱布或棉花包裹精液容器,并包以塑料薄膜袋防水,然后置于0~5℃的低温环境中。经历1~2h,精液温度可缓慢降至0~5℃。为防止冷休克的发生,在整个保存期间应尽量维持保存温度的恒定,防止升温。

3. 冷冻保存

精液冷冻保存是指利用液氮(-196℃)、干冰(-79℃)或其他冷源,将精液经过适当处理后,保存在低温下,以达到长期保存精液的目的。

(1) 精液冷冻保存的原理:精子在冷冻状态下,其代谢几乎停止,活动完全消失,生命以相对静止的状态保持下来,一旦温度回升,又能复苏活动。然而在目前的冷冻方法中,精液内只有部分精子能够经受冷冻,升温后可以复活;而另一部分精子由于在冷冻过程中造成了不可逆转的变化而死亡。对此,研究工作者做过许多探索与解释,其中得到公认的是玻璃态假说。

物质的存在形式,可分为气态、液态和固态。固态又分为结晶态和玻璃态两种形式。在不同的温度条件下,这两种状态可以互相转化。譬如,当气态的物质降温越过沸点,就转变为液态;当温度继续降低而越过溶点时,液态就又转变为固态。形成的固态形式可能有两种情况:当温度缓慢下降时,则液态转变成为结晶态(分子有序排列,颗粒大而不均匀);如果温度是迅速下降的,则液态转变成为玻璃态(分子保持原来无序排列,颗粒均匀细小)。相反,当缓慢升温时,玻璃态先变为结晶态,然后再变为液态和气态;但如果是快速升温,则玻璃态可越过结晶态而直接变为液态和气态。

在精液冷冻过程中,水分子的冰晶化(即结冰)是造成精子死亡的主要原因。因为结冰是首先在精子外的水分形成冰晶的,从而使尚未结冰的那部分的溶质浓度增高,以致形成高渗溶液。精子内部的水分经过细胞膜而向外渗透,致使精子本身造成脱水状态而死亡,这也就是所谓精液的冰晶化导致的化学性伤害。其次,由于水分形成冰晶后,其体积显著增大，对精子细胞产生机械压力破坏了精子内部的结构，导致精子死亡，这就是所谓精液的冰晶化造成对精子的物理性伤害。

上述精液的冰晶化和玻璃化的形成条件各不相同：冰晶化在 -60 ~ 0℃低温区域内形成，而且只在缓慢降温的条件下才能形成。尤以 -25 ~ -15℃对精子的危害最大（冰晶化最危险温度区）。在冷冻精液的制作和使用过程中，无论降温或升温都必须采取快速越过对精子产生不可逆性危害的冰晶化温度区，使冰结晶来不及形成便已直接转变为玻璃态或液态。

受现有技术条件所限，达不到完全玻璃化的程度。所以，还需要在稀释液中添加甘油等抗冻物质，以增强精子的抗冻能力。

（3）精液冷冻保存技术：

① 采精及精液品质检查：冷冻降温过程会对精子产生损害，因此需要选用优质精子进行保存。

② 精液稀释：采用的冷冻精液剂型不同，所采取的稀释液配方、稀释倍数和稀释次数也不尽相同，生产中常见一次或两次稀释法。

一次稀释法：用含甘油、卵黄的稀释液按比例要求一次加入精液中，主要适用于低倍稀释。

二次稀释法：为尽可能减少甘油对精子的有害作用，采用二次稀释法效果较好。采用二次稀释法既可保持甘油最终浓度不变，但又只在低温精液中才加入含甘油稀释液，从而减少甘油的毒害。具体方法是：将采得的精液在常温条件下，用不含甘油的第Ⅰ稀释液作最终稀释倍数一半的稀释，稀释后的精液经 40 ~ 60min 缓慢降温至 4 ~ 5℃，然后加入等温的含甘油的第Ⅱ液。

③ 降温平衡：一次稀释法需要从 30℃经 1 ~ 2h 降温至 0 ~ 5℃，以防稀释打击。平衡是将稀释后的精液放入冰箱或冰瓶，在 0 ~ 5℃环境下放置一段时间（2 ~ 4h），使甘油充分渗入精子内部，产生抗冻保护作用。

④ 精液的分装：目前常见的有细管型、安瓿型、颗粒型三种，并以细管型为主。

细管型：将稀释、降温、平衡后的精液进行分装，用聚乙烯醇粉末、钢球或超声波静电压封口，浸入液氮中保存。细管冻精具有不易被污染、容易标记、易贮存、便于机械化生产的优点，是目前最主要的保存剂型。

颗粒型：将精液滴冻在经液氮预先冷却的塑料板或金属板（网）上，制作为直径约 0.1mL的颗粒。颗粒冻精具有制作方便、成本低、不易标记、易受污染的特点。

安瓿型：用硅酸盐硬质玻璃制成的安瓿盛装精液，剂量多为 1.0mL，也有 0.5mL 的。优点是：剂量标准；标记明显，不受污染；使用方便；精子苏复率较高。缺点是：制作工艺繁杂，生产成本较高，解冻时易破碎。目前已很少采用。

（5）精液的冷冻：

① 细管型冷冻精液法——将分装好的精液细管平铺在冷冻屉上，浸入液氮迅速降温，约经5min即可取出保存。

如果用干冰作为冷源，将分装的精液平铺于压实的干冰面上，并迅速用干冰覆盖，经2～4min后，将冻精移入液氮罐提筒或埋藏于干冰中储存。

② 颗粒型冷冻精液法——在装有液氮的广口保温瓶上放置一块钢筛网或铝等金属薄板作为冷冻板，待冷冻板充分冷却后，用预冷后的玻璃滴管吸取精液滴在冷冻板上或氟板的凹窝中。经3～5min，待精液颗粒充分冻结，颜色变白发亮时，从冷冻板上轻轻铲下或翻倒氟板凹窝，收集分装于纱布袋或小瓶内，加上标签移入液氮罐提筒中保存。

用干冰作为冷源，将干冰置于木盒中，铺平压实，用模板在干冰上压孔，孔径0.5cm、深2～3cm。用预冷滴管将经降温平衡至5℃的精液，按定量（0.1或0.2mL）滴入干冰压孔内，然后用干冰封埋，经2～4min后，收集所有冻精颗粒装入灭菌纱布袋或小瓶内，放入液氮罐提筒或埋藏于干冰中储存。

（6）冻精的解冻：冻精的解冻是使用冷冻精液的重要环节，因为解冻温度、解冻方法和解冻液的成分，都直接影响着解冻后精子的活力。冻精的解冻过程，同冷冻过程一样，必须迅速通过精子冰晶化的危险温度区，才不致对精子细胞造成损伤。目前的解冻温度有低温冰水解冻（0～5℃），温水解冻（30～40℃）和高温解冻（50～70℃）等。实践中以30～40℃的解冻效果较好。

细管型、安瓿型和袋装精液，可将其直接投入35～40℃温水中，待冻精融化一半时，立即取出备用。

颗粒型冻精解冻，先将1mL解冻液装入灭菌试管内，置于35～40℃水中恒温后，投入牛颗粒冻精，摇动至融化。

（7）冻精的贮存：目前普遍使用液氮作为冷源（－196℃）。液氮是一种无色、无味、无臭、无毒的超低温液体，标准温度为－195.8℃。

液氮容器包括冷冻精液贮存容器和液氮贮运器两种。前者为贮存精液用，后者为贮存和运输液氮用。其基本结构相同，主要由以下几部分组成。

① 内外壳体：液氮罐由内外两层壳体构成，一般采用铝合金制造。

② 内槽：指液氮罐内胆中的空间。内槽底部有底座，供固定提筒用，液氨、提筒和冻精都置于内槽中。

③ 夹层：指罐内外壳体间的空隙，为高真空状态。为增进罐体的高绝热性能，夹层中还装有活性碳、硅胶等绝热材料和吸附剂。

④ 颈管:是以绝热黏剂将罐内外壳体连接而成的长管。

⑤ 罐盖塞:由绝热性能良好的塑料制成,具有减少容器蒸发和固定贮精提筒手柄的双重功能。

⑥ 提筒:置于罐体内,其底部有多个小眼,以便液氮渗入其中。提筒用以贮存细管、安瓿及颗粒等剂型的冻精。

课题三　输精

输精是人工授精中最重要的技术操作,正确的输精操作是保障配种成功的关键。

一、输精前的准备

(一) 母畜的准备

经发情鉴定确定适配的母畜,需要保定,并清洗消毒臀部和外阴,然后将其尾巴拉向一侧。

(二) 器械准备

输精所用的器械必须严格消毒,并经过稀释液的冲洗才能够使用。配种中应尽量保证每头家畜一根输精管。如果不能保证,则一根输精管供一头母畜配种后须经严格消毒才能为另一头使用。

(三) 精液准备

保存的精液要经活力检查,符合输精质量要求者(液态保存精液活力不低于0.6,冷冻保存精液活力不低于0.3)才能使用。

(四) 操作人员的准备

授精人员的指甲要剪短、磨光,手掌和手臂都必须洗涤和消毒,戴上一次性长臂手套,以防人畜交叉感染。

二、输精的基本要求

(一) 输精时间

适宜输精时间是根据各种母畜排卵时间、精子和卵子的运行速度和到达受精部位(输卵管壶腹部)的时间,以及它们可能保持受精能力的时间和精子在母畜生殖道内完成获能时间等综合决定的。总的说来,各种母畜都适宜在排卵前的4~6h进行输精。

在生产实践中,常用发情鉴定来判定输精适宜时间。一般的经验是:发现母牛早晨发情,当天下午或傍晚就应输精;下午发情特别是傍晚发情的,于次日早晨输精。母马多根据卵泡发育程度,采取"三期"酌配,"四期"和"五期"必输,排卵后灵活追补的办法;或者采用自发情后2~3d,隔日输精一次,直至发情结束。母猪是在发情高潮过后仍接受"压背”试验时，或在发情开始后的第二天输精为宜。母羊可根据试情制度来解决输精适期：即每天试情一次，于发现发情当天和经半天各输精一次；每天试情两次时，可在发情开始后过半天输精一次，间隔半天再输精一次。

输精次数和间隔时间是依据输精时间与母畜排卵时间的距离、精子在母畜生殖道内保持受精能力的时间长短而决定的。牛、羊、猪、兔等家畜常以外部观察法（牛、猪）或试情法（羊）进行发情鉴定，不易确定排卵时间。因此，在一个发情期内采用两次输精为宜，以增加精卵相遇机会，提高受胎率。两次输精间隔8～10h（猪间隔12～18h）。马、驴在判断排卵时间准确的情况下，输精一次即可，如果要增加输精次数，其间隔时间为1～2d，但过多次数的输精是不必要的甚至是有害的，以致不仅本发情期内不易受胎，而且影响下次发情。

（二）输精量和有效精子数

与母畜的种类、母畜状况（体型大小、胎次、生理状态等）、精液保存方法、精液的品质、输精部位以及输精人员技术水平高低等都有一定关系。例如，猪、马、驴的输精数量大于牛、羊等其他家畜。体型大、经产、产后配种和子宫松弛或屡配不孕的母畜，应适当增加输精量；相反，对体型小、初次配种和当年空怀的母畜，可适当减少输精量（表9-3）。

表9-3　不同畜种输精量要求

项目	牛		猪		羊		马、驴	
	液态	冷冻	液态	冷冻	液态	冷冻	液态	冷冻
输精量/mL	1～2	0.25～1	30～40	20～30	0.05～0.1	0.1～0.2	15～30	15～30
有效精子数/亿	0.3～0.5	0.1～0.2	20～50	10～20	0.5	0.3～0.5	2.5～5	1.5～3
输精次数	1～2		1～2		1～2		1～3	
输精部位	子宫颈深处		子宫内		子宫颈		子宫内	

三、各种家畜的输精方法

（一）母牛的输精

1. 直肠把握输精法

一只手伸入直肠内，寻找并握住子宫颈，另一手将吸有精液的输精器，从阴门先倾斜向上插入阴道5～10cm，即通过阴道前庭避开尿道口后，再向前水平插入直抵子宫颈外口。然后在两手协同配合下，使输精管导管尖端对准子宫颈外口，并边活动边向前插，当感觉穿过2～3个子宫颈内横行的月牙形皱襞时，即可徐徐注入精液。输精完毕后。先抽出输精器，然后抽出手臂。输精过程中，输精器不可握得太死，应随牛的后躯摆动而摆动，以防折断输精器的导管。输精器插入阴道和子宫颈时，要小心谨慎，不可用力过猛，以防黏膜损伤或穿孔(图9-3)。

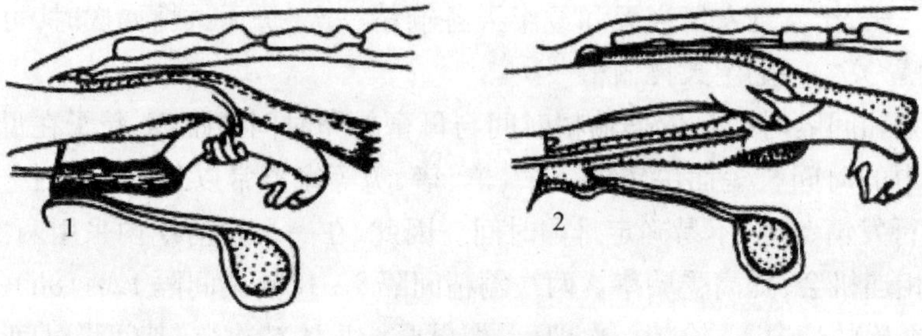

图9-3　牛直肠把握法输精

1. 错误把握法　　2. 正确把握法

由于此法将精液注入子宫颈深部,受胎率较高;用具较少,操作安全,阴道不易感染;母牛无痛感刺激,处女牛也好使用;但此法初学者较难掌握,在操作时要特别注意把握子宫颈的手掌位置,不能太靠前,也不能太靠后,否则都不易将输精管插入子宫颈的深部。

细管冷冻精液的输精必须使用细管输精器。使用时将解冻后的精液细管棉塞端插入输精器推杆约0.5cm深,剪掉细管封口部,拧紧螺丝,外面套上塑料保护套,拧紧固定圈,使护套固定在输精器上,套管中间用于固定细管的游子,应连同细管轻轻栓至塑料套管的顶端。经试验检查,由臂内流出精液,即可准备输精。

2. 阴道开张器输精法

此法是用阴道开张器打开阴道,借助额灯等光源寻找子宫颈外口。另一只手将吸有精液的输精器的导管尖端小心插入子宫颈内1~2cm深处,徐徐注入精液,随之取出输精器,接着取出阴道开张器。为了防止母牛拱背而使精液倒流,可在输精时和输精后由助手用力按捏母牛背腰部,并稍待片刻再将母牛牵回牛舍。

此法能直接看到输精管插入子宫颈口内,适于初学者。但该法操作繁琐,易使阴道黏膜受伤,受胎率较低,因此目前已很少采用。

(二) 母猪的输精

由于母猪阴道和子宫颈接合处无明显界限,因此一般都采用输精管插入法。

猪的输精器种类较多,一般包括一个输精管(橡皮胶管或塑料管)和一个注入器(注射器和塑料瓶)。

为了防止输精时精液倒流,有些输精管的尖端,模仿公猪的阴茎头设计成螺旋状,有的则在输精管尖端带有一个充气环。

输精时让母猪自由站立。将精液吸入注入器内,接上输精管,涂抹少量的灭菌润滑剂。左手保定注射器,右手持输精管先沿阴道上壁插入,避开尿道口后即以水平方向,边左右旋转边向前推进,经抽送2~3次后,直至不能继续再前进为止,此时即已插入子宫内，然后向外拉出一点，缓缓注入精液。还可由畜主或饲养员按压母猪背腰部，以免母猪拱背，防止精液倒流。精液温度不应低于20～25℃，否则可能刺激子宫收缩造成精液倒流。若母猪走动，应暂停注入，待安抚母猪站稳后再输精。如遇精液倒流，也应暂停注入，并稍微挪动一下输精管位置以排除障碍，然后继续输精。输精完毕慢慢抽出输精管，按压母猪腰臀部并使母猪静待片刻，不可马上驱赶急行或引诱母猪前肢悬跨栏上，否则易引起精液倒流。

（三）羊的输精

羊常用阴道开张器输精法进行输精，操作步骤与牛相同。但因为羊的体型较小，为使操作简便，可在输精架后挖一坑，使输精时人的视线稍高于羊的生殖道。

单元练习

一、名词解释

1．人工授精　2．发情　3．精子活力　4．精子密度　5．稀释打击　6．平衡

二、简答题

1．什么叫发情周期？发情周期开始于什么时间？

2．简述各种家畜发情的特点及发情鉴定的方法。

3．试述直肠检查母牛的卵泡发育规律。

4．如何确定家畜的初配适龄？

5．如何确定牛、猪、羊的输精时间？

6．家畜的假阴道由哪些配件组成？简述假阴道安装的操作。

7．简述直肠把握法输精的操作。

8．精液稀释液分为哪几种类型，主要由那些成分构成？

三、计算题

1．有一头种公牛，一次采得鲜精9mL，经检查，精子活力为0.8，精子密度为12亿/mL，此精液经处理后用于细管冷冻保存。每支细管容量为0.25mL，其中有效精子数不得少于1 500万，如果冷冻过程中30%的精子失活，本次采得的精液能够制作多少支细管冻精？

单元十

受精、妊娠与分娩

单元概述

知识目标

1. 掌握顶体反应、透明带反应、卵黄膜反应的概念。
2. 了解胎盘的类型、作用。
3. 了解妊娠的变化，掌握妊娠的鉴定方法。
4. 了解分娩的过程及影响因素。
5. 掌握正常分娩的助产操作。
6. 了解难产的救助方法。

技能目标

1. 能够观察出妊娠母畜的生理变化。
2. 能够完成助产的准备。
3. 能够做好正常分娩的助产操作。

本单元包括了受精规律、妊娠生理变化、妊娠鉴定、分娩规律、助产五个课题。主要介绍了精子、卵子在母畜生殖道内的变化，胎盘的类型，母畜妊娠时的生理变化，妊娠的鉴定方法，母畜分娩的过程及影响分娩的因素，助产的操作与难产救助。

课题一　受精规律

受精是指精子进入卵细胞中，与卵细胞融合，形成一个合子的过程。

一、受精前的准备

受精过程包括一系列步骤：精子须进入雌性生殖道，运行到卵细胞附近，穿透并与卵细胞的遗传物质相结合；新排出的卵细胞也有一个成熟和运行过程。

（一）精子在受精前的准备

1. 精子在雌性生殖道内的运行

一般哺乳动物的受精部位在输卵管壶腹部，因此，无论自然交配还是人工授精，精子都必须由射（输）精部位到达输卵管壶腹部。但不同的动物，精子到达受精部位的时间和到达受精部位的精子数都存在一些差异。了解精子在雌性生殖道内的运行和保持受精能力的时间，可以使我们确定适当的输精时间，提高受胎率。

牛和羊交配时射精部位在阴道内的子宫颈周围，被称为阴道射精型；猪和马交配时可将精液直接射入子宫内，被称为子宫射精型。

（1）精子通过子宫颈：阴道内射精的动物，如牛、羊等，在自然交配时精子位于阴道内，因此子宫颈是精子进入子宫的第一个生理屏障。死精子和活力差的精子往往不能进入子宫，即使正常的精子亦有相当一部分滞留在阴道内。其原因在于子宫颈黏膜上的裂隙、沟槽、隐窝和黏液共同形成了一个错综复杂的体系。子宫颈分泌细胞分泌的黏液，具有一定的黏滞性、延展性、流动弹性和可塑性等。发情时，黏液中的高黏滞成分，黏胶纤维分支形成松散的网状结构，“允许”精子通过。非发情期，黏液很厚，精子不易通过。影响黏液结构变化的任何因素，如炎症、激素的异常等，都将影响精子通过。

凡不能进入子宫颈的精子，或被白细胞吞噬，或随阴道黏液排出体外。而进入子宫颈的精子，大部分进入子宫颈隐窝形成第一个精子库，然后在较长时间内缓慢地释放出来。小部分精子直接送入子宫。精子库内精子缓慢释放的作用，可维持受精部位的活精子数。

（2）精子通过子宫：精子通过宫管连接处主要由于肌肉的收缩作用。交配期释放的催产素和精液中的前列腺素（PG），可增加子宫的收缩活性，从而有助于精子迅速地通过子宫。猪在交配时，大量的精液直接射入子宫，但在2h内子宫中已很少有精液残留，更多的精子则迅速输送到子宫输卵管连接处，即宫管连接处，这里被认为是精子输送的第二个生理屏障。它可以控制进入输卵管的精子数。这些精子可在宫管连接处保留24h，逐步流向输卵管，但48h后即全部消失。子宫具有清除死的、不活动的或损伤精子的作用。

（3）精子在输卵管内运行：多数动物在交配或人工授精后不久精子即进入输卵管。

精子通过峡部的输送主要由肌肉收缩完成,输卵管能够使精子向上运行而使卵子向下运行。牛、羊在交配后15min内就有精子到达输卵管壶腹部。在输卵管内有受精力的精子的输送相当慢。在绵羊,有受精力的精子在配种后6~8h内进入输卵管,并保留在壶峡连接处峡部一侧18h,逐步被释放入壶腹部。因而壶峡连接处峡部一侧被看作第三个精子库。在峡部的精子相对处于静止状态,一旦进入壶腹部便被激活。事实上,能进入壶腹部的精子数极少,而绝大部分在雌性生殖道的不同部位被淘汰。

2. 精子运行的机制

精子运行除了精子本身位置变化之外,还有在前进过程中所发生的一系列物理、生理和生物化学作用。

精子行进的动力:发情母畜在雌激素、少量孕激素等生殖激素的作用下,生殖道会发生有节律的收缩,这是精子前进的主要动力。但是在精子通过雌性生殖道的关键部位,如穿透子宫颈黏液,进入子宫颈隐窝和子宫内膜腺的时候,主要依靠自身的运动。此外,受精时精子穿透卵母细胞也必须依靠其尾部鞭毛的运动。

3. 精子保持受精能力的时间

进入母畜生殖道,越过三道屏障后,只剩少量精子能够到达受精场所——输卵管壶腹部。如果不能和卵子结合形成合子,这些精子一段时间后就会衰老死亡。精子和卵子保持受精能力时间如表10-1所示。

表10-1　不同家畜精子和卵子保持受精能力的时间

家畜种类	精子/h	卵子/h
牛	30~48	8~12
马	72~120	6~8
兔	30~36	6~8
绵羊	30~48	16~24
猪	24~72	8~10

4. 精子的获能

精子进入母畜生殖道内一段时间后,会发生一系列生理的变化,获得与卵子受精的能力,这个过程称为精子获能。获能是精子受精的必备条件。

(1) 获能变化:精子获能是一个复杂的过程。在这个过程中,精子外膜会发生一系列的形态、生理和生化等方面的变化。获能的精子具有受精能力的原因是,这种精子能释放出一系列水解酶,将使包围在卵子周围的细胞和生物大分子物质(蛋白质和黏多糖)溶解出一条通路,便于精子通过。

(2) 获能部位:一般认为获能过程在子宫内开始,最后在输卵管内完成,子宫和输卵管对精子获能起协同作用。但不同的动物精子获能的部位有差异,猪、牛精子获能的主要部位在输卵管。现已发现,获能反应可在同种动物的雌性生殖道内完成,还可在异种动物的雌性生殖道内完成,也可在体外人工培养液中完成。一般来说,在发情母畜生殖道内,最有利于精子获能,即处于雌激素作用期的雌性生殖道对获能有促进作用,而在孕激素作用下则抑制获能。

(3) 获能所需的时间:自然情况下,交配发生在母畜的发情期,而排卵发生在发情末期或发情结束后,这时交配射出的精子已经通过了母畜生殖道,到达了受精部位,如果遇到卵子即可完成受精。由此可知,精子在向输卵管壶腹部的运动过程中完成了获能。各种家畜精子获能所需的时间:牛 3~4h,猪 3~6h,羊 5~6h。

(4) 获能的可逆性:已获能的精子如果再置于精液中,会失去与卵子受精的能力。已经失能的精子置于输卵管或人工培养液中会再次获能,说明精子获能具有可逆性。

(二) 卵子在受精前的准备

1. 卵子的接纳

排卵时,在雌激素的作用下,输卵管伞部充血膨胀,贴近卵巢表面,卵巢韧带的收缩活动,使卵巢延长轴前后缓慢移动,有助于卵子进入输卵管内,同时伞部内表面纤毛与卵子外面的卵丘细胞间相互作用将卵子拉入输卵管内。

2. 卵子在输卵管内的运行

卵子与精子不同,不能自行运动。卵子在输卵管内的运行,在很大程度上依赖于输卵管的收缩、液体的流动及纤毛的摆动,将包在卵丘内的卵子朝输卵管峡部的方向运送。

3. 卵子保持受精能力的时间

卵子在输卵管内运行,在很短时间内被运送到受精部位,在壶腹部停留 2~3d,然后迅速通过峡部进入子宫。卵子保持受精能力的时间要比精子少得多,一般为 6~10h。卵子进入峡部即迅速失去受精能力,而进入子宫则完全失去受精能力。

二、受精过程

精子与卵子在输卵管壶腹部相遇后,经过几个重要的过程完成整个受精变化。

(一) 精子穿过放射冠

卵子透明带的外面包围着一堆颗粒细胞即卵丘细胞,而靠近透明带的卵丘细胞呈放射状排列,故称放射冠。这是精子入卵子的第一道屏障。当精子靠近卵子时,包裹精子头部的质膜、顶体外膜融合和破裂,释放出内部的透明质酸酶,使卵子周围的放射冠溶解分散,这是精子与卵子融合必须经历的反应。这一反应被称为顶体反应。

(二) 精子穿过透明带

精子穿越放射冠后,暴露的顶体内膜附着于透明带表面,这是精子穿过透明带的先决条件。精子顶体内含有多种酶,这些酶在精子穿过透明带期间具有协同作用,精子与透明带结合后不久,顶体酶将透明带溶出一通道,精子借助自身的运动穿过透明带。精子与透明带的附着具有非常明显的种间特异性,异种动物的精子是不能附着和穿过透明带的。

当精子穿过透明带触及卵黄膜时,卵母细胞被激活,卵黄膜产生许多皮质颗粒进入卵黄周隙,使透明带发生变性,阻止后来的精子再次入卵,这一过程被称为透明带反应。透明带反应是防止多精子受精的第一道屏障,但是透明带反应不能完全阻止多精子进入透明带,有时还可以在卵黄周隙看到有多个精子存在。

(三) 精子进入卵黄

精子进入透明带,到达卵周隙后仍能活动,不过活动时间很短。一旦接触卵黄膜,活动即停止,在与卵黄膜接触20min后,即与卵黄膜融合在一起。卵黄膜表面的微绒毛抓住精子的头,卵黄发生旋转,此时精子尾部全部进入卵周隙,接着精子、卵子质膜形成连续的膜,将精子头部包起来,精子就被“拖入卵内”。

当第一个精子穿过卵黄膜时,卵黄立即紧缩,使卵黄膜变厚,排出部分液体进入卵黄周隙,并阻止后来的精子再次进入卵黄内。这一反应被称为卵黄膜反应(也称为卵黄膜封闭作用)。这是防止多精子受精的第二道屏障。

(四) 原核形成及配子融合

精子入卵后,头尾分离,头部开始膨大,核膜消失,失去固有的形态,呈现许多的核仁,不久外周重新形成一层核膜,形成雄原核。

同时卵母细胞减数分裂恢复,释放第二极体,开始形成雌原核。

两性原核同时发育,体积不断增大,几小时可达到原来的20倍。雄性染色质开始疏松增大的时间比雌性早,所以雄原核形成比雌原核大。经过一段时间的发育后,两个原核靠拢、接触、缩小体积,核膜交错嵌合,核仁、核膜消失,两原核融合成一体。

(五) 异常受精

家畜的正常受精是单精子受精,形成的合子可以发育成正常的新个体。异常受精则包括多精子受精、双雌核受精、雌核发育、雄核发育等。

多精子受精可能由2个或偶尔3个以上的精子几乎同时与卵子接近而进入卵膜。在哺乳动物大多数是单精子受精,多精子受精发生率很低。然而卵子衰老或热应激,比如配种延迟、发热或高温环境引起体温升高,其比例可能增加。发生多精子受精时,胚胎往往在发育早期死亡。

双雌核受精是卵子在某次成熟分裂中未将极体排出,卵内有两个雌卵核,且都发育成原核而形成,多见于猪。

雌核发育和雄核发育是指受精开始时是正常的,但后来由于一方的原核不能形成,而另一方被激活发生类似受精的现象，结果胚胎的细胞核只有父母一方的染色体，也就是单倍体。

异常受精的胚胎往往无法正常发育，在早期就会死亡。

课题二　妊娠生理变化

妊娠是指从受精卵形成开始，经胚胎、胎儿生长发育，直至胎儿成熟娩出体外的过程。

一、胚胎的早期发育

（一）桑椹期

受精的结束即意味着早期胚胎发育的开始。合子是一个比身体其他细胞大得多的单细胞，其细胞质比细胞核也要大得多，内含早期分裂所需的足够的营养物质。当发育开始时，合子进行一次又一次的分裂，此刻胚胎虽吸收水分，体积略有增大，但细胞质总量并未增加，这种不伴随细胞生长的细胞分裂称为卵裂。卵裂所产生的子细胞称为卵裂球，每个卵裂球都具有发育成为一个新个体的全能性。因此，可以对此时的胚胎进行切割和移植。由于透明带的束缚，卵裂球数在16～32个时，形成像桑椹样的致密细胞团，称桑椹胚。

（二）囊胚的形成

桑椹胚形成后，卵裂球分泌的液体在细胞间隙积聚，最后在胚胎的中央形成一充满液体的腔——囊胚腔。此时的胚胎被称为囊胚，此期被称为囊胚期。此时的胚胎已经由输卵管移至子宫。

随囊胚腔的扩张，细胞的分化日趋明显。大而分裂慢的细胞聚集在囊胚的一侧，称为内细胞团，以后将发育成为胚体本身。小而分裂活跃的细胞聚集在外周，形成胚胎外层，继而成为滋养层，以后可以发育成胎膜和胎盘。囊胚后期，胚胎可以从透明带中脱出。

（三）原肠胚

囊胚继续发育，出现了内、外两个胚层，此时的胚胎被称为原肠胚，此期称为原肠期。原肠胚以后会继续分化出中胚层，这些胚层的形成，为胎膜和胎体各器官的分化奠定了基础。

（四）早期胚胎的迁移

胚胎在脱出透明带之前，一直处于游离状态。胚胎发育所需要的营养，来自子宫内膜腺和子宫上皮所分泌的物质（子宫乳）。不同的物种，胚胎在子宫内迁移的现象均有发生。多胎动物，如猪的胚胎可在排卵一侧的子宫角游向子宫体，也可以游向另一侧子宫角。单胎动物，胚胎内迁移很少，胚胎总是在排卵一侧的子宫角内。

不同的动物，胚胎在子宫腔内的定位不同，反刍动物往往在子宫角的中部，且有特殊的定位面。猪、牛、羊的胚胎常位于子宫角子宫系膜的对侧。胚胎在子宫内的迁移和定位对维持妊娠起重要作用。

(五) 胚胎的附植

胚胎在子宫中定位,开始同母体建立紧密地联系,便结束了游离状态,这个过程称为附植。

附植前,在胚胎进行卵裂和囊胚形成的同时,子宫也发生变化,为附植作准备。在此期间,子宫肌肉的活动和紧张度减弱,这样有助于囊胚在子宫内存留。随着子宫内血液供应增多,子宫内膜的腺体和表面上皮的分泌活动也随加强,糖原和脂肪开始积聚,这些物质连同细胞脱屑和外渗的白细胞共同组成组织营养(子宫乳)。这是早期胚胎的营养来源。

附植是一个逐渐的过程。不同动物附植开始的时间不同,附植部位也不尽一致:牛一般需 20 ~ 30d,猪 15 ~ 30d,绵羊 16 ~ 18d。胚胎附植的部位都是最有利于胚胎发育的地方。例如,牛、羊的胚胎常在排卵一侧子宫角的下 1/3 处附植;猪的胚胎常等距离地在两侧子宫角内附植。

二、胎膜和胎盘的认知

(一) 胎膜

胎膜是胎儿的附属膜,是胎儿本体以外包被着胎儿的几层膜的总称。其作用是与母体子宫黏膜交换养分、气体及代谢产物,对胎儿的发育极为重要。在胎儿出生后,胎膜即被摒弃,所以它只是一个暂时性器官。它源于三个基础胚层,即外胚层、中胚层和内胚层。通常按其结构部位及功能不同分为羊膜、尿膜、绒毛膜和卵黄囊。

1. 卵黄囊

哺乳动物的卵黄囊由胚胎发育早期的囊胚腔形成。哺乳动物的卵只有卵黄体或很小的卵黄块。而在啮齿类和鸟类卵黄囊内含有大量的卵黄,经过囊壁的血管消化、吸收,供给胚胎的发育和生长。因此,卵黄囊只在胚胎发育的早期阶段起营养交换作用。尿膜出现后,卵黄囊的功能即被其替代。随着胚胎的发育,卵黄囊逐渐萎缩,最后埋藏在脐带里,成为无机能的残留组织,而称为脐囊,这在马较为明显。

2. 羊膜

羊膜是包裹在胎儿的最内层膜,由胚外外胚层和无血管的中胚层形成。在胚胎和羊膜之间有一充满液体的腔——羊膜腔。羊膜腔内充满羊水,能保护胚胎免受震荡和压力的损伤,还为胚胎提供了向各方面自由生长的条件。羊膜能自动收缩,使处于羊水中的胚胎呈略处摇动状态,从而促进胚胎的血液循环。

3. 尿膜

尿膜由胚胎的后肠向外生长形成。其功能相当于胚体外临时膀胱,并对胎儿的发育起缓冲保护作用。当卵黄囊失去功能后，尿膜上的血管分布于绒毛膜，成为胎盘的内层组织。随着尿液的增加，尿囊亦增大，在奇蹄类有部分尿膜和羊膜粘合形成尿膜羊膜，而与绒毛膜粘合则成为尿膜绒毛膜。

4. 绒毛膜

绒毛膜是胚胎最外层膜，绒毛膜表面有绒毛，富含血管网。除马的绒毛膜不和羊膜接触外，其他家畜的绒毛膜均有部分与羊膜接触。

家畜间绒毛膜表面绒毛分布不同。绒毛膜的整个形状，家畜间也不同。马的绒毛膜填充于整个子宫腔，因而发育成两角一体。反刍动物形成双角的盲囊。孕角子宫较为发达。猪的绒毛膜呈圆筒状，两端萎缩成为憩室。

5. 脐带

脐带是联系胎儿和胎盘的带状组织，其中有两支脐动脉，一支脐静脉（反刍动物有两支），有卵黄囊的残迹和脐尿管。其血管系统和肺循环相似，脐动脉内含胎儿的静脉血，而脐静脉则来自胎盘，富含氧和其他成分，具动脉血特征。脐带随胚胎的发育逐渐变长，使胚体可在羊膜腔中自由移动。

（二）胎盘

胎盘通常指由尿膜绒毛膜和子宫粘膜发生联系所形成的结构。其中尿膜绒毛膜部分称为胎儿胎盘，而子宫黏膜部分称为母体胎盘。哺乳动物发育的早期特点是胚胎通过胎盘从母体器官吸取营养。因此，对胎儿来说，胎盘是一个具有多功能活动并和母体有联系但又相对独立的暂时性器官。

1. 胎盘的类型

胎盘的类型根据绒毛膜表面绒毛的分布一般分为四种类型：弥散型胎盘、子叶型胎盘、带状胎盘和盘状胎盘。

（1）弥散型胎盘：弥散型胎盘是动物中比较广泛的一种胎盘类型，如猪、马、驴等都属此类。这种类型的胎盘绒毛膜的绒毛分布分散而均匀，与绒毛相对应的子宫黏膜上皮向深部凹入形成腺窝，绒毛插入此腺窝内。因为这种胎盘结构简单，绒毛容易从腺窝中脱出，所以分娩时，胎儿胎盘和母体胎盘分离较快，且互不受损。

猪的绒毛有集中现象，即少数较长绒毛聚集在小而圆的称绒毛晕的凹陷内。绒毛的表面有一层上皮细胞，每一绒毛上部都有动脉、静脉的毛细血管分布。

（2）子叶型胎盘：子叶型胎盘以反刍动物牛、羊为代表。绒毛集中在绒毛膜表面的某些部位，形成许多绒毛丛，呈丛状凸起，即胎儿子叶；胎儿子叶与母体子宫内膜的特殊突出物——子宫阜（母体子叶）融合在一起形成胎盘的功能单位。子叶之间部分一般无绒毛，表面光滑，故称子叶型胎盘。胎儿子叶上的绒毛侵蚀性地嵌入母体子叶的腺窝内并与母体胎盘的结缔组织直接接触，这种类型的胎盘胎儿部分与母体部分结合紧密，分娩时不易分离，母体胎盘易受损伤。

牛的子宫阜是凸出的，而绵羊和山羊则是凹陷的。胎儿子叶上的许多绒毛，嵌入母体子叶的许多凹下的腺窝中。绵羊的子宫阜数目为90～100个，均匀分布在妊娠和未妊娠的子宫角内，牛为70～120个，环绕着胎儿。在妊娠时，子宫阜比原来的直径增加几倍，位于孕角内的比终末端的要大。

(3) 带状胎盘：带状胎盘以肉食类动物为代表，如狗、猫等，其绒毛膜上的绒毛聚集在绒毛囊中央，形成环带状，故称带状胎盘。绒毛膜在此区域与母体子宫内膜接触附着，而其余部分光滑。由于绒毛膜上的绒毛直接与母体胎盘的结缔组织相接触，分娩时母体胎盘组织脱落，血管破裂，因此会有出血现象。

(4) 盘状胎盘：胎盘呈圆形或椭圆形。绒毛膜上的绒毛在发育过程中逐渐集中，局限于一圆形区域，绒毛直接侵入子宫黏膜下方血窦。啮齿类(兔和大鼠)和灵长类(包括人)的胎盘属于盘状胎盘。

由上可见，不同动物的胎盘母体和胎儿部分组织之间接触的紧密程度是不同的。有的如弥散型和子叶型胎盘，胎儿胎盘绒毛膜上的绒毛伸入子宫内膜，如同手指插入手套中，虽有接触但很简单。分娩时，绒毛膜从子宫内膜中拔出，并不伤及子宫内膜，因而并不引起子宫内膜的破坏或出血。这种类型的胎盘又称为接触胎盘或非蜕膜胎盘。另一种，绒毛膜和母体接触比较紧密，绒毛在子宫内膜中如生根状，绒毛插入子宫内膜，或悬浮于血窦内。分娩时，胎儿胎盘从子宫剥离，子宫内膜被侵入部分(蜕膜)也剥脱下来，随之出血。这种胎盘又称为蜕膜胎盘，如带状胎盘和盘状胎盘。

2. 胎盘的功能

胎盘是一个功能复杂的器官，具有物质运输、合成分解代谢、分泌激素及免疫等多种功能。

(1) 胎盘的运输功能：根据物质的性质及胎儿的需要，胎盘采取不同的运输方式。

① 单纯弥散：物质自高分子浓度区移向低浓度区，直到两方取得平衡。如二氧化碳、氧、水、电解质等都是以此方式运输的。

② 加速弥散：某些物质的运输率，如以分子量计算，超过单纯弥散所能达到的速度。可能是细胞膜上有特异性的载体，可与某些物质结合，通过膜蛋白的变构，以极快的速度，将结合物从膜的一侧带到另一侧。如葡萄糖、氨基酸及大部分水溶性维生素即以加速弥散的方式运输。

③ 主动运输：胎儿体内的某些物质浓度较母体为高，该物质仍能由母体运向胎儿，估计可能是胎盘细胞内酶的功能作用，才能使该物质穿越胎盘膜。如氨基酸、无机磷酸盐、

血清铁钙及维生素 B_1、维生素 B_2、维生素 C 等就是这样运输的。

④ 胞饮作用：极少量的大分子物质，如免疫活性物质及免疫过程中极为重要的球蛋白可能借这一作用而通过胎盘。

(2) 胎盘的代谢功能：胎盘组织内酶系统极为丰富。所有已知的酶类，在胎盘中均有发现。已知人类胎盘含酶有 800 ~ 1 000 种，一般活性极高。因此胎盘组织具有高度的生化活性和广泛的合成及分解代谢功能。

(3) 胎盘的内分泌功能：胎盘像黄体一样也是一种暂时性的内分泌器官，能合成如孕马血清促性腺激素、胎盘催乳素等多种激素。这些激素被合成后释放到胎儿和母体循环中，对维持妊娠和胚胎发育中起调节作用。

课题三　妊娠鉴定

母畜妊娠后，胚胎的出现和存在，引起母体发生许多形态及生理的变化，了解这些变化对于妊娠诊断是很重要的。

一、妊娠母畜的生理变化

（一）母畜体的生长

怀孕后，母体新陈代谢旺盛，食欲增加，消化能力提高，因此，此时孕畜营养状况改善，表现为体重增加，毛色光润。妊娠后期，胎儿生长发育需要的营养增加，超出了母畜消化的营养物质，致使需要消耗妊娠前半期贮存的营养物质，所以母畜在分娩前又会消瘦。要使孕畜自身正常生长，而且又要保证胎儿的发育良好，妊娠期的营养应是首要的问题。

怀孕母畜的血液容量增加，但是血液的组织形态不变，血液的凝固性增加，细胞的沉降速度加快，胆固醇、钾的含量及生理性醋酮增加，碱度降低。糖消化增加，所以肝内肝糖增加。

怀孕母畜出现水分分布的巨大变化，这与扩张了的子宫的静脉压的增加有关。在牛、马怀孕的后期，常可以发现由乳房水肿及后肢水肿。

随着胎儿逐渐长大，母畜腹压增大，母体内脏器官体积缩小，这就使排粪、排尿频率增多，而每次量减少。腹压增大使得膈肌受到压迫，同时胎儿需要量增加，所以母畜呼吸次数也增多，呼吸方式由胸腹式变为胸式。妊娠末期，母畜腹部变大，脚步稳重，谨慎，容易疲倦、出汗。

（二）生殖器官的变化

1. 卵巢的变化

妊娠后，卵巢上的周期性黄体变为妊娠黄体继续存在，产生高水平的孕激素，维持妊娠，使发情周期中断。在怀孕早期，这种中断是不完全的，在一些母牛，卵巢上仍有卵泡发育甚至接近排卵前的体积，可出现发情。但是这些卵泡不能破裂排卵，接近成熟时发生闭锁。卵巢的位置，怀孕后随着胎儿体积的增大妊娠子宫逐渐沉入腹腔，卵巢也随之下沉。

2. 子宫的变化

妊娠后的子宫发生显著变化，主要表现在子宫体积、位置、子宫颈等方面。

随着妊娠的进展，子宫逐渐增大，使胎儿得以伸展。子宫的生长和扩展，首先是由孕角和子宫体开始的，在整个怀孕期，孕侧子宫角的增长比空角的大得多，因此，孕角与空角始终不对称。怀孕的前半期，子宫体积的增长主要是子宫肌纤维肥大及增长，怀孕的后半期，则是胎儿使子宫壁扩展，因此，子宫壁变薄。妊娠后期，牛和羊的子宫扩大占据了子宫的右侧；马的子宫位于腹腔中部稍偏向左侧；猪子宫角长度可达 3m，充满胎儿的子宫角曲折地位于腹腔底部，因此使腹壁下垂，子宫角向前可抵达膈膜。

妊娠期，子宫颈收缩得很紧，质地较硬，并分泌浓稠的黏液封闭子宫颈管，称为子宫颈栓。因此，子宫颈管就完全封闭起来，可有效地防止异物进入，保护胎儿安全地生长发育。妊娠中后期，由于胎儿沉向腹腔，子宫颈阴道部往往被牵引而稍微偏向一侧。

子宫动脉的变化：随着胎儿营养需要的增加，血流量增加，血管分支增多，血管变粗。妊娠后期，牛、马的子宫中动脉如拇指粗。同时，由于动脉血管内膜的皱褶增高变厚、与肌肉层的联系疏松，所以血液流过时所造成的脉搏以原来清楚的跳动变为间隔不明显的颤动，叫做怀孕脉搏。怀孕脉搏孕角的出现比空角早且显著。

3. 阴门及阴道

妊娠初期，阴唇收缩，阴门裂紧闭。随妊娠期的进展，阴唇的水肿程度增加，牛的这种变化比马的明显，处女牛在 5 个月时，成年母牛在 7 个月时出现。怀孕后阴道黏膜的颜色变为苍白，黏膜上覆盖有从子宫颈分泌出来的浓稠黏液，因此阴道黏膜并不滑润而是比较涩滞，插入开张器时较为困难。在怀孕末期，阴唇、阴道出现水肿而变得柔软。

二、妊娠诊断

配种之后，为了及时了解母畜是否妊娠、妊娠状态和胎儿生长发育的情况，所采用的各种检查方法称为妊娠诊断。

（一）早期妊娠诊断的意义

早期妊娠诊断对于家畜繁殖工作具有重要意义，主要体现在以下方面：

第一，简便而有效的早期妊娠诊断，是母畜保胎、减少空怀、增加畜产品和提高繁殖率的重要技术措施。

第二，通过早期妊娠检查，可尽早确定已妊娠和未妊娠的母畜，分群管理。

第三，便于对参加配种的母畜和与配种的公畜生殖功能做具体分析。早期妊娠诊断的结果有助于找出不受胎的可能原因，为公、母畜生殖疾病的发现和治疗乃至淘汰提供依据。

第四，便于了解和掌握配种技术、方法以及输精时间方面的问题，提高受胎效果。

（二）妊娠诊断

1. 外部检查

母畜妊娠以后，一般表现为发情周期中断，食欲增强，营养状况改善，毛色润泽光亮，性情变得温顺，行为谨慎安稳。妊娠初期，外阴干燥紧闭，后期则水肿。妊娠中后期（马、牛妊娠5个月，羊妊娠3~4个月，猪妊娠2个月以后）腹围增大，妊娠后期腹壁一侧较另一侧更为突出（牛、羊右侧比左侧突出，马左侧比右侧突出），乳房胀大，有时牛、马腹下及后肢可出现水肿。牛8个月以后，马、驴6个月以后可以看到胎动，即胎儿活动所造成的母畜腹壁的颤动。在一定时期（牛妊娠7个月后，马、驴妊娠8个月后，猪妊娠2.5个月以后），隔着右侧（牛、羊）或左侧（马、驴）或最后两对乳房的上方（猪）的腹壁可以触诊到胎儿，在胎儿胸壁紧贴母体腹壁时，可以听到胎儿的心音，可根据以上外部表现诊断是否妊娠。

上述方法最大的缺点是不能进行早期诊断，同时，没有某一现象时也不能肯定未孕。此外，不少马、牛妊娠后，亦有再出现发情的，依此做出未孕的结论将会判断错误。还有的家畜在配种后没有怀孕，但由于饲养管理和利用不当，生殖器官发生炎症或其他疾病而不发情，据此作出怀孕的结论也是不合适的。

外部检查法对牛、马等大家畜来说并不重要，因为有更可靠的直肠检查法。对猪、羊等中等体型动物，在妊娠中期，可隔着腹壁直接触诊胎儿，较为实用可靠。给猪触诊时，可通过抓痒令母猪卧下，然后用一只手或两只手在最后两对乳房上方的腹壁处前后滑动，触摸是否有硬物而作出判断。给羊检查时，操作者两腿夹住羊的颈部（或前躯）保定，用双手紧贴下腹壁，以左手在右侧腹壁前后滑动，触摸是否有硬块，有时可以摸到子叶，予以确诊。

2. 直肠检查法

母畜妊娠后，生殖器官会发生一系列有规律的变化，经直肠触诊卵巢、子宫、子宫动脉的变化，以及孕体是否存在而进行判断，是大家畜最常用的妊娠诊断方法。其优点是检查范围大，准确率高，整个妊娠期都可使用，但是检查时注意动作要轻缓，以免流产。

（1）母牛的直肠检查：一般配种后20d就可检查。检查时，先摸到子宫颈，再中指向前滑动，寻找角间沟，然后手向前、向下、再向后，试把两个子宫角都掌握在手内，分别触摸。经产牛子宫角有时不呈绵羊角状而垂入腹腔，不易全部摸到，这时可握住子宫颈，将子宫角向后拉，然后手沿着肠管向前迅速滑动，握住子宫角，这样逐渐向前移，就能摸清整个子宫角。摸过子宫角后，在其尖端外侧或下侧寻找到卵巢。通常用一只手进行触摸即可。

寻找子宫动脉的方法是将掌心向上贴着骨盆顶向前滑动。超过胛部以后，可以清楚地摸到腹主动脉的最后一个分支——髂内动脉，左右髂内动脉的根部，各分出一支子宫动脉。子宫动脉和脐动脉共同起于髂内动脉起点处。

① 未孕现象：子宫颈、体、角及卵巢均位于骨盆腔内，经产多次的母牛，子宫角可垂入骨盆入口前缘的腹腔内。两角大小相近，形状亦相似，弯曲如绵羊角状。能够清楚地摸到子宫角间沟，经过触摸子宫角即收缩，变得有弹性，能将子宫握在手中，子宫收缩呈球形，前部并有角间沟将其分两半。卵巢大小及形状视有无黄体或较大的卵泡而定。

② 怀孕现象：

妊娠 18 ~ 25d，一侧卵巢上有黄体存在，则疑似妊娠。子宫变化尚不明显。

妊娠 30d，子宫角间沟仍清楚，两子宫角已经不对称，孕角及子宫体较粗、柔软。轻轻触压，感觉有液体波动。空角则收缩，感觉有弹性。

妊娠 60d，角间沟仍可分辨，子宫角进入腹腔，两角大小明显不同，孕角及子宫体更大，孕角较空角粗约一倍，而且较长；孕角壁软而薄，且有液体波动。如在子宫颈之前摸不清楚子宫角，而是一堆软绵绵的东西，此时一般可以确诊怀孕。

妊娠 90d，角间沟消失，孕角大小如婴儿头部，液体波动感清楚。子宫下沉，有时在子宫壁上可以摸到如同蚕豆大小的胎盘突。子宫中动脉开始出现轻微的孕脉。

妊娠 120d，子宫像口袋一样垂入腹腔，抚摸子宫壁能清楚地摸到许多胎盘突，其体积比卵巢稍小。偶尔可触及胎儿和孕角卵巢，孕角侧子宫中动脉较清楚。

妊娠 150d，子宫全部沉入腹腔。在耻骨前缘稍下方可以摸到子宫颈，往往可以摸到胎儿，孕角侧子宫中动脉已较明显。

妊娠 180d，胎儿已经很大，子宫沉至腹腔底，检查时可感觉明显胎动。孕角侧子宫中动脉粗大，孕脉亦明显。

③ 直肠检查妊娠注意事项：

对妊娠症状早期检查时要全面考虑，综合分析，抓住典型症状。不仅检查子宫角的形状、大小、质地的变化，还要结合卵巢的变化，作出综合的判断。

注意孕期发情：母牛配种后 20d 且已怀孕，偶尔也有假发情的，直肠检查妊娠症状不明显，无卵泡发育，外阴部虽有肿胀表现，但无黏液排出，对这种牛也应慎重对待，无成熟卵泡者不应配种。

注意特殊变化：如怀双胎母牛的子宫角，在 2 个月时，两角是对称的，不能依其对称而判为未孕。正确区分怀孕子宫和子宫疾病，怀孕 90 ~ 120d 的子宫容易与子宫积液、积脓等相混淆。积液或积脓使一侧子宫角及子宫体膨大，重量增加，使子宫有不同程度的下沉，卵巢位置也随之下降，但子宫并无怀孕征象，无子叶出现。积液可由一角流至另一角。但始终不会出现子宫动脉的怀孕脉搏。对于子宫积液、积脓的诊断，必须与阴道检查相结合进行。最好间隔一定日期经多次检查后才能确诊。

正确区分妊娠子宫与充满尿液的膀胱。怀孕60～90d的子宫，可能与充满尿液的膀胱混淆。但膀胱轮廓清楚，两侧没有牵连物，牛的子宫前有二角分岔处，后有子宫颈。如果区分不清楚，隔段时间，使其排尿后再作检查，对比前后变化，作出正确判断。

(2) 母马的直肠检查：妊娠14～16d，一侧卵巢有黄体存在，体积增大。少数个体的子宫角收缩呈圆柱状，角壁肥厚，感觉有实心感，略有弹性。

妊娠17～24d，孕侧卵巢可摸到有妊娠黄体存在。子宫角收缩，硬实，孕角有胚泡的一侧子宫角稍膨大，有局限性波动。

妊娠25～35d，子宫角收缩坚硬，如同猪尾巴，胚泡如鸡蛋大小。此时一般可确诊。

妊娠36～45d，胚泡似拳头大，触摸柔软，波动感明显，位置开始下沉。

妊娠46～60d，胚泡直径约12cm，波动感明显。由于胎儿增大，孕角逐渐向腹腔前方下沉，两侧卵巢向中间靠近。形态与膀胱相似，应加以区分。

以后胚胎发育迅速，子宫继续增大下沉，难以摸到子宫的全部，妊娠4个月后，子宫中动脉妊娠脉搏明显；6个月时可摸到胎动。

3. 超声波检查法

超声波检查法是利用超声波的特性检查母畜内脏器官变化的一种检查方法。

(1) 幅度调整型探测（A型超声诊断）：将超声波载入母牛体内，将胎囊中液体的反射波转变为电脉冲，进而再将电脉冲转变成以声响和灯光显示的报警信号，提示被检牛已孕。具体方法是：将探测仪探头缓慢插入阴道，达到阴道穹隆，并使探头抵在穹隆下半部的阴道壁上，由左向右移动探头进行探查，必要时可将探头前后左右移动，发出连续的阳性信号且指示灯持续发光，即为已孕；否则未孕。妊娠母牛最早在配种后18～21d即可作出诊断。

(2) 超声多普勒测定法：利用超声波多普勒效应的原理，探测母畜怀孕后子宫血流的变化、胎儿心跳、脐带的血流和胎儿活动，并以声响信号显示出来的一种方法。具体方法是：用开膣器将阴道打开，送入探头，也可直接将探头慢慢插入阴道，使探头位置大致在阴道穹隆2cm以下的两侧区域。仔细辨听母体宫血音，以牛为例，妊娠35d左右可出现"阿呼"音，40d以后有"蝉鸣"音；未孕牛或探头接触不良时，仅听到"呼呼"音，声音频率与母牛脉搏相同。胎儿死亡时，也只能听到"呼呼"音。胎儿脐血音为节奏很快的血流音，其频率为每分钟120～180次，从妊娠50d起比较明显。应用SCD-Ⅱ型超声多普勒探测仪探诊30～70d的母牛，妊娠诊断准确率可达90%以上。

4. 尿液的碘酒测定法

以牛为例，取配种后23d以上母牛早晨的尿液10mL置于试管内，加入7%的碘酒1～2mL，仔细观察反应5～6min。若混合液呈棕褐色或青紫色，则可判定该牛已怀孕；若混合液颜色无明显变化，则可判定该牛未孕。该方法的妊娠诊断准确率可达90%以上。

课题四 分娩规律

分娩是指母畜妊娠期满，胎儿发育成熟，母体将胎儿及附属物质从子宫内排出体外的生理过程。

一、分娩的发动

妊娠到了一定时期后，成熟的胎儿就会出生，这一过程是由机械、激素、神经等一系列因素协同作用引起的。

（一）机械刺激

胎儿持续生长，使子宫内容物增加，引起子宫扩张，对子宫壁产生牵引和压迫作用，使子宫肌肉对雌激素、催产素的敏感性增加。同时，子宫扩张后，胎盘血流受阻，胎儿活动所需的氧气和营养得不到满足，引起胎儿反射性活动而导致分娩。一般双胎要比单胎的妊娠期短。

（二）激素作用

母畜临近分娩时，体内孕激素水平显著下降，而雌激素、前列腺素、催产素等分泌量增加，这些激素的变化使得子宫的敏感性增强、产道松弛，是分娩发动的重要原因。

（三）胎儿因素

胎儿发育成熟后，中枢神经系统作用于下丘脑，使垂体前叶分泌促肾上腺皮质激素，作用于胎儿的肾上腺皮质，使之分泌肾上腺皮质激素。肾上腺皮质激素分泌量升高，引起胎儿胎盘分泌大量的雌激素、母体子宫内膜产生大量的前列腺素，使母体内孕激素水平降低，子宫稳定性降低、敏感性增强，同时在催产素和松弛素的作用下，子宫颈软化、子宫肌节律性收缩加强，诱发分娩。

（四）免疫学因素

妊娠后期，胎盘组织发生脂肪变性，胎盘屏障遭到破坏，导致胎儿与母体之间的联系中断，胎儿被母体免疫系统视为异物而排出体外。

二、分娩预兆

妊娠期临近结束时，母畜在生理和形态上会发生一系列的改变，适应分娩。

（一）牛的分娩预兆

母牛乳房明显胀大，约在产前10d乳头表面有蜡状光泽。初产牛在妊娠4个月时乳房就开始发育，后期更迅速。产前2～3d充满乳汁，可挤出来。若奶由乳白色稀薄变得黄色而浓稠，就表明快生产了，一般在出现漏乳现象后数小时至一天左右即分娩。产前数天到1周左右，阴唇逐渐变松软、肿胀，阴唇皮肤皱褶展平，子宫颈栓液化流出。当从阴道流出稀薄透明黏液时，说明1～2d内分娩。临产前数天骨盆韧带松软，分娩前1～2d荐坐韧带后很软，尾根两侧下陷，另外荐髂韧带同样也很软。产前2～3h母牛会出现烦躁不安、哞叫、回头顾腹、时起时卧等现象。

（二）猪的分娩预兆

临产前半个月左右，乳房基部与腹壁之间出现明显界限，产前3d左右，中部两对乳头挤出少量清亮的液体，在分娩前0.5～1d，可在前后部乳头挤出初乳，有的有漏乳现象。产前3～5d母猪阴唇肿大松弛，接近临产前，从阴门流出少量黏液。产前6～24h，母猪开始烦躁不安，并且有衔草做窝现象。

（三）马

分娩前2个月开始，乳房迅速发育，出现水肿。乳头在产前几天变得粗大，出现漏乳现象。产前10多个小时，外阴部水肿。临产前数小时，马会出现起卧不安、频繁举尾、回头顾腹和抬腿踢腹的动作。

（四）羊

产前数小时，母羊表现精神不安、前蹄刨地、频繁转动或起卧，并喜欢接近其他羔羊。

三、分娩的过程

分娩过程从子宫阵缩起到胎儿、胎衣排出为止，可分为以下三个阶段。

（一）开口期

从子宫间歇性收缩开始到子宫颈口完全开张，与阴道之间的界限完全消失为止。这一期内仅有阵缩而无努责。

阵缩是从子宫角间断向子宫颈发出的波状收缩，能够使胎儿和胎水向子宫颈方向移动。开始时，阵缩较轻微，持续时间短（每次约20s），间隔时间较长（约15min一次）。随着时间的延续，收缩频率、强度和持续的时间都不断增加。伴随着阵缩的进行，母畜的子宫颈、软产道也逐渐打开，胎儿和尿膜绒毛膜进入骨盆入口。母畜主要表现为烦躁不安、食欲减退、时起时卧、频繁排尿。

（二）产出期

产出期是从子宫颈口完全开张至胎儿完全产出体外的这一阶段。在这一时期，母体的阵缩和努责共同发生作用，其中努责是排出胎儿的主要动力。在产出期到来之前，胎儿的前置部分已进入产道，随着阵缩的加剧和母体的强烈努责，最终可将胎儿排出。

在这一期，母体共同的临床表现是极度不安、起卧频繁、前蹄刨地、后肢踢腹、回顾腹部、拱背努责，进而侧卧、四肢伸直，强烈努责。据报道，牛在15min内努责次数可达5~7次，脉搏可达80~130次/分，马可达80次/分，猪可达100~160次/分，同时呼吸频率也加快。

此时羊膜随着胎儿进入骨盆，有时随着压力的增大，羊膜破裂，羊水流出，随后胎儿头部及前肢露出阴门。此时，母体努责的强度和频率都达到了极点。每一次强烈阵缩与努责都推动胎儿不断向外娩出，在间隔时间又会稍退回，如此反复直至胎儿头部排出。此时母畜稍休息片刻，而后继续阵缩和努责，其余部分可迅速排出，仅把胎衣留于子宫内。休息片刻后，母体就能站起来照顾新生幼仔。

（三）胎衣排出期

胎衣是胎膜的总称。此期是从胎儿被排出后至胎衣完全排出为止。胎儿被排出之后，母体就安静下来，几分钟之后，子宫再次出现轻微的阵缩及微弱的努责，随后胎膜逐渐排出体外。

胎衣排出的快慢，由于各种家畜的胎盘组织构造不同存在差异：牛、羊的母子胎盘结合比较紧密，所以需要时间较长，牛需2~8h，羊为1~4h；猪在胎儿全部娩出后10~60min胎衣排出；马和驴的胎衣排出期为5~90min。各种家畜分娩各阶段所需时间见表10-2。

表10-2 不同畜种分娩过程

家畜种类	开口期	胎儿产出期	胎衣排出期
牛	1~12h	0.5~4h	2~8h
猪	3~4h	2~6h	10~60min
羊	4~5h	0.5~2h	2~4h
马	1~24h	10~30min	20~60min
兔	20~30min	20~30min	20~30min

四、影响分娩过程的因素

分娩是胎儿从子宫中经产道排出体外的过程。分娩过程正常与否，主要取决于产力、产道和胎儿等三个方面。

（一）产力

产力指将胎儿从子宫中排出的力量，它是由子宫肌和腹肌有节律地收缩共同构成的。阵缩是指子宫肌有节律地收缩，尤以子宫环形肌收缩最为有力，它是分娩过程中的主要动力。努责是由腹壁肌和横膈肌的收缩而引起的，能使腹腔内压增高，从而加强对子宫的压迫,是娩出胎儿的辅助动力。

阵缩和努责与间歇是交替进行的,这样可以有效防止因子宫持续收缩压迫血管而发生胎儿缺氧窒息的现象。

(二) 产道

产道是分娩时胎儿由子宫内排出所经过的通道,包括软产道和硬产道两大部分。

1. 软产道

软产道是指子宫颈、阴道、前庭及阴门,因它们都是由软组织构成,所以称为软产道。分娩时,子宫颈逐渐变柔软、松弛,直至完全张开,阴道与阴门也逐渐地变柔软、松弛,并富有弹性,能伸缩扩张。

2. 硬产道

硬产道就是骨盆,它是由荐骨及前3个尾椎、髋骨和荐坐韧带组成。

由于家畜种类不同,骨盆构造存在一定的差异,分娩的难度也不同。

① 牛:骨盆入口横径小,倾斜度比较小,就是说骨盆轴先向上向后,再水平向后,再向上向后,成为曲折的弧线,胎儿在产出过程中须随着这一弧形曲线多次改变方向,因此,母牛在分娩时排出胎儿所需时间要比其他家畜长,也较难。

② 猪:猪的骨盆入口为椭圆形,骨盆底宽而平坦,骨盆轴向下倾斜近乎直线。因此,胎儿通过比较容易。

③ 羊:羊的骨盆构造与牛很相似,骨盆入口的倾斜度很大,骨盆顶最后两块荐椎及尾椎活动性很大。骨盆轴为一弧线形,利于骨盆腔扩张,因此,胎儿通过比较容易。

④ 马和驴的骨盆很相似,它们的骨盆近乎圆形,骨盆底宽而平,骨盆腔的横径较大,出口容易扩大,骨盆轴为一向上稍凸的短而直的弧形,所以,分娩时胎儿排出速度要比其他家畜快。

(三) 胎儿与母体的关系

1. 胎向

胎向是胎儿的纵轴与母体纵轴之间的关系。通常胎向可分为纵向、横向、竖向三种。纵向是正常胎向,横向和竖向都属反常胎向,易发生难产。实践中严格的横向和竖向一般不会发生。

(1) 纵向:纵向是指胎儿纵轴与母体纵轴互相平行,这是正常的胎向。如果胎儿头和前肢先进入骨盆腔,称为正生;胎儿的后肢和臀部先进入骨盆腔,即为倒生。

(2) 横向:横向是指胎儿的纵轴与母体的纵轴呈水平交叉。又可分背部向产道和腹部向产道两种。

(3) 竖向:竖向是指胎儿的纵轴与母体的纵轴呈上下垂直状态。

2. 胎位

胎位是指胎儿的背部与母体背部或腹部的关系。通常有上位、下位、侧位三种。

(1) 上位:胎儿俯卧在母体子宫内,胎儿的背部向着母体的背部,这是正常的胎位。

(2) 下位:胎儿仰卧在母体子宫内,胎儿的背部在下,向着母体的腹部与耻骨。

(3) 侧位:胎儿侧卧在母体子宫内,胎儿的背部偏于一侧,朝向母体左侧或右侧腹壁及骸骨。

(四) 胎势

胎势是指胎儿在母体子宫内的姿势,显示了胎儿各部分屈伸的程度。通常胎儿在子宫内体躯微弯,四肢屈曲,头部向着腹部俯缩。

(五) 前置

前置又称先露,是指胎儿先进入产道的部分,哪一部分先进入产道,就叫那部分前置。如正生时称头前置或前躯前置,倒生时叫后躯前置。常用“前置”来说明胎儿的反常情况,例如头颈弯曲,头部未出来,颈部先向着产道,这称为颈部前置。

课题五　助产

一、助产前的准备

1. 提前准备好产房

产房要求清洁干燥、阳光充足、宽敞、无贼风,铺设干燥的垫草。

2. 母畜准备

根据配种记录和分娩预兆,提前一周将待产母畜转入产房,适应环境。

3. 药品和工具准备

酒精、2%~5%碘酒、0.1%新洁尔灭或来苏尔、催产素、强心剂、水盆、水桶、抹布、摸笼、结扎绳、体温表、照明设备、肥皂、棉花、注射器等。

4. 人员准备

母畜夜间分娩较多,应做好夜间值班安排。

二、正常分娩的接产

一般情况下,母畜正常分娩无需人为干预,助产人员主要做好观察分娩过程和护理仔畜,只有必要时才加以施救。

(1) 清洗、消毒母畜的外阴部和臀部。对于马和牛可以用绷带缠好尾根,用绳子固定于身体一侧。分娩开始后,工作人员穿好工作服、胶鞋,消毒好手臂。

(2) 检查母畜和胎儿情况:对大动物,为防止难产,胎儿前置部分进入产道时,可伸手检查，确定胎向、胎位和胎势是否正常。如果胎位正常，正生时三件（唇和二蹄）俱全，可自然分娩；若胎位不正，应进行校正。

（3）当胎儿头或唇部已露出阴门外时，如果羊膜未破，应及时撕开，并清除口鼻腔内的黏液，防止窒息或吸入羊水引起异物性肺炎。倒生时，应尽快将胎儿拉出，防止产道压迫脐带导致胎儿窒息。

（4）若胎儿通过阴门困难，或排出时间过长，也应助产。助产人员可配合母畜阵缩和努责的节律，沿着骨盆轴的方向帮助慢慢拉出胎儿。拉出时注意速度不能过快，以防发生子宫脱出；还需注意保护外阴，以防会阴撕裂。

三、难产救助

（一）难产类型

分娩过程中，如果产程过长或胎儿无法排出体外，这种情况称为难产。根据引起难产的原因不同，可将难产分为产力性难产、产道性难产和胎儿性难产。

1. 产力性难产

表现为子宫阵缩和努责微弱，破水过早和子宫疝气可导致产力不足而诱发难产。

2. 产道性难产

引起产道性难产的主要原因是子宫位置不正，子宫颈、阴道及骨盆狭窄，产道肿瘤。

3. 胎儿性难产

多因胎儿过大、过多或胎儿胎向、胎位或胎势异常而引起的难产。

上述三种难产中，胎儿性难产最常见。但在实际生产中，发生难产不仅只有单一的因素，譬如很多难产后期都会出现产力不足的情况。

（二）难产的检查

为了确定难产的类型，需要检查母畜的全身状态、产道和胎儿的状况，重点是产道和胎儿的检查。

1. 产道检查

主要检查产道是否干燥，有无损伤、水肿或狭窄，并注意流出的液体及其气味。检查子宫颈开张程度、硬产道是否狭窄，有无畸形等。

2. 胎儿检查

如胎膜未破时，暂不撕破胎膜，可隔着胎膜触摸检查胎儿情况；如果胎膜已破，可将手伸入胎膜内进行检查。胎儿检查的目的是了解胎儿进入产道的程度，胎向、胎位、胎势以及胎儿是否存活等情况。检查的方法是：正生时，将手指伸入胎儿口腔内，或轻拉胎儿舌头、轻按眼球，注意胎儿是否有生理反应；倒生时，可触摸脐带检查动脉搏动或用手指伸入胎儿肛门，或牵拉后肢，注意其反应。

(三) 难产救助的原则

(1) 助产时应注意保护母畜的生命和繁殖能力,保证胎儿的成活率,必要时可舍仔保母。

(2) 发生难产时,应首先查明难产的类型和原因,然后有针对性地救助。如果救助方法不当,可能会使难产的问题复杂化,造成更大的损失。

(四) 难产预防

难产在实践中发生较少。但是,一旦发生,极易伤害母畜的繁殖能力,甚至导致幼仔死亡,危及母畜生命,因此,需要做好难产预防工作。

1. 防止过早配种受孕

如果母畜尚未发育成熟就配种受孕,分娩时骨盆狭窄可能导致难产。

2. 合理饲喂,给予全面均衡的营养

母体除维持自身的营养需要外,还要供给胎儿发育需要的营养,所以,对妊娠者要进行合理饲养。增加营养物质的供给,不仅能保证正常发育的需要,而且能维持自身的健康,减少发生难产的可能性。生产中,母畜妊娠后期应适当减少蛋白质饲料,以免胎儿过大造成难产。

3. 安排适当的运动

安排妊娠母畜适当的运动,可提高妊娠母畜对营养物质的利用率,使胎儿正常发育;还可提高母畜全身的紧张性,增强胎儿活力和子宫收缩能力,并有利于胎儿转变为正常分娩胎位、胎势,以减少难产及胎衣不下等情况的发生。

4. 做好母畜临产前的诊断

在分娩前期进行检查,及时了解分娩情况,在损害未发生、难产程度较低时进行处理,可有效减轻难产的危害。

四、产后母畜的护理

(一) 母畜产后恢复

产后期是指胎衣排出到母畜生殖器官恢复原状的这段时间,在这个阶段重要的是子宫内膜的再生、子宫的恢复和重新出现性周期。在产后期,母畜身体抵抗力较差,容易引起各种疾病,继而影响性周期,因此,须加强护理,改善饲养管理条件。

1. 子宫内膜的再生

母畜分娩后,子宫内排出一些变性脱落的母体胎盘、部分血液、残留的胎水、白细胞和子宫分泌物等,这些混合物称为恶露。恶露最初呈红褐色,以后变为淡黄色,最后为无色透明。恶露排出的时间:牛为分娩后10~12d,马为2~3d,羊为5~6d,母猪为2~3d。如果恶露排出时间延长,则说明子宫内可能有病理变化。

牛子宫阜表面上皮，在产后 12 ~ 14d 周围组织开始增殖再生，需 1 个月左右才能全部完成再生过程。马、驴产后子宫内膜再生能力比较强，在产后 13 ~ 25d 即能完成再生过程，并出现第 1 次产后发情。猪的子宫内膜再生过程开始于产后第 1 周，完成于第 2 周。

2. 产后子宫的恢复

母畜产后子宫恢复到未孕时的大小，称为子宫复原。产后牛的子宫复原需要 30 ~ 45d，羊 17 ~ 20d，马在产后 12 ~ 14d 子宫基本恢复原状，但完全复原约在产后 1 个月左右，猪需要 25 ~ 28d。

3. 卵巢功能的恢复

母畜分娩后，卵巢上都有卵泡发育，但各种家畜产后第一次发情时间却有很大差异。在分娩以后母牛卵巢上的黄体才被吸收，所以产后的第一次发情较晚，母牛产后哺乳或增加挤奶次数均能影响卵泡发育而延长性周期的恢复，马、驴卵巢上的黄体在分娩前已被吸收消失，因此，分娩后就能出现卵泡发育，一般在产后 8 ~ 12d 即能出现发情、排卵。母猪卵巢上的黄体是在分娩后萎缩消失的，一般在仔猪断奶后才能排卵受孕。

（二）产后母畜的护理

母畜在分娩和产后期中，生殖器官都会发生很大变化：分娩时子宫颈强烈开张松弛，在排出胎儿的过程中产道黏膜表层有可能受损，分娩后子宫内积沉大量恶露，这些为病原微生物的侵入和繁衍创造了良好条件，降低了母畜机体的抵抗力，因此，对产后期的母畜必须加强护理，提高抵抗力，以使母畜尽快恢复正常。

母畜产后要给予品质好、易消化的饲料，约 1 周可转为正常饲养。产后如发现尾根、外阴周围粘附恶露时，要清洗和消毒，并防止蚊蝇叮吮。褥草要经常更换。

分娩后要密切观察母畜生殖器官的恢复情况：是否有胎衣不下、阴道或子宫脱出、产后瘫痪和乳房炎等病理现象。如出现异常现象，要及时进行诊治。

母畜分娩会消耗大量的体液和能量，因此，母畜产后要及时给予补水，饮水中最好加入少量食盐和麸皮，以增强体质，有利于恢复健康。

五．新生仔畜的护理

仔畜出生以后，由母体环境进入外界环境，生活条件和生活方式发生了巨大的变化，自身的各个器官开始独立活动，各方面功能都很差。为了使仔畜逐渐适应外界环境条件，必须加强护理，细心观察，使它尽快地适应新环境。

1. 注意观察脐带

幼畜断脐后，通常 1 周左右脐带就干缩脱落，仔猪生后 24h 左右即干缩。在此期间要注意观察脐带的变化情况，勿使仔畜互相舔吮脐带，以防脐带感染。如有滴血或流尿现象，要及时进行结扎，这是由脐带血管闭锁不全引起的。

2. 做好保温工作

新生仔畜的体温中枢尚未发育完全，皮肤的调温功能也很差，而仔畜所处的环境温度要比母体子宫低得多。因此，冬季和早春产仔时应特别注意新生仔畜的保温工作。

3. 早吃、吃足初乳

初乳是新生仔畜获得抗体的唯一途径。初乳中含有大量的抗体，可增强仔畜的抵抗力；初乳中含镁盐较多，可刺激仔畜肠道蠕动产生轻泻，促使胎粪排出。初乳的营养价值要比常乳完善，含有大量的维生素和蛋白质，这些物质无须经过肠道分解，就可被直接吸收。因此，新生仔畜应该早喂、喂足初乳。

4. 出生仔畜疾病防治

仔畜出生后，由于生活条件忽然改变，会出现一些疾病。在这个时期，必须加强护理，发生异常时应及时诊断与治疗。

单元练习

一、名词解释

1. 顶体反应　2. 透明带反应　3. 卵黄膜反应　4. 受精　5. 胎向　6. 胎位　7. 胎势

二、简答题

1. 胎盘分为哪几种类型，各有何特点？
2. 母畜妊娠的表现有哪些？妊娠鉴定有哪些方法？
3. 简述牛早期妊娠的鉴定方法。
4. 如何做好助产准备？
5. 正常分娩的助产需要做哪些工作？
6. 如何防止难产的发生？

单元十一

家禽繁殖技术

单元概述

✲ 知识目标

1. 了解家禽生殖器官的组成。
2. 掌握家禽生殖器官的功能。
3. 掌握家禽采精的方法。
4. 掌握家禽输精的方法。

✲ 技能目标

1. 能够完成公禽采精的操作。
2. 能够完成为母禽输精的操作。

本单元包括两个课题:家禽生殖器官、家禽的人工授精技术,主要介绍了家禽牛殖器官的组成和功能,家禽采精和授精技术。

课题一　家禽生殖器官

一、家禽生殖器官的组成、结构及功能

(一) 公禽生殖器官

公禽生殖器官由一对睾丸、附睾、输精管和交配器官组成。

1. 睾丸

(1) 形态与结构:公禽的睾丸终生存在于腹腔内,呈卵圆形,左右各一,大小、重量随

品种、年龄和性活动期的不同而有很大的差异。

（2）功能：产生精子；分泌雄性激素。

2. 附睾

（1）形态与结构：家禽的附睾一般不发达，前接睾丸，后连输精管，呈长纺锤形管状膨大物，位于睾丸背内侧凹缘，主要由睾丸输出管构成。

（2）功能：精子进出的通道；分泌功能。

3. 输精管

（1）形态与结构：为一对极弯曲的细管，前接附睾管，与输尿管并行，终止于泄殖腔两侧。输精管由前向后逐渐变粗，末端如圆锥形突入泄殖腔，被称为乳头。

（2）功能：储存精子；分泌功能；精子成熟的场所。

4. 交配器官

公鸡没有真正的阴茎，有一个退化了的交配器，位于泄殖腔的腹壁中央。交配时，交配器充血勃起围成输精沟可将精液输入母鸡生殖道内。

公鸭和公鹅有较发达的交配器官，长达6~9cm，勃起时因充淋巴液产生压力，将阴茎从泄殖腔内压出。勃起的阴茎呈螺旋形，表面有一螺旋形的输精沟，在交配时精液从闭合的输精沟中射出。

（二）母禽生殖器官

母禽生殖器官包括卵巢和输卵管。家禽只有左侧卵巢和输卵管正常发育，具有繁殖功能，右侧卵巢在孵化时就已退化。

1. 卵巢

位于腹腔左侧，以卵巢系膜韧带附着于背侧体壁，在母禽休产期或性成熟前，卵巢皮质具有白色结节球状内含卵子的卵泡。每个卵泡含有一个卵母细胞或生殖细胞。随着生殖器官的发育，卵泡生长发育突出于卵巢表面，卵巢形似一串葡萄。产蛋时期，卵巢上有肉眼可见的卵泡达1000个以上，并常保持有4~5个成熟卵泡。排卵后2周内，卵泡膜退化消失。未受精蛋的蛋黄表面有一白点，称为胚珠。受精蛋，生殖细胞形成胚盘。

2. 输卵管

输卵管为一弯曲长管，起始于卵巢下方，后端开口于泄殖腔。母鸡的输卵管是一个高度分化的器官，占据腹腔左侧大部分，其前端接近卵巢，后端开口于泄殖腔。根据其形态和功能不同，可将输卵管分为漏斗部、膨大部、峡部、子宫部和阴道部五部分。

（1）漏斗部：形似喇叭，为输卵管的入口，可接纳卵子，是精卵的受精部位。产蛋期间的长度为3~9cm。

（2）膨大部：为输卵管中最长、弯曲最多的部分，长30~50cm，壁较厚，黏膜形成纵褶。能够分泌、形成卵蛋白和卵系带。

(3) 峡部:为输卵管短而较细的一段,长约10cm。主要功能是分泌部分蛋白和形成蛋白内、外壳膜;补充蛋白的水分。

(4) 子宫部:是峡部后的膨大部分,呈囊状。子宫部管壁厚,肌肉发达,长10~12cm。黏膜内有分泌钙质、角质和色素的壳腺,能够使"软蛋"外表包裹硬壳。

(5) 阴道部:输卵管最后一部分,弯曲成"S"形,开口于泄殖腔壁的左侧。阴道部在交配时可以翻出接受公禽射出的精液,交配后可贮存部分精子。

课题二　家禽的人工授精技术

家禽的人工授精技术已经有40多年的历史,由于饲养方式、精液保存等方面存在一些问题,导致人工授精在养禽业中未能广泛应用。但是随着饲养方式的转变,精液处理技术的成熟,人工授精的优点突现出来。

家禽的人工授精技术包括采精、精液处理和输精等三个基本环节。本课题以鸡为例,介绍家禽的人工授精技术。

一、家禽的采精

(一) 种公鸡群的建立与比例

1. 第一次选择应在6~8周龄

选留个体发育良好,冠髯大而鲜红的公鸡,有缺陷者应淘汰,且选留比例应稍大。

2. 第二次选择应在17~18周龄进行

选留发育良好、符合标准体重、腹部柔软、按摩时有性反应的公鸡。选留比例要大于最终计划选留数的30%。

3. 第三次选择应在20周龄进行

主要根据体重和精液品质,按每百只母鸡选留3~5只种公鸡的比例进行选留。

(二) 采精适龄

一般情况下,种公鸡应发育到22~26周龄时进行采精。鸭的采精适龄为24~27周龄,鹅的采精适龄为32~36周龄。

(三) 采精训练

按管理要求饲养种公鸡;选择适宜的采精方法——按摩采精法;种公鸡单笼饲养1周(种公鸭、鹅2~4周)后,按采精操作要求进行采精训练,每天1~2次;直至采到精液,通过精液品质鉴定,选留精液量多、品质符合要求者做种用,淘汰精液品质不佳及排精的同时排粪者。

（四）采精前的准备

1．种公禽的准备

（1）断水断料：种公禽在采精前 3～4h 断水、断料，防止采精时排粪，污染精液。

（2）剪羽毛：剪去种公禽肛门周围的羽毛。

（3）清洗消毒：用 70% 乙醇棉球对种公禽肛门周围皮肤擦拭消毒，再用蒸馏水擦洗，待微干后采精。

2．采精器具与物品准备

（1）器具准备：采精用具主要是采精杯，一般由优质棕色玻璃制成。

（2）消毒：采精、贮精器具必须经高压消毒后备用。集精瓶内水温应保持在 30～35℃。

3．采精员准备

操作人员必须熟练掌握采精技术要领，操作娴熟。

（五）采精方法

1．按摩采精法

公鸡的按摩采精法有背腹式按摩采精法和背式按摩采精法两种。

（1）种公禽保定：

① 双人操作保定：助手双手握种公禽大腿基部，并压住主翼羽防止扇动，使其双腿自然分开，尾部朝前，头向后固定于助手右侧腰部使头尾保持水平或尾稍高于头部。

② 单人操作保定：采精员系上围裙坐于凳子上，用大腿夹住禽双腿，头朝向左下侧，可空出双手。

（2）采精操作步骤：背腹式按摩采精法的操作方法如下。采精员用右手中指与无名指夹住采精杯，杯口向外；左手掌向下，贴于公禽背部，从背鞍向尾羽方向滑动按摩数次，以降低公禽的惊恐，并引起性感；右手在左手按摩的同时，以掌心按摩公鸡腹部；当种公禽表现出性反射时，左手迅速将尾羽翻向背侧，并用左手拇指、食指挤捏泄殖腔上部两侧，右手拇指、食指挤捏泄殖腔下侧腹部柔软处，轻轻抖动触摸；当公禽翻出交媾器时或右手指感到公禽尾部和泄殖腔有下压感时，左手拇指、食指即可在泄殖腔上部两侧适当挤压；当精液流出时，右手迅速反转使集精杯口上翻，置于交媾器下方，接取精液。但左手要继续捏压阴茎基部，直至精液排完为止。

（3）注意事项：

① 保持采精场所的安静和清洁卫生。

② 采精人员要固定，采精日程要固定，以利于公禽形成良好的条件反射，有利采精。

③ 采精前 3～4h 停水、停料，以防排出粪、尿，污染精液。

④ 采精动作过程不能粗暴以防惊吓公禽。捏压泄殖腔力度要适中,过轻、过重均不利于排精,甚至造成种公禽损伤。采精过程中,要保持无菌操作。采出的精液要置于30～35℃的环境中。

2. 电刺激采精法

电刺激采精法一般由三人操作,一人保定种公禽,一人拨动电刺激仪开关,一人采精。具体操作方法和步骤如下:

(1) 保定:保定员既要使公鸡安静,又要防止公鸡挣脱,以便于采精。

(2) 采精员准备:采精员准备好集精杯,左手持正电极插入公鸡髂骨区皮下,右手持负电极插入直肠4cm深处。

(3) 电刺激:打开采精仪开关通电刺激,重复3～5次。根据公鸡反应,不断升高电压,直至排精。

(4) 接取精液:当公鸡有排精表现时,采精员用集精杯接取精液。

(六) 采精频率

鸡的采精频率为每周3次或隔日1次。精液若用于保存,上午、下午采精均可;若直接用于输精,公鸡每天早上或下午的性欲最旺盛,是采精的最佳时间鸭应在上午采精,鹅应在下午采精家禽。

二、家禽的输精

(一) 输精时间与间隔

1. 输精时间

鸡应在下午16:00以后输精较为适宜。鸭一般在早上或夜间产蛋,适宜的输精时间应安排在上午。鹅一般在中午产蛋,故应在下午输精,但有人认为鹅上午输精也有较高的受精率。

2. 输精时间间隔

一般5～7天输精一次。输精间隔不是固定不变的,要根据品种、年龄、季节、输精量和受精率及时调整。

(二) 输精量

鸡输精量应为0.025～0.05mL;稀释后的精液,每次输精量应保证有效精子数不少于0.5亿至1亿个。

鸭输精时,若用原精液,每次输精量应为0.05～0.08mL;若用1∶1稀释的精液,输精量应为0.1mL。

鹅输精时,若用原精液,每次输精量应为0.03～0.08mL;若用稀释后的精液,每次输精量应为0.1mL。

（三）输精方法与操作步骤

1. 输精前的准备

（1）母禽的选择：应选择营养中等、泄殖腔无炎症的母禽。

（2）器具及用品准备：准备输精器数支，精液、乙醇棉球和输精台等。

2. 输精方法与操作步骤

（1）鸡的输精方法有阴道输精法和子宫输精法两种。

① 阴道输精法：阴道输精法需两人操作，其操作步骤如下。助手通过左右手保定，使母鸡泄殖腔反转向上，同时以适当压力使泄殖腔内的输卵管开口外翻，并使母鸡尾部转向输精员；输精员将吸取备用精液的输精器插入泄殖腔外露的左侧口，即阴道口内1.5～3cm处；将精液注入阴道；抽出输精器，擦拭消毒后晾干备用。

② 子宫输精法：保定母鸡，助手以右手食指隔直肠将子宫内硬壳蛋固定于靠近左侧腹壁；输精员将吸有精液的注射器从蛋前1/3处的腹壁进针，一次刺入子宫直抵蛋壳，再向头部水平方向推进0.5～1cm，注入精液；抽出注射器，消毒针头。

（2）鸭（鹅）的输精方法及操作：

① 阴道输精法：助手将母鸭（鹅）固定于输精台上，用左、右两手的拇、食指分别握住母鸭（鹅）的一只腿，其余三指伸至泄殖腔两侧，压迫母鸭（鹅）的腹部（后腹用力要稍大）；输精员用消毒后的输精器吸取精液备用；输精员用右手以执笔式持拿输精器，左手在母鸭（鹅）泄殖腔尾侧向下稍加压力，泄殖腔外翻，露出阴道口（左侧口）；输精员将输精器插入阴道口，鸭4～6cm，鹅5～7cm，缓缓推注精液；推注精液时，助手慢慢松手以降低腹压，防止精液倒流，并使泄殖腔缩回；抽出输精器，用乙醇棉球擦拭消毒，晾干备用。

② 手指引导输精法：助手将母鸭（鹅）固定于输精台上；输精员用消毒过的输精器吸取精液备用；输精员右手食指插入母鸭（鹅）泄殖腔，寻找并插入阴道；左手持输精器沿右手食指腹侧插入输精器；推注精液的同时右手食指向外缓缓抽出，防止留有空气；抽出输精器，用乙醇棉球擦拭消毒，晾干备用。

（四）输精注意事项

（1）首次输精应充分保证足够的有效精子数。

（2）抓捕母禽和输精动作要轻缓。

（3）注入精液同时应放松对母禽腹部的压迫。

（4）遵守无菌操作，严防病原传播。

单元练习

简答题

1. 公禽生殖器官主要由哪几部分组成？各有何功能？
2. 母禽生殖器官的主要组成及功能有哪些？
3. 简述鸡按摩采精法的操作注意事项。
4. 鸡输精时应注意哪些事项？

单元十二

家畜繁殖力的计算

单元概述

✲ 知识目标

1. 了解家畜繁殖力的概念及其意义。
2. 掌握家畜繁殖力的计算方法。
3. 了解产生家畜繁殖力障碍的因素。
4. 掌握提高繁殖力措施的方法。

✲ 技能目标

能够根据牧场的生产数据,计算出该场相关的繁殖力指标。

本单元包含三个课题:家畜繁殖力的计算、家畜繁殖障碍、提高家畜繁殖力的措施。主要介绍了生产中常见的繁殖力指标和计算方法,影响繁殖力的因素,提高繁殖力的措施。

课题一　家畜繁殖力的计算

家畜繁殖力是指家畜在正常生殖功能条件下,生育繁衍后代的能力。对种畜来说,繁殖力就是生产力,它直接影响生产力水平的高低和发展。种公畜的繁殖力主要表现在精液数量、质量、性欲、交配能力及利用年限;母畜的繁殖力主要表现在性成熟的早晚、繁殖周期的长短、发情表现是否明显、排卵数的多少、卵子受精能力的大小、妊娠时间的长短、哺乳能力等。随着科技的进步、生产制度的完善，科学的管理、良好的饲喂、正确的发情鉴定、精液的质量控制、适时配种、早期妊娠诊断、发情控制和胚胎移植技术的应用都成为保证和提高繁殖力的有力措施。

一、家畜繁殖力的计算

母畜的繁殖力是以繁殖率来表示的。母畜达到适配年龄一直到丧失繁殖力期间，称为适繁母畜。在一定的时间范围内，如繁殖季节或自然年度内，母畜发情、配种、妊娠、分娩，最后经哺育的仔畜断奶至具有独立生活的能力，即完成了母畜繁殖的全过程。通常以下列几种主要方法和指标来表示家畜繁殖力。

1. 受配率

受配率指在本年度内参加配种的母畜占畜群内适繁母畜数的百分率，主要反映畜群内适繁母畜的发情和配种情况。

$$受配率=\frac{配种母畜数}{适繁母畜数}\times 100\%$$

2. 受胎率

受胎率指在本年度内配种后妊娠母畜数占参加配种母畜数的百分率。在生产中为了全面反映畜群的配种情况，在受胎率统计中又分为总受胎率、情期受胎率、第一情期受胎率和不返情率。

（1）总受胎率：指本年度末受胎母畜数占本年度内参加配种母畜数的百分率。该指标反映了畜群中母畜受胎头数的比例，反映了年度内配种计划的完成情况。

$$总受胎率=\frac{受胎母畜数}{配种母畜数}\times 100\%$$

（2）情期受胎率：指在一定期限内，受胎母畜数占本期内参加配种母畜的总发情周期数的百分率。一段期限可以是一年，也可以是一个月，情期受胎率可以反映母畜的繁殖性能，也可以反映出人工授精的操作水平。

$$情期受配率=\frac{受胎母畜数}{配种情期数}\times 100\%$$

（3）第一情期受胎率：指第一个情期配种后妊娠母畜数占配种母畜数的百分率。第一情期受胎率更便于及早做出统计，发现问题，改进配种技术。

$$第一情期受配率=\frac{第一情期配种受胎母畜数}{第一情期配种母畜数}\times 100\%$$

（4）不返情率：指经配种后一定期限内未再出现发情的母畜数占本期内参加配种母畜数的百分率。不返情率又可分为30d、60d、90d和120d不返情率，30～60d的不返情率一般高于实际受胎率7%左右。随着配种后时间的延长，不返情率就越接近于实际受胎率。

$$X天不返情率 = \frac{配种后X天未发情母畜数}{配种母畜数} \times 100\%$$

3. 分娩率

分娩率指本年度内分娩母畜数占妊娠母畜数的百分率。它可反映母畜维持妊娠的质量。

$$分娩率 = \frac{分娩母畜数}{妊娠母畜数} \times 100\%$$

4. 产仔率

产仔率指分娩母畜的产仔数占分娩母畜数的百分率。

$$产仔率 = \frac{产出仔畜数}{分娩母畜数} \times 100\%$$

单胎家畜如牛、马、驴、绵羊（单胎品种）一头母畜产出一头仔畜，产仔率不会超过100%，所以单胎家畜的分娩率和产仔率应该是同一概念。多胎家畜如猪、山羊、兔等一头母畜大多产出多头仔畜，产仔率均会超过100%，故多胎家畜所产出的仔畜数不能反映分娩母畜数，对多胎家畜应同时使用母畜分娩率和母畜产仔率。

5. 仔畜成活率

仔畜成活率指在本年度内，断奶成活的仔畜数占本年度产出仔畜数的百分率。它主要反映仔畜的培育成绩。

$$仔畜成活率 = \frac{成活仔畜数}{出生仔畜数} \times 100\%$$

6. 母畜繁殖率

母畜繁殖率指本年度断奶成活的仔畜数占上一年度末适繁母畜数的百分率。它综合反映了畜群繁殖效率，以及发情、配种、受胎、妊娠、分娩等生殖活动功能及畜牧场管理水平。

$$繁殖率 = \frac{出生仔畜数}{上一年末存栏适繁母畜数} \times 100\%$$

根据母畜繁殖过程的各个环节，繁殖率应是包括受配率、受胎率、母畜分娩率、产仔率及仔畜成活率等五个内容的综合反映。因此繁殖率又可用下列公式表示：

$$繁殖率 = 受配率 \times 受胎率 \times 分娩率 \times 产仔率$$

7. 其他指标

除上述指标以外，还有产仔窝数、窝产仔数和产犊指数。

（1）产仔窝数：一般指母猪在一年之内产仔的窝数。

(2) 窝产仔数:指母猪每胎产仔的头数(包括死胎和死产)。一般用平均数进行比较个体和畜群的产仔能力。

二、家畜正常繁殖力

(一) 牛

据生产实践的统计报道,我国奶牛业繁殖水平:年总受胎率 75% ~95%,情期受胎率 40% ~60%,第一情期受胎率 55% ~70%,年繁殖率 70% ~90%,产犊间隔 12 ~14 个月,母牛的繁殖年限约 4 个泌乳期。

有资料表明,国际奶牛业繁殖工作目标是:初配适龄 14 ~16 月龄,初产时间 23 ~25 月龄,受配率为 95%,情期受胎率为 60%,总受胎率为 95%,产犊间隔 365d,产后配种 75 ~85d,产后最迟配种天数为 85d,繁殖率为 80% ~85%,繁殖利用年限 10 ~12 年。

(二) 猪

猪的繁殖率很高,我国地方猪窝产仔数 10 ~12 头,年平均产仔 1.8 ~2.2 窝,情期受胎率 75% ~80%,总受胎率 85% ~95%。

(三) 羊

羊的繁殖率受品种、饲养管理水平和环境影响很大。绵羊生产以 2 年 3 胎或年产 2 胎较为多见,一般产单羔较多,饲养条件较好的地区产双羔的也较为常见,繁殖率高的品种如湖羊、小尾寒羊平均每胎可产羔 2 只以上,甚至一胎产 3 羔、4 羔的也不罕见。

(四) 马

马是单胎季节性发情的动物,故其繁殖率相对其他畜种稍低:情期受胎率一般为 50% ~60%,全年受胎率约 80%,由于流产率较高,最终繁殖率约为 50%。

课题二　家畜繁殖障碍

家畜的繁殖过程是从产生精子和卵子开始的,经过配种、受精、胚胎附植及妊娠,结束于分娩及泌乳,这其中任何一个环节出现问题都会影响正常的繁殖。

一、公畜繁殖障碍

(一) 射精障碍

1. 缺乏性欲

可能是由遗传、精神因素、内分泌功能或环境因素等所造成的,影响繁殖力。

2. 交配无能

交配行为包括爬跨、插入和射精,这几方面的失常会使公畜交配无能。

(二) 受精障碍

受精障碍是使具有正常性欲、配种能力和射精能力的公畜难育的一个重要原因。

1. 睾丸和副性腺的疾病

包括隐睾、睾丸发育不全、阴囊积水及精囊腺炎四种。

2. 热应激

在高温和疾病引起发热时,体温升高会使睾丸变性和射出的精液质量下降。

3. 免疫因素

当精液进入雌性生殖道后,精液中的抗原成分可诱发雌性产生相应抗体,而使精子凝集,失去活力,不能受精。

(三) 营养障碍

营养不足会影响内分泌系统的功能,从而影响精子发生,降低精液品质和家畜射精量。

二、母畜繁殖障碍类型

(一) 先天性不育

1. 生殖器官幼稚型和畸形

生殖器官发育不全的幼稚型没有繁殖能力。

2. 雌雄间性

即两性畸形,一个家畜同时具有雌雄两性的部分生殖器官。

3. 异性孪生不育

主要发生于牛,指异性孪生的母犊。

4. 种间杂种

种间杂交的后代往往无繁殖能力,如骡子。但黄牛和牦牛的雌性杂种母犊牛具有繁殖能力。

(二) 发情异常

1. 乏情

乏情指母畜暂时性或永久性缺乏卵巢功能以及不反复出现发情周期,是没有性活动的一种状态。

2. 异常发情

(1) 短促发情:可能是发情的持续时间和征象不明显,常因未被发觉而错过配种机会。

(2) 长发情:发情持续期长达10~40d,但不排卵,常见于母马配种季节开始之时。

(3) 断续发情(慕雄狂):常见于奶牛,也见于肉牛及马。牛的慕雄狂是卵巢囊肿的一种症状,表现为持续而强烈的发情行为,产奶量下降;而慕雄狂的母马不接受交配,不允许其他马接近。

（4）安静发情：排卵而无明显的发情表现，常见于青年母畜或营养不足的母畜。

（三）受精障碍

可能由于卵母细胞在精子进入之前已经死亡，精子或卵母细胞的结构和功能异常，雌性生殖道物理性屏障阻碍配子运行到受精部位等所引起。另外，由于配子的衰老或环境温度过高所致的异常受精也会引起受精障碍。

（四）胚胎和胎儿死亡

营养、遗传和感染等多种因素的相互作用引起胚胎和胎儿的死亡。胚胎和胎儿生前死亡多发生在胚胎早期。牛、绵羊和猪的胚胎有25%～40%是在受精或附植结束时死亡，其中绝大多数是在附植前后死亡，孕体被完全吸收。

1．胚胎早期死亡

牛、羊及猪胚胎死亡最易发生的时间是受精后14～25d，马为受精后30～60d。其影响因素有遗传、染色体畸变、营养、内分泌、环境、感染、母体年龄等。

2．母畜屡配不孕

具有生育能力的母畜同具有受精能力的公畜反复交配，仍然不孕的称为屡配不孕母畜，其主要原因是受精障碍和早期胚胎死亡。

3．流产

流产指已有相当大小但无生活力的胎儿在妊娠期提早产出的现象。其表现形式一种是排出不足月胎儿；另一种是排出死亡的胎儿，多发生于妊娠中后期，也是流产中最常见的形式。

4．胎儿干尸化

胎儿干尸化又称胎儿木乃伊，常发生于牛和猪。

（五）围产期和初生仔畜死亡

1．围产期死亡

围产期死亡指分娩时或仔畜在分娩后48～72h内死亡。母畜的营养、年龄、遗传及感染等是围产期仔畜死亡的主要因素。

2．初生仔畜死亡

初生仔畜在出生后最初几周内死亡称为初生仔畜死亡。这与遗传、环境、营养和感染等因素有关。

（六）妊娠、分娩和泌乳异常

1．难产

难产即异常的或病理性的分娩。导致难产的原因有母体因素和胎儿因素。

2．妊娠后期和分娩的代谢失调

涉及繁殖障碍的代谢失调有两类：一类为与钙、镁和磷的代谢紊乱有关的神经肌肉失调综合征;另一类为牛和绵羊的碳水化合物代谢紊乱。

课题三 提高家畜繁殖力的措施

一、加强种畜的选育,使其保持旺盛的繁殖能力

繁殖力受遗传因素的影响很大。不同品种和个体的繁殖力在遗传上亦有差别,因而正常繁殖力对种用家畜来说是必须具备的条件之一,选择好种公、母畜是提高家畜繁殖力的前提。

二、调整畜群结构,提高畜群繁殖力

合理的畜群结构是群体保持良好繁殖力的重要前提。母畜是畜群繁殖的基础,适龄母畜在畜群中所占的比例越大,畜群的繁殖速度就越快。每年要做好畜群清理工作,对老、弱、病、残和经检查失去繁殖能力的母畜,应及时清理淘汰,使适龄母畜占畜群的50% ~70%。

三、加强饲养管理,保证家畜正常的繁殖功能

良好的体况是保证种畜正常繁殖功能的基础。繁殖公母畜均要求体质健壮,必须按饲养标准饲喂,达到营养均衡,充分发挥其繁殖潜力。母畜的饲养管理,特别是在发情配种季节给予适宜的营养和生活环境,是保证母畜正常发情和排卵的物质基础。

四、做好发情鉴定和适时配种,提高受配率

准确的发情鉴定是确定正确输精时间的前提,也是提高家畜繁殖力的重要工作。特别是对于发情期比较长、发情表现不明显的家畜,应加以重视。另外,通过发情鉴定还可以判断发情是否正常,能够及时发现问题,予以纠正。

五、做好早期妊娠诊断,防止失配空怀,提高母畜受胎率

通过早期妊娠诊断,能够尽早确定母畜是否妊娠,做到区别对待。对于已经受孕的母畜,应加强保胎,使胎儿正常发育,防止孕后发情造成误配或者胎儿发育不良;对于未能正常受孕的母畜,要及时查明原因,采取合理对策进行补救。

六、减少胚胎死亡和流产,提高产仔率

胚胎死亡和流产在任何一个畜群中都不同程度地存在,如在牛、猪的群体中,早期胚胎死亡的比例在20%以上,导致产仔率明显低于受孕率。造成胚胎死亡的原因是多方面的,需要加以分析,找出原因,及时采取针对性策略予以解决。营养水平和良好的饲养管理,可减少胚胎早期死亡。

七、利用繁殖新技术,不断提高畜群繁殖力

随着科技的进步,越来越多的新技术成熟,如同期发情、胚胎移植、控制分娩和缩短产仔间隔、母猪早期断奶等新技术为提高母畜的繁殖效率开辟了新的途径。除此之外，配子和胚胎生物工程可最大限度地挖掘家畜的繁殖潜力。

八、防治不育症

造成家畜不育的原因很多，大体可分为先天性不育、衰老性不育、疾病性不育、营养性不育、利用性不育和人为性不育。应根据引起不育的具体原因，分别采用不同的措施进行治疗或淘汰，以提高畜群的繁殖能力。

单元练习

简答题

1. 简述家畜繁殖障碍的产生原因及防治方法。
2. 什么叫家畜繁殖力，繁殖力在生产中有何作用？
3. 简要说明牛、猪、羊、马的正常繁殖力。
4. 简述母畜繁殖障碍的种类。
5. 影响家畜繁殖力的因素有哪些？
6. 如何提高家畜的繁殖力？

单元十三

营养原理

单元概述

知识目标

1. 掌握动物营养物质的构成。
2. 掌握各种营养物质的缺乏症。
3. 了解能量在动物体内的转化规律及实践意义。

技能目标

1. 能识别常见矿物元素的缺乏症。
2. 能识别常见维生素缺乏症。
3. 掌握各种营养物质的生理功能。

本单元共分十一个课题，分别为动植物体的营养物质构成、水与动物营养、蛋白质的营养生理功能及应用、蛋白质的消化代谢、碳水化合物与动物营养、脂肪与动物营养、矿物质营养及常量矿物质元素、微量矿物质元素、矿物质营养发展趋势与应用、维生素与动物营养、能量在动物体内的转化规律及实践意义。本单元在简要介绍动植物体营养物质构成的基础上，对于营养物质的种类、各种营养物质的生理功能以及各种营养物质的生产应用进行了详细描述。

课题一　动植物体的营养物质构成

一、动植物体的化学元素组成

动植物体内含有60余种化学元素，根据其在动植物体内的含量多少分为两大类：含量大于或等于0.01%的元素称为常量元素，如碳、氢、氧、氮、钙、磷、钠、氯、钾、镁、硫等，其中碳、氢、氧、氮四种化学元素所占的比例最大，在植物体内约含95%，在动物体内约含91%；含量小于0.01%的元素称为微量元素，如铁、锌、铜、碘、锰、硒、氟、钼等。构成动植物体的化学元素，绝大部分不是以游离状态单独存在，而是以化合物的形式构成了各种动植物体的组织器官和产品。

二、动植物体化合物的组成

动植物体虽然是由各种化学元素组成的，但并不是各种化学元素的简单组合，而是按照一定的化学结构相互组合而成的复杂的有机化合物和无机化合物。采用概略养分分析法将构成动植物体的各种化合物分成水分、粗灰分、粗蛋白、粗脂肪、碳水化合物和维生素六大类营养物质（图13-1、图13-2）。

- 饲料
  - 水分
  - 干物质
    - 无机物（粗灰分或矿物）
    - 有机物
      - 含氮化合物（粗蛋白）
      - 无氮化合物
        - 乙醚浸出物
        - 碳水化合物
          - 粗纤维
          - 无氮浸出物
      - 活性物质（维生素和酶）

图13-1　植物体内营养物质的组成

- 饲料
  - 水分
  - 干物质
    - 粗灰分或矿物质
    - 有机物
      - 粗蛋白质
        - 体蛋白
        - 氨化物
          - 游离氨基酸
          - 激素
      - 粗脂肪
        - 中性脂肪
        - 游离脂肪酸、磷脂
        - 脂溶性维生素
      - 碳水化合物（葡萄糖、糖原）
      - 活性物质（维生素和酶）

图13-2　动物体内营养物质的组成

动植物体获取各种营养物质的媒介是食物，为我们饲养的动物提供的食物总和即饲料。饲料中水分含量越高，干物质就越少，饲料的营养价值就越低，并且饲料的含水量越高，越不利于饲料的运输和保存。饲料中粗蛋白含量越高，饲料的营养价值也越高。粗纤维含量越高，饲料的消化率越低。由于脂肪的能量很高，所以脂肪的含量越高，饲料的能量含量也越高。

三、动植物体化合物组成的异同点及其相互关系

动植物体的化学组成，既有相同之处也有不同之处。相同的是，它们都是主要由六种营养物质构成的，并且所含的化学元素基本相同；不同之处是，动物体与植物体所含的营养物质在组成成分和含量上有较大差别。

（1）植物体所含的碳水化合物包括粗纤维和无氮浸出物，而无氮浸出物主要为淀粉；动物体不含淀粉，只有少量的糖原和葡萄糖。

（2）植物体所含的粗蛋白质中有多种氨化物，动物体中除体蛋白外只有少量的游离氨基酸和激素，并且动物蛋白质和植物蛋白质在氨基酸的组成和比例上也有很大的差异。

（3）植物脂肪中不饱和脂肪酸含量多，多含有树脂和蜡质；而动物脂肪中饱和脂肪酸较多，不含有树脂和蜡质。

（4）动物体内含有维生素 A；植物体中不含有维生素 A，但含有类胡萝卜素，类胡萝卜素可以转化成维生素 A。

可以看出，动植物体的化学组成既有相同点也有不同点。动物从植物性饲料中摄取的各种营养物质，必须经过体内的新陈代谢过程，才能将饲料中的营养物质转化成自身机体的组成成分、动物产品或为动物的生产提供能量。

课题二　水与动物营养

一、水的营养功能

水对动物来说极为重要，动物体内含水量在 50% ~80% 。水对于动物生产具有以下生理功能。

1. 水是动物体的主要组成成分

动物体内的水大部分与亲水胶体相结合，直接参与组织细胞的构成。

2. 水是动物体内重要的溶剂

各种营养物质的消化、吸收、转运、转化及代谢产物的排出均需要溶于水中才能进行。

3. 水是动物体内各种生化反应的媒介

动物体内各种营养物质的分解与合成，几乎都需要水的参与，如动物体内的水解反应、氧化还原反应、有机物质的合成和细胞的呼吸等。

4. 水参与动物体温的调节

一方面由于水的热容量很高，可吸收体内产生的热量；另一方面由于水的蒸发热也很高，动物可通过排汗和呼吸，蒸发体内水分来排出体内多余的热量，以维持体温恒定。

5. 水是动物体内的润滑剂

动物机体的关节、内脏以及其他器官的运动，都需要水来润滑。例如：泪液可防止眼球干燥；唾沫可湿润饲料和咽部，便于吞咽；关节囊液可以润滑关节；体腔内和各器官间的组织液可以减少器官运动时的摩擦。

二、缺水的后果

1. 影响动物的生产性能和健康

动物短期缺水，生产力下降，幼龄动物生长受阻，育肥家畜增重缓慢，泌乳母畜产奶量急剧下降，产蛋动物产蛋量迅速减少，蛋重减轻，蛋壳变薄；动物长期饮水不足，会损害健康；动物体内水分减少 1% ~2% 时，开始有口渴感，食欲减退，尿量减少。

2. 消化功能减弱

当动物体内水分减少 8% 时，就会出现严重口渴感，食欲丧失，消化功能降低，影响营养物质的消化、吸收及废物的排出，并因黏膜干燥而降低对病原体的抵抗力。当体内水分减少 10% 时，就会导致严重的代谢紊乱。当体内水分减少 20% 时，绝大部分动物会死亡。

3. 代谢废物积聚

动物缺水比缺乏饲料更难维持生命，尤其是高温季节。动物缺水会导致体温上升、血液浓稠，脂肪和蛋白质分解代谢加强。极度缺水，会因代谢废物积聚而中毒，甚至导致死亡。缺水比缺任何营养物质的后果都要严重，因此保证动物水的供应尤其重要。

三、动物体内水的来源与排出

（一）动物体内水的来源

动物体内水的来源途径主要有三个：饮水、饲料水和代谢水。

饮水是动物获取水的主要来源。特别是现代化养殖场饲养的动物，采食的都是风干饲料，动物体内水分主要来源于饮水。作为动物饮用水，要求水质良好，无污染，并符合饮水水质标准和卫生要求。

饲料水是动物获取水的另一来源。各种饲料中均含有水分，但因饲料的种类不同，含水量差别也很大，风干饲料含水量在 15% 以下，青绿饲料、块根块茎和水生饲料含水量为 75% ~95%。

代谢水是指三大有机物在体内氧化分解和合成过程中所产生的水。由于代谢水的量很少，只能满足动物需水量的 5% ~10%。

（二）动物体内水的排出

动物体内水的排出途径主要有粪尿的排泄、汗液的分泌、通过肺部呼吸排出的水蒸气以及产乳、产蛋等生产动物产品的过程等。动物通过饮水和各种排泄途径来调节体内水的平衡，水的摄入和排出受神经和激素的调控。

四、动物需水量及影响因素

（一）动物需水量

影响动物需水量的因素很多，如动物种类与品种、生产性能、日粮性质及环境温度等。当日粮中蛋白质、粗纤维和矿物质含量高时，需水量就会增大，但要确切估计动物的供水量比较困难。生产实践中，动物需水量通常以采食饲料干物质量来估计。在适宜的温度条件下，每采食1kg饲料干物质，牛和羊需要水3～4kg，猪、马和家禽需要水2～3kg。

（二）影响动物需水量的因素

1．动物种类

不同种类的动物，体内水分的流失情况不同。哺乳类动物通过粪、尿液或汗液流失的水分比鸟类多，需水量相对较多。

2．年龄

幼龄动物比成年动物需水量大。因为幼龄动物体内含水量大于成年动物，一般为70%～80%；幼龄动物又正处于生长发育时期，代谢旺盛，需水量多。幼龄动物每千克体重的需水量约比成年畜高1倍以上。有试验表明，设法增加仔猪特别是断奶猪的饮水量，可提高成活率和日增重。

3．生理状态

妊娠肉牛需水量比空怀肉牛高50%；泌乳期奶牛，每天需水量为体重的1/7～1/6，而干奶期奶牛每天需水量仅为体重的1/14～1/13；产蛋母鸡比休产母鸡需水量多50%～70%。

4．生产性能

生产性能是决定需水量的重要因素。高产奶牛、高产母鸡和重役马需水量比同类的低产动物多。例如，日泌乳10kg的奶牛，日需水量为45～50kg；日泌乳量40kg的奶牛，日需水量高达100～110kg。

5．饲料性质

饲喂含粗蛋白质、粗纤维和矿物质高的饲料时，需水量多，因为蛋白质的分解和尾产物的排出、粗纤维的酵解及未消化残渣的排出、矿物质的溶解吸收与排泄均需要较多的水，饲料中含有毒素或动物处于疾病状态，需水量增加。饲喂青饲料需水量少。

6．气温条件

气温对动物需水量的影响显著。气温高于30℃，动物需水量明显增加；气温低于

10℃，需水量明显减少。

（三）动物的合理供水

有条件时应采用自动饮水的方法，使动物需要水的时候就能随时饮到清洁的水。动物饮用水的水质要求硬度适中，每升水中各种可溶性盐类总含量不超过150mg。同时动物饮用水还要求清洁卫生、无污染，要注意防止重金属、有机农药、病原微生物、有毒物质污染动物的饮用水。

动物饮水时要注意的事项：一是饮水次数与饲喂次数基本相同，并先喂后饮；二是放牧前应给予充足饮水，以防出圈后过量饮脏水；三是饲喂易发酵饲料，如豆类、苜蓿等时，应在喂完1～2h后饮水，以避免引起胃臌气、疝痛等；四是重役后的役用动物切忌饮冷水，应休息30min后慢饮，以防发生感冒、胃肠痉挛和蹄部风湿等病症；五是出生1周内的动物最好饮用12～15℃的水。

总之，水是动物十分重要的营养物质。水主要是通过自由饮水来获取的，饮水的品质是动物生产上不能忽视的问题。

课题三　蛋白质的营养功能及应用

蛋白质是一类由氨基酸组成的复杂的具有三维立体结构的含氮高的大分子聚合物，由于氨基酸的数量、种类和排列顺序的变化，组成了各种各样的蛋白质。

一、蛋白质的营养功能

1. 蛋白质是构成体组织、体细胞的基本原料

动物的肌肉、神经、结缔组织、皮肤、毛发、角、喙、腺体、血液、精液以及各种内脏器官等，都以蛋白质为主要组成成分。这些组织和器官在生命活动过程中担负着各种各样的生理功能，共同构成一个完整的有机体。

2. 蛋白质是动物体内生物活性物质的组成成分

在动物的生命和代谢活动中起催化作用的酶、起调节作用的激素、具有防御和免疫功能的抗体（免疫球蛋白）都以蛋白质为主要成分。另外，蛋白质还参与维持体液正常的渗透压，为动物的正常生命活动提供了一个相对稳定的内环境。所以，蛋白质不仅是结构性物质，也是维持生命活动的功能性物质。

3. 蛋白质是组织更新、修补的主要原料

在动物的新陈代谢过程中，组织和器官的蛋白质的更新、损伤组织的修补都需要蛋白质。

4. 蛋白质可分解供能和转化为糖、脂肪

当机体能量供应不足时，蛋白质也可以分解供能，维持机体的正常生命活动。当摄入

的蛋白质过多或日粮氨基酸不平衡时，多余的蛋白质也可以转化为糖和脂肪储存，以备营养不足时重新分解供能。

5. 蛋白质是形成动物产品的重要成分

肉、蛋、乳、皮、毛等动物产品的主要原料也是蛋白质。

6. 蛋白质是遗传物质的基础

动物的遗传物质DNA与组蛋白结合成为核蛋白。核蛋白存在于染色体上，将本身所蕴藏的遗传信息，通过自身的复制过程遗传给下一代。

二、蛋白质的组成及品质

1. 蛋白质的组成

蛋白质由碳、氢、氧、氮、硫等元素组成，各种元素在蛋白质中所占的比例如下：碳为51.0%~55.0%、氢为6.5%~7.3%、氧为21.5%~23.5%、氮为15.5%~18.0%、硫为0.5%~2.0%。有些蛋白质中还含有磷、铁、铜等元素。由于蛋白质的平均含氮量为16%左右，所以通常都是通过测定样本中氮元素的含量来估算样本中的蛋白质含量。即：样本中的粗蛋白质含量=样本中含氮量÷16%=样本中含氮量×6.25。

2. 蛋白质的品质

蛋白质品质主要是针对饲料蛋白质中各种氨基酸含量及比例的综合评价。饲料蛋白质中各种氨基酸含量、种类及比例与动物需要越接近，蛋白质品质就越好。一般情况下，动物性饲料蛋白质品质比植物性饲料好。

（1）氨基酸的种类。构成蛋白质的氨基酸有二十多种，根据氨基酸的来源划分，可分成必需氨基酸和非必需氨基酸。

① 必需氨基酸是指在动物体内不能合成，或能合成但合成的速度慢、数量少，不能满足动物需要，必须由饲料供给的氨基酸。对成年单胃动物，必需氨基酸有8种，即赖氨酸、蛋氨酸、色氨酸、苯丙氨酸、亮氨酸、异亮氨酸、缬氨酸和苏氨酸。生长期家畜的必需氨基酸除了上述8种外，还有精氨酸和组氨酸。雏鸡的必需氨基酸有13种，除了上述10种外，还有甘氨酸、胱氨酸和酪氨酸。

② 非必需氨基酸：是指在动物体内能利用含氮物质和酮酸合成，或者由其他氨基酸转化代替，不需要饲料提供就可以满足的氨基酸，如丙氨酸、谷氨酸、丝氨酸、谷氨酰胺、脯氨酸、瓜氨酸、天冬氨酸等。

从饲料营养供给的角度考虑，氨基酸有必需氨基酸和非必需氨基酸之分。但是从动物营养需要的角度来考虑，所有组成体蛋白质的氨基酸都是动物必需的营养物质。且它们之间关系密切，如果日粮中缺少非必需氨基酸，机体在合成体蛋白质时会利用必需氨基酸转化为非必需氨基酸，结果会引起必需氨基酸的缺乏。因此在生产实践中为动物提供的日粮应该尽可能地做到氨基酸的种类合理、数量多、比例适当。

（2）限制性氨基酸：动物对各种必需氨基酸的需要量有一定的比例，但不同种类、不同生理状态下，所需比例不同。当日粮中某种必需氨基酸不足时，就会影响到其他氨基酸的利用，并使整个日粮中蛋白质的利用率下降，这样的氨基酸称为该日粮的限制性氨基酸。日粮提供的氨基酸数量与动物需要的氨基酸数量相差越大，则缺乏程度越大，对其他的氨基酸利用限制就越强。一般缺乏程度最大的称第一限制性氨基酸，其次为第二限制性氨基酸，依次类推。

常用植物性饲料最易缺乏的氨基酸有赖氨酸、蛋氨酸、色氨酸。饲料种类不同，所含必需氨基酸的种类和数量也显著不同。动物由于种类和生产性能等不同，对必需氨基酸的需要量也有明显差别。因此，同一种饲料对不同动物或不同饲料对同一种动物，限制性氨基酸的种类和顺序也不同。谷实类饲料中，猪和肉鸡的第一限制性氨基酸均为赖氨酸。大多数玉米—豆粕型饲料中，家禽和猪的第一限制性氨基酸分别为蛋氨酸和赖氨酸。

三、蛋白质不足与过量的后果

（一）蛋白质不足的后果

饲料中蛋白质不足或蛋白质品质低下会影响动物的健康、生长、繁殖及生产性能。

1. 幼龄动物生长发育受阻

幼龄动物正处于组织快速生长和各种器官发育的旺盛时期，蛋白质的需要量多，供应不足会导致幼龄动物生长缓慢、停滞甚至死亡。

2. 消化功能紊乱

日粮中蛋白质的缺乏会影响消化道组织蛋白质的更新和消化液的正常分泌。动物会出现食欲下降、采食量减少、营养不良及慢性腹泻等。

3. 易患贫血症及其他疾病

动物缺少蛋白质，就不能形成足够的血红蛋白而患贫血症，并因血液中免疫抗体含量的减少，使动物抗病力减弱而易感染各种疾病。

4. 生产性能下降

蛋白质供给不足，会使生长动物增重缓慢，泌乳动物的泌乳量下降，绵羊的产毛量及家禽的产蛋量也会减少，而且动物产品的质量也相应降低。

5. 繁殖性能下降

饲料中蛋白质不足时，公畜性欲降低，精液品质下降，精子数目减少；母畜不发情，性周期失常，卵子数量少、质量差，受胎率下降，受孕后胎儿发育不良，导致产生弱胎、死胎或畸形胎儿。

（二）蛋白质过量的危害

日粮中蛋白质供给量超过动物正常的需要量时，不仅会造成营养物质过剩而浪费，还会对动物机体带来一定的伤害。多余氨基酸会在肝脏内脱氨基后形成尿素，大量的尿素由肾脏随尿液排出，会加重肝脏和肾脏的负担，造成肝功能和肾功能的损伤。

综上所述，动物日粮中蛋白质供给不足，会降低动物的生产性能，影响动物的生长、繁殖和健康；反之，蛋白质供给过量，对动物也有一定的危害。因此，在生产实践中，应该根据动物不同的生理状态，制订合理的日粮蛋白质水平，在保证动物正常生长和生产的前提下，提高饲料蛋白质的利用率，降低成本，从而不断提高动物生产效率。

课题四　蛋白质的消化代谢

一、单胃动物对饲料中粗蛋白质的消化代谢过程

1. 猪对饲料中粗蛋白的消化代谢过程

（1）饲料中的粗蛋白质被猪采食后进入胃，部分蛋白质在胃酸和胃蛋白酶的作用下分解为结构较为简单的多肽。

（2）未消化的蛋白质连同分子量较小的蛋白质和多肽一起进入小肠继续进行消化，在小肠中又依次受到胰蛋白酶、糜蛋白酶、羧基肽酶和肠肽酶的作用，经过多肽和肽的阶段，最后绝大部分分解为氨基酸，并最终被小肠壁吸收。

（3）在小肠中被吸收的氨基酸进入肝脏，一部分合成肝脏蛋白和血浆蛋白，大部分经过肝脏由体循环转送到各级组织细胞中，连同内源性氨基酸一起进行新陈代谢。在小肠中未被消化吸收的蛋白质进入大肠，受到肠道菌群的作用，部分被分解为氨基酸和氨，被细菌用来合成菌体蛋白，进一步被机体消化、利用。最终，未被消化的部分蛋白质与消化道中未消化吸收的物质（含消化道内源性代谢产物）一起随粪便排出（图 13-3）。

2. 家禽对饲料中粗蛋白质的消化过程

家禽的腺胃容积小，饲料在其内停留时间短，所以消化作用不大；而肌胃主要是起机械磨碎饲料的作用。因此，家禽蛋白质消化吸收的主要场所是小肠，特点与猪大致相同。

3. 其他单胃动物对饲料中蛋白质的消化过程

马、兔等动物虽也是单胃动物，但由于其消化道结构与猪差别较大，具有发达的盲肠和结肠。饲料中粗蛋白质在马的体内消化代谢与反刍动物不同，但与单胃动物也不同。其消化的主要特点是：在胃和小肠内对蛋白质的消化吸收过程与猪相似，但未被消化吸收的蛋白质可以被盲肠和结肠中的细菌利用合成菌体蛋白，再进一步被机体消化利用。

综上所述，单胃动物所吸收的氨基酸的种类和数量很大程度上取决于饲料蛋白质的氨基酸的组成与比例。

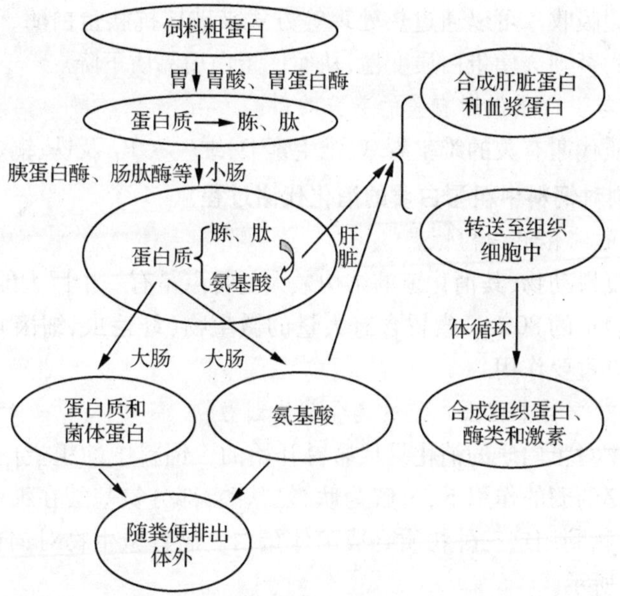

图13-3　猪对蛋白质的消化吸收过程

二、提高饲料蛋白质利用率的措施

生产中，蛋白质饲料不但少而且价格高，必须采取各种措施，合理利用有限的蛋白质资源，提高饲料蛋白质的转化效率。

1. 日粮构成原料应该多样化

饲料原料种类不同，蛋白质中所含的必需氨基酸的种类和数量也不同。多种饲料原料合理搭配在一起，可以使氨基酸起到互补作用，改善日粮中氨基酸的平衡状况，提高饲料蛋白质的利用效率。

2. 补充氨基酸添加剂

直接向饲料中添加所缺少的限制性氨基酸，可以达到氨基酸的平衡。目前生产中常添加的氨基酸主要有赖氨酸、蛋氨酸、色氨酸和苏氨酸。

3. 日粮中蛋白质和能量比例适当

在正常情况下，被动物消化吸收的蛋白质有70%～80%被动物利用来合成体蛋白或产品蛋白质，20%～30%被用来分解供能或用于其他方面。如果日粮中的碳水合合物和脂肪不足，就会加大蛋白质供能的比例。因此在生产中，要合理安排饲料中的蛋白质与能量的比例，供应足够的能量，以最大限度地减少蛋白质的供能。

4. 消除饲料中的抗营养因子

生豆类和生豆饼等饲料中含有抗胰蛋白酶，会抑制胰蛋白酶和糜蛋白酶的活性，影响饲料蛋白质的消化吸收。可以通过热处理等方式来破坏抗胰蛋白酶，但加热时间不宜过长，温度不宜过高，否则会使蛋白质变性，从而使蛋白质品质下降。

5. 保证其他与蛋白质代谢有关的养分的供给

保证与蛋白质代谢有关的维生素 A、维生素 D、维生素 B_{12} 及铁、铜、钴等的供给。

三、反刍动物对饲料中粗蛋白质的消化代谢过程

1. 反刍动物的消化道结构特点

反刍动物是复胃动物，其消化道的结构最大的特点是有一个巨大的瘤胃，瘤胃的容积约占整个四个胃容量的 80%。瘤胃含有大量的微生物（纤毛虫、细菌），这些微生物在蛋白质消化过程中有重要作用。

2. 反刍动物对饲料中粗蛋白质的消化代谢过程

(1) 反刍动物对蛋白质的消化是从瘤胃开始的。饲料中的粗蛋白质进入瘤胃后，在瘤胃微生物所分泌的酶的作用下，分解为肽、氨基酸，部分氨基酸在细菌脱氨基酶的作用下降解为氨，微生物利用这三种物质合成菌体蛋白。瘤胃微生物对饲料中粗蛋白质的消化过程如图 13-4 所示。

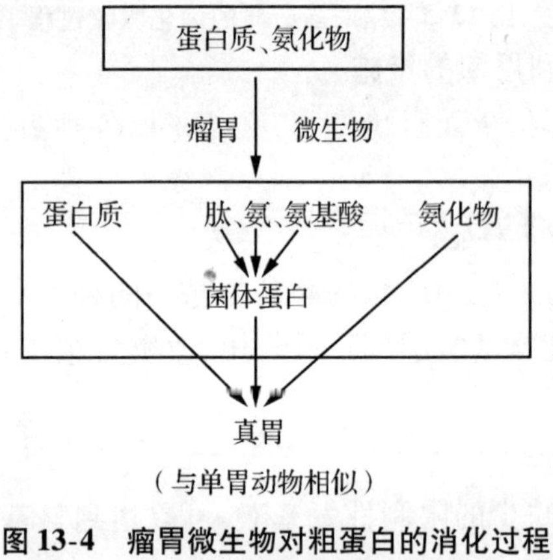

图 13-4 瘤胃微生物对粗蛋白的消化过程

(2) 在瘤胃中被瘤胃降解的饲料蛋白质称为瘤胃降解蛋白（RDP），经过瘤胃未被降解的饲料蛋白质称为过瘤胃蛋白（RBPP）。菌体蛋白和过瘤胃蛋白一起进入真胃，进入真胃以后的消化过程与单胃动物的蛋白质消化代谢过程基本相同。

(3) 在瘤胃中被微生物降解生成的氨，一部分被合成菌体蛋白，其余经瘤胃、真胃、小肠吸收后运输到肝脏合成尿素。尿素大部分随尿液排出体外，小部分被运到唾液腺随唾液返回瘤胃，再次被微生物所利用。氨的这一循环反复利用的过程称为瘤胃氮素循环。

(4) 瘤胃氮素循环在反刍动物蛋白质营养代谢中具有重要意义，既提高了饲料中粗蛋白的利用率，又可将食入的品质较差的饲料蛋白质转化为品质较好的菌体蛋白质供动

物体利用。瘤胃微生物蛋白质与动物产品蛋白质的氨基酸组成相似，次于优质的动物蛋白而优于大多数植物蛋白。

3. 反刍动物蛋白质消化代谢的特点

第一，蛋白质消化的主要场所是瘤胃，在瘤胃微生物的作用下将植物蛋白质转化为微生物蛋白质，提高了蛋白质的品质。

第二，在小肠中经过一系列消化酶的作用，将微生物蛋白质和在瘤胃中未被分解的饲料蛋白质降解为氨基酸，被吸收利用。

因此，反刍动物消化的最大特点是：不仅能利用饲料中的蛋白质，还能利用非蛋白氮（氨化物，NPN）。

（三）反刍动物对非蛋白氮的利用

由于反刍动物瘤胃微生物能够对非蛋白氮进行消化并利用，而尿素含氮量为42%～46%，若按尿素中70%的氮被用来合成菌体蛋白来计算，1kg尿素经转化后，可提供相当于4.5kg豆饼的蛋白质。因此，在成年反刍动物日粮中用尿素代替一部分蛋白质饲料，可以降低饲料成本。但如果在日粮中添加过量的尿素，或者饲喂方法不当，很容易引起氨中毒。为了提高尿素的利用率，防止氨中毒，饲喂尿素时应该注意以下几点。

1. 日粮中必须含有一定量的易消化的碳水化合物

瘤胃微生物在利用非蛋白氮合成菌体蛋白的过程中，需要同时供给能量和碳架。碳架主要由碳水化合物酵解供给，淀粉的降解速度与尿素分解速度相当，能源与氮源释放趋于同步，有利于菌体蛋白的合成。实践证明，在牛、羊日粮中单用粗纤维作为能量来源时，尿素利用率仅为22%；而如果在供给适量粗纤维的同时供应一定量的淀粉，尿素利用率就可提高60%以上，所以添加尿素的日粮中应含有一定量的淀粉质精料。

2. 日粮中蛋白质水平要适宜

日粮中蛋白质水平要适宜。当日粮中蛋白质水平过高时，非蛋白氮在瘤胃中转化菌体蛋白的速度及利用程度显著降低；蛋白质水平过低时，又会影响细菌的生长繁殖。一般认为，日粮蛋白质水平保持在10%～12%为宜。

3. 日粮中应含有供微生物活动所必需的矿物质

钴是维生素B_{12}的成分，维生素B_{12}在蛋白质代谢中起重要的调节作用。如果钴元素缺乏，瘤胃细菌合成维生素B_{12}受阻，必然会影响细菌对非蛋白氮的利用。硫元素是蛋氨酸、胱氨酸等含硫氨基酸的组成成分，而这些含硫氨基酸是合成菌体蛋白的原料。另外，还要保证细菌活动所必需的钙、磷、镁、铜、铁、锌、碘等矿物质的供给。

4. 控制非蛋白氮的喂量和喂法

（1）喂量。尿素被利用时，首先要在细菌分泌的脲酶作用下分解为氨和二氧化碳。由于脲酶的活性很强，所以尿素在瘤胃中分解为氨的速度很快，而细菌利用氨合成菌体蛋白质的速度仅为尿素分解速度的1/4。如果喂量过大，尿素会被迅速地分解产生大量的氨，而细菌又来不及利用，其中一部分氨被胃壁吸收后随血液输入肝脏最终形成尿素，由肾排出，这部分尿素没有被利用，造成浪费。而当分解产生的氨大大超过肝脏将其转化为尿素的能力时，氨就会在血液中蓄积，出现氨中毒症状，表现为运动失调、肌肉震颤、痉挛、呼吸急促等。如不及时治疗，会导致死亡。因此，在日粮中添加尿素时一定要注意控制好添加量。尿素喂量一般为日粮粗蛋白质的20% ~30%，或日粮干物质的1%，也可以按成年反刍动物体重的0.02% ~0.05%计算添加量。一般成年牛每头每天喂给60 ~100g，成年羊喂给6 ~12g。出生后2 ~3个月内的犊牛和羔羊，由于瘤胃功能尚未健全，所以千万不能饲喂尿素。

（2）喂法。为了有效地利用尿素，防止畜禽中毒，饲喂尿素时，必将尿素均匀地搅拌到精粗饲料中混喂，最好先用糖蜜将尿素稀释或用精料拌尿素后再与粗料拌匀，还可将尿素加到青贮原料中青贮后一起饲喂。饲喂尿素时，开始少喂，逐渐加量，使反刍动物有1周左右的适应期。尿素一天的喂量要分几次饲喂；生豆类、生豆饼类、苜蓿草籽、胡枝子种子等脲酶多的饲料，不要大量掺在加尿素的谷物饲料中一起饲喂。严禁将尿素单独饲喂或溶于水中饮用，应在饲喂尿素3 ~4h后饮水。

课题五　碳水化合物与动物营养

一、碳水化合物的组成及分类

碳水化合物又称为糖，由碳、氢、氧三种化学元素组成，由于其化学结构中氢与氧的比例为2:1，与水的组成比例相同，所以通常把这类化合物称为碳水化合物。

碳水化合物是一大类物质，它包许多种类，不同种类的碳水化合物在物理和化学性质上存在着较大的区别，其结构和性质分类如图13-5所示。

- 碳水化合物
  - 无氮浸出物
    - 糖
      - 单糖：葡萄糖、果糖、半乳糖
      - 双糖：麦芽糖、蔗糖、乳糖
    - 淀粉（由许多单糖集合而成的多糖）
  - 粗纤维
    - 纤维素
    - 半纤维素
    - 镶嵌物质
      - 木质素
      - 角质
      - 木栓质、硅酸

图13-5　碳水化合物的分类

碳水化合物中的无氮浸出物也称为可溶性碳水化合物。它包括单糖、双糖和多糖，主要存在于植物的籽实、块根、块茎和果实中。禾本科籽实中的无氮浸出物含量最大，且主要是淀粉。无氮浸出物最易被动物消化、吸收和利用。

碳水化合物中的粗纤维包括纤维素、半纤维素和木质素等。它们是构成植物细胞壁的主要成分，存在于植物的茎叶、秸秆和秕壳中。粗纤维不易溶于水，不能被动物直接消化利用。但其中的纤维素和半纤维素在反刍动物瘤胃和单胃草食动物大肠中微生物的作用下，可以被分解利用，木质素则完全不能被动物所利用，日粮中木质素含量过高时，还会抑制瘤胃和大肠中微生物的活动，从而降低饲料中其他营养物质的消化、吸收和利用。

二、碳水化合物的营养作用

1. 碳水化合物是动物体所需能量的主要来源

动物维持体温恒定和组织器官的正常功能都需要消耗能量，如心脏跳动、血液循环、肺呼吸等。动物所需要的能量主要靠碳水化合物在体内氧化分解提供。过多的碳水化合物会转化为肝糖原和肌糖原暂时储存起来。

2. 碳水化合物是动物体组织的构成物质

碳水化合物作为细胞的构成成分，参与多种生命过程，在机体生长代谢过程中起着重要作用。黏多糖可以保证多种生理功能的实现，并参与结缔组织基质的形成；核糖和脱氧核糖是细胞中的遗传物质——核酸的组成成分；透明质酸对润滑关节起着重要作用；糖脂是神经细胞的组成成分，对传导突触刺激冲动、促进溶于水中的物质通过细胞膜有重要作用；糖蛋白是细胞膜的成分，并因其多糖部分的复杂结构而与多种生理功能有关。

3. 碳水化合物是形成体脂肪、乳脂和乳糖的原料

血糖可转化为糖原，多余时也可转变为体脂肪，以此形式将能量储存在动物机体内。

4. 寡糖的益生作用

研究证明，寡糖可作为肠道有益菌的基质，改变肠道菌相，促进机体肠道内微生态平衡；寡糖还有消除消化道内病原菌、激活机体免疫系统等作用；在日粮中添加寡糖可增强动物机体免疫力，提高成活率、增重及饲料转化率。寡糖作为一种稳定、安全、环保的抗生素替代品，在动物生产中的应用前景广阔。

三、单胃动物碳水化合物的营养

1. 碳水化合物在猪（禽）体内的消化代谢

猪的唾液中含有淀粉酶且活性较强，饲料中的淀粉在猪的口腔中受到淀粉酶的作用，其中一小部分被分解为麦芽糖，未被分解的淀粉和麦芽糖随着猪的吞咽动作进入胃内。贲门腺区盲囊内存在未失活的唾液淀粉酶，可消化部分淀粉（但猪胃不分泌消化碳水化合物的酶），猪小肠是可溶性碳水化合物消化吸收的主要场所。淀粉和糖类在小肠中受到胰

淀粉酶、肠淀粉酶、麦芽糖酶、蔗糖酶等碳水化合物消化酶的作用，把淀粉分解为麦芽糖，由麦芽糖再转变为葡萄糖。其他糖则由相应的酶作用，最后也降解为葡萄糖，经小肠壁吸收后由血液运送到机体各组织。在各组织细胞中葡萄糖经过三羧酸循环氧化供能。多余的葡萄糖可形成肝糖原和肌糖原，再多余时则转化为体脂肪。未被吸收的葡萄糖在消化道微生物的作用下分解为有机酸，其中一半以上为乳酸，产生的其他挥发性脂肪酸（乙酸、丙酸、丁酸）也可被肠壁吸收后参与体内的能量代谢。

饲料中的粗纤维在猪胃和小肠中不发生大的变化。在猪的大肠内，纤维素和小肠内未被消化吸收的可溶性碳水化台物经肠道微生物的发酵作用，部分分解产生挥发性脂肪酸和甲烷等气体。气体由肠道排出，挥发性脂肪酸可被大肠壁部分吸收，参与机体代谢。其中丙酸被吸收后可合成葡萄糖或糖原，丁酸分解可转化成乙酸，乙酸直接参与体内的三羧酸循环氧化供能。

猪对碳水化合物的消化代谢特点是：以葡萄糖代谢为主，其消化吸收的主要场所是小肠，靠酶的作用进行；以挥发性脂肪酸代谢为辅，在大肠中靠细菌发酵进行。因此，猪能很好地利用碳水化合物中的无氮浸出物，但不能大量利用粗纤维。

因此，养猪生产中，猪饲料中的粗纤维含量不宜过高，一般为5% ~8%。实验表明：生长育肥猪日粮中粗纤维占10%，会使日增重和饲料转化率显著降低。但在育肥后期，可适当提高日粮粗纤维含量，以限制采食量，减少体内脂肪沉积，提高胴体瘦肉率。瘦肉型猪日粮粗纤维含量应控制在7%以下。猪对碳水化合物的消化代谢过程如图13-6所示。

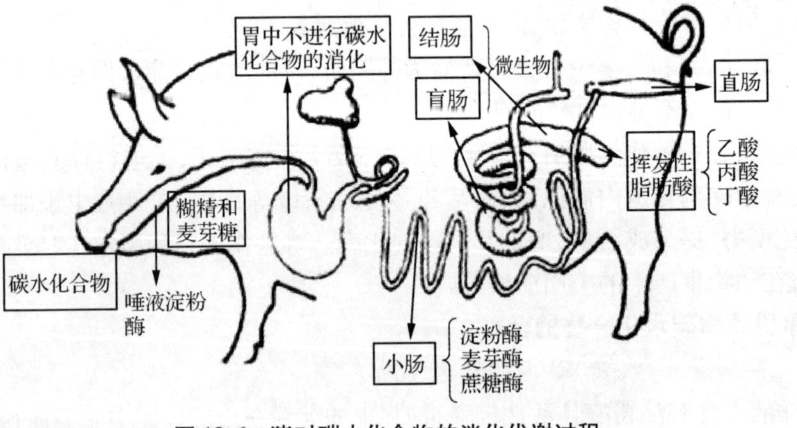

图13-6 猪对碳水化合物的消化代谢过程

鸡对碳水化合物的消化代谢与猪相似，但鸡对粗纤维的利用能力比猪更差。所以鸡的日粮中粗纤维应控制在3% ~5%。

2. 碳水化合物在单胃草食动物体内的消化代谢

单胃草食动物虽然没有瘤胃，但盲肠和结肠较发达，未被小肠消化吸收的淀粉、双糖、单糖和大量的粗纤维在盲肠和结肠中被微生物分泌的酶分解，生成大量的挥发性脂肪酸，由大肠吸收，参与体内代谢。因此，它们对粗纤维的消化能力比猪强，但不如反刍动物。单胃草食动物在碳水化合物消化代谢过程中，既可进行葡萄糖代谢，又可进行挥发性脂肪酸代谢。

四、反刍动物碳水化合物的营养

反刍动物唾液中的淀粉酶很少且活性低，所以，碳水化合物在口腔中很少被分解，碳水化合物在反刍动物体内的消化从瘤胃开始。反刍动物庞大的瘤胃中有大量分解碳水化合物的细菌，这些不同的细菌也称为瘤胃不同的微生物区系，它们在碳水化合物特别是粗纤维的消化中起着重要的作用。碳水化合物中的纤维素和半纤维素，在反刍动物瘤胃中在细菌分泌的纤维素酶的作用下分解为乙酸、丙酸、丁酸等挥发性脂肪酸和二氧化碳、甲烷等气体。挥发性脂肪酸被胃壁吸收，参与体内代谢，气体则通过嗳气由口腔排出。粗纤维在小肠内没有变化。在瘤胃中未分解的纤维性物质进入大肠后，又受到大肠内细菌的作用，分解产生部分挥发性脂肪酸和气体，少量的挥发性脂肪酸被吸收利用。最后，未被消化吸收的物质及所产生的气体一起由肛门排出。

碳水化合物中的无氮浸出物在反刍动物的瘤胃和大肠中的消化吸收过程与纤维素相同。在瘤胃中未被分解的淀粉和糖在小肠中胰淀粉酶、肠淀粉酶、麦芽糖酶等一系列消化酶的作用下，最后分解为葡萄糖，葡萄糖被肠壁吸收，参与机体代谢。

碳水化合物在反刍动物体内被消化的终产物是乙酸、丙酸、丁酸和葡萄糖，这些消化终产物被消化道吸收后随血液运送到机体各组织器官，参与机体组织代谢。葡萄糖可直接氧化供能，多余时可转化为糖原和体脂肪，挥发性脂肪酸在反刍动物体内的代谢有三条途径：一是直接氧化供能，据报道，反刍动物所需能量的60% ~70%来自于挥发性脂肪酸的氧化；二是合成体脂肪，在三种脂肪酸中，丙酸合成体脂肪效率最高，乙酸合成乳脂肪的效率最高；三是转化为葡萄糖，反刍动物从消化道直接吸收的葡萄糖量很少，体内代谢所需要的葡萄糖绝大部分由脂肪酸转化而成，其中以丙酸转化为主。转化而成的葡萄糖为消化道微生物合成氨基酸提供碳架。

瘤胃发酵形成的各种挥发性脂肪酸的多少以及相互之间的比例，因日粮组成不同而异，日粮中精料比例提高，淀粉量增加时，瘤胃中产生的乙酸量减少，丙酸量增加。相反，日粮中粗料比例提高时，瘤胃中产生的乙酸量增多，而丙酸量下降。这对指导生产实践具有重要的意义。在肉牛饲养中，适当提高日粮精料比例或将粗料磨成粉状饲喂，瘤胃中产生的丙酸增多，有利于体脂肪合成，提高肉牛日增重，改善肉质。在乳牛饲养中，适当增加日粮中优质粗饲料的含量,瘤胃中产生的乙酸增多,有利于乳脂肪的合成,提高牛乳的乳脂率。反刍动物碳水化合物消化代谢的特点是以挥发性脂肪酸代谢为主,主要依靠瘤胃和大肠中的细菌发酵,以葡萄糖代谢为辅,只有在小肠中靠酶的作用进行。因此反刍动物不仅能大量利用无氮浸出物,也能大量利用粗纤维。

课题六　脂肪与动物营养

脂肪包括油脂和类脂。油脂是由甘油和脂肪酸脱水缩合而成的甘油三酯;类脂则包括磷脂、糖脂、固醇和固醇酯等。常规营养分析中把脂肪统归为粗脂肪(乙醚浸出物)。

一、脂肪的化学组成

饲料和动物体中均含有脂肪。除少数复杂的脂肪外,脂肪多由碳、氢、氧三种元素组成。根据其结构不同,通常把脂肪分为油脂和类脂两大类。由甘油和脂肪酸脱水缩水而成的脂肪称为油脂。由甘油、脂肪酸和其他含氮、磷化合物结合而成的脂肪被称为类脂。脂肪不溶于水,但易溶于醚、醇等有机溶剂。

二、脂肪的理化特性

构成脂肪的脂肪酸种类很多,已发现的就有100多种。脂肪酸是脂肪分子的重要组成部分,由于构成脂肪分子的脂肪酸不同,脂肪的理化性质也不同。根据脂肪酸分子结构中是否含有双键,又分为饱和脂肪酸和不饱和脂肪酸。

脂肪酸的饱和程度不同,脂肪酸和脂类的熔点和硬度也不同(表13-1)。脂肪中不饱和脂肪酸比例越高,硬度就越小,熔点也越低。

表13-1　部分脂肪和脂肪酸的主要特性

	碳原子数:双键数	溶点/℃	玉米油/%	大豆油/%	牧草脂/%	黄油/%	牛油/%	猪油/%
饱和脂肪酸								
丁酸	C4:0	−6				3.2		
己酸	C6:0	−2				1.8		
辛酸	C8:0	16				0.8		
正癸酸	C10:0	31				1.4		
月桂酸	C12:0	44				3.8		
肉豆蔻酸	C14:0	56			1.0	8.3		
棕榈酸	C16:0	63	7	8.5	16.0	27.0	27.0	32.2

续表

	碳原子数:双键数	溶点(℃)	玉米油(%)	大豆油(%)	牧草脂(%)	黄油(%)	牛油(%)	猪油(%)
硬脂酸	C18:0	70	2.4	3.5	2.0	12.5	21.0	17.8
花生酸	C20:0	76						
不饱和脂肪酸								
棕榈油酸	C16:1	1.5			2.0			
油酸	C18:1	13	45.6	17.0	3.0	35.0	40.0	48.0
亚油酸	C18:2	-6	45.0	54.4	13.0	3.0	2.0	1.1
亚麻酸	C18:3	-14		7.1	61.0	0.8	0.5	0.6
花生油酸	C20:4	-50						

植物油脂中不饱和脂肪酸含量高于动物脂肪,因而在常温下植物油脂呈液态,而动物脂肪则呈固态。

1. 脂肪的水解作用

脂肪可在酸或碱的作用下发生水解,水解产物为甘油和脂肪酸。动植物体内脂肪的水解在脂肪酶的催化下进行。水解所产生的游离脂肪酸大多数无嗅、无味,但低级脂肪酸,特别是含4~6个碳原子的脂肪酸,如丁酸和乙酸等具有强烈的气味,影响动物的适口性。

多种细菌和霉菌均可产生脂肪酸。当饲料保管不善时,其所含脂肪易于发生水解而使饲料品质下降。

2. 酸败作用

脂肪暴露在空气中,经过光、热、湿、空气或微生物的作用,可逐渐产生一种特有的臭味,这种作用称为酸败作用。

脂肪发生酸败的原因主要有两种。首先,脂肪中的不饱和脂肪的双键被空气中的氧所氧化,生成分子量较小的醛和酸的复杂混合物,而光和热加快了这一氧化过程。其次,脂肪在高温、高湿和通风不良的情况下,可因微生物的作用而发生水解,产生脂肪酸和甘油,脂肪酸可以与微生物进一步作用,生成酮。

存在于植物饲料中的脂肪氧化酶或微生物产生的脂肪氧化酶最容易产生使不饱和脂肪酸氧化酸败,脂肪酸败产生的醛、酮和酸等化合物不仅具有刺激性气味,影响适口性,而且氧化过程中所生成的过氧化物还会破坏一些脂溶性维生素,降低了脂类和饲料的营养价值。

3. 氢化作用

在催化剂或酶的作用下,不饱和脂肪酸的双键可与氢发生反应而使双键消失,转变成饱和脂肪酸,从而使脂肪的硬度增加,不易酸败,有利于贮存,但也损失必需脂肪酸。

反刍动物进食的饲料脂肪,可在瘤胃微生物的作用下发生氢化作用,转变为饱和脂肪酸,因此其体脂肪中饱和脂肪酸含量较高。

三、脂肪的生理功能

1. 脂肪是构成动物体组织的重要成分

动物体的各种组织器官,如皮肤、骨骼、肌肉、神经、血液及内脏等各组织器官中均含有脂肪,主要是卵磷脂、脑磷脂、糖脂和胆固醇等类脂。脂肪与蛋白质按一定比例构成细胞的膜结构和原生质。这些类脂属于结构性脂肪,不同于储存性脂肪,有恒定的特有成分,不会因食入饲料中的脂肪而改变。

2. 脂肪是储存能量的最好形式

脂肪为高能物质。在体内氧化产生的能量为同重量碳水化合物的2.25倍。脂肪的分解产物——游离脂肪酸和甘油,都是供给动物维持生命活动和生产的重要能量来源。动物摄入过多有机营养物质时,能够以脂肪的形式将能量储存起来。体脂肪体积小、能量高,是动物储备能量的最佳方式。

3. 脂肪是脂溶性维生素的溶剂

饲料中的维生素A、维生素D、维生素E、维生素K及胡萝卜素,在肠道内必须溶于脂肪才能被动物消化、吸收和利用。如母鸡日粮中含4%的脂肪时,胡萝卜素的吸收率为60%;当脂肪含量量降至0.70%时,吸收率仅为20%;当日粮中缺乏脂肪时,这些脂溶性维生素不能被消化吸收,代谢随之发生障碍,出现脂溶性维生素缺乏症。

4. 脂肪供给幼龄动物必需脂肪酸

脂肪中的亚油酸和亚麻油酸在动物体内不能合成,必须由饲料脂肪供给,故称为必需脂肪酸。必需脂肪酸是细胞膜结构的主要成分,是合成前列腺素的原料,并与精子的形成有关,必需脂肪酸还参与磷脂的合成和胆固醇的正常代谢。必需脂肪酸对幼龄动物具有重要的营养作用。当幼龄动物缺乏必需脂肪酸时,常出现皮肤鳞片化、皮下出血或水肿、尾部坏死、生长停滞等症状。

5. 脂肪的保护作用

脂肪不易传热,因此,皮下脂肪能够防止体热的散失,在寒冷季节有利于维持动物体温的恒定。这对生活在水中的哺乳动物显得更为重要。脂肪充填在脏器周围,具有固定和保护器官以及缓和外力冲击的作用。动物在极度缺水的条件下,还可通过氧化体内脂肪产生代谢水,维持机体代谢的需要。

6. 脂肪是动物产品的成分

四、必需脂肪酸(EFA)

1. 必需脂肪酸的概念

不饱和脂肪酸中,有几种不饱和脂肪酸在动物体内不能合成,必须由饲料供给,故称其为必需脂肪酸。长期以来认为,有三种不饱和脂肪酸,即亚油酸(十八碳二烯酸)、亚麻酸(十八碳三烯酸)和花生油酸(二十碳四烯酸),都是动物的必需脂肪酸。亚油酸必须由日粮供给,亚麻酸和花生油酸可通过日粮直接供给,也可通过供给足量的亚油酸在体内转化合成。所以,畜禽营养需要中通常只考虑亚油酸。

必需脂肪酸的概念不适用于成年反刍动物,因成年反刍动物的瘤胃微生物能合成上述必需脂肪酸,无需依赖饲料供给。

2. 必需脂肪酸缺乏症

必需脂肪酸是动物体细胞膜和细胞的组成成分,它参与磷脂合成,并以磷脂形式出现在线粒体和细胞中。鼠、猪、鸡、鱼、幼年反刍动物缺乏时,皮肤细胞对水的通透性增强,毛细血管变得脆弱,从而引起皮肤病变、水肿和皮下出血,出现角质鳞片。

家禽缺乏亚油酸时细胞膜失去完整性,其典型症状是需水量增加、粪便变软、对疾病的抵抗力下降、羽毛粗劣、水肿、生长率下降。必需脂肪酸与类脂肪代谢密切相关。胆固醇必须与必需脂肪酸结合,才能在动物体内转运和正常代谢。缺乏必需脂肪酸时,胆固醇将与一些饱和脂肪酸结合,不能在体内正常运转,从而影响动物体的代谢过程。必需脂肪酸与动物精子生成有关。日粮中长期缺乏必需脂肪酸可导致动物繁殖功能降低。例如:公猪精子形成受到影响,母猪出现不孕症;公鸡睾丸变小,第二性征发育迟缓;产蛋鸡所产的蛋变小;种鸡产蛋率降低,受精率和孵化率下降,胚胎死亡率上升。

必需脂肪酸是动物体内合成前列腺素的原料。前列腺素是一组与必需脂肪酸有关的化合物,是由亚油酸合成的,它可控制猪体组织中甘油三酯的水解过程。必需脂肪酸缺乏时,会影响前列腺素的合成,导致脂肪组织中脂解作用速度加快。

3. 动物必需脂肪酸的来源和供给

非反刍动物可从饲料中获取所需要的必需脂肪酸。日粮中亚油酸含量达1.0%即能满足禽类的需要,种鸡和肉鸡亚油酸的需要量可能更高,各阶段猪需要0.1%的亚油酸。

亚油酸的主要来源是植物油。玉米、大豆、花生、菜籽、棉籽等饲料中富含亚油酸。以玉米、燕麦为主要能源或以谷实类籽实及其副产品为主的饲粮都能满足亚油酸的需要。而幼龄动物、生长快的动物和妊娠动物须另外补饲。

成年反刍动物瘤胃中微生物所合成的脂肪,亚油酸含量丰富,正常饲养条件下,能满足需要而不会引起必需脂肪酸的缺乏。幼年反刍动物因瘤胃功能尚不完善,须从饲料中摄取必需脂肪酸。

五、饲料脂肪对动物产品品质的影响

(一) 饲料脂肪对肉类脂肪的影响

1. 单胃动物

单胃动物的胃黏膜和胰脏均能分泌脂肪酶。虽然胃脂肪酶可将脂肪水解为游离脂肪酸和甘油,但由于脂肪必须先经乳化,使脂肪球的直径小于0.5μm后,方便于水解,而胃中的酸性环境不利于脂肪的乳化,所以脂肪在胃中不能被消化,只是初步乳化。单胃动物消化吸收脂肪的主要场所是小肠,在胆汁、胰脂肪酶和肠脂肪酶的作用下,水解为甘油和脂肪酸。经吸收后,家禽主要在肝脏,家畜主要在脂肪组织(皮下和腹腔)中再合成体脂肪。单胃动物没有瘤胃,不能经细菌的氢化作用将不饱和脂肪酸转化为饱和脂肪酸。因此,它所采食饲料中的脂肪性质直接影响体脂肪的品质。试验证明,在猪的育肥期,如喂给脂肪含量高的饲料,可使猪体脂肪变软,易于酸败,不适于制作腌肉和火腿等肉制品。因此,猪育肥期应少喂脂肪含量高的饲料,多喂富含淀粉的饲料,因为由淀粉转变成的体脂肪中含饱和脂肪酸较多。采取这种措施,既保证猪肉的优良品质,又可降低饲养成本。饲料脂肪性质对鸡体脂肪的影响与猪相似。一般说来,日粮中添加脂肪对总体脂含量的影响较小,对体脂肪的组成影响较大。

马属动物盲肠中虽然具有与瘤胃相同的细菌,也能将牧草中不饱和脂肪酸氢化转变为饱和脂肪酸,但牧草中的脂肪在进入盲肠之前,大部分在小肠尚未转化为饱和脂肪酸时已被吸收。因此,马属动物的体脂肪中也是不饱和脂肪酸多于饱和脂肪酸。

2. 反刍动物

反刍动物的饲料主要是牧草和秸秆类。以鲜草中的脂肪为例,不饱和脂肪酸占4/5,饱和脂肪酸仅占1/5。牧草中的脂肪,在瘤胃内微生物的作用下,水解为甘油和脂肪酸,其中大量的不饱和脂肪酸可经细菌的氢化作用转变为饱和脂肪酸,再由小肠吸收后合成体脂肪。因此,反刍动物体脂肪中饱和脂肪酸较多,体脂肪较为坚硬。这说明反刍动物体脂肪品质受饲草脂肪性质影响极小,高精料饲养容易使皮下脂肪变软。

(二) 饲料脂肪对乳脂肪品质的影响

饲料脂肪在一定程度上可直接进入乳腺,饲料脂肪的某些成分可不经变化地用以形成乳脂肪。因此,饲料脂肪性质与乳脂品质密切相关。以奶牛的乳脂为例,饲喂大豆时黄油质地较软,饲喂大豆饼时黄油较为坚实,而饲喂大麦粉、豌豆粉和黑麦麸时黄油则更为坚实。添加油脂对乳脂率影响较小,一般不能通过添加油脂的办法改善奶牛的乳脂率。

(三) 饲料脂肪对蛋黄脂肪的影响

将近一半的蛋黄脂肪是在卵黄发育过程中摄取经肝脏而来的血液脂肪而合成,这说明蛋黄脂肪的质和量受饲料脂肪影响较大。据研究,饲料脂类使蛋黄脂肪偏向不饱和程度大,一些特殊饲料成分可能对蛋黄造成不良影响,例如硬脂酸进入蛋黄中会产生不适宜的气味。添加油脂(主要为植物油)可促进蛋黄的形成,继而增加蛋重,并可能生产富含亚油酸的"营养蛋"。

六、在动物饲粮中添加油脂的应用

油脂是高能饲料。饲粮中添加油脂,除供能外,可改善适口性,增加饲料在肠道的停留时间,有利于其他营养成分的消化、吸收和利用,即具有"增能效应",高温季节可降低动物的应激反应。研究表明,添加油脂还能显著提高生产性能并降低饲养成本,尤其对于生长发育快、生产周期短或生产性能高的动物,效果更为明显。据报道,饲粮中加入脂肪,肉仔鸡增重提高5% ~15%;蛋鸡产蛋率提高5% ~10%,而且单位产品饲料消耗减少6% ~12%;奶牛产奶量提高8% ~17.4%,提高乳脂率13% ~18%。据试验,断乳仔猪饲料中加入8%大豆油脚,提高增重17.6%,每千克增重节省饲料12%;妊娠期和泌乳期母猪饲粮中添加油脂,可增加经产母猪的产奶量,提高初产、经产母猪的乳脂含量并提高仔猪成活率和生长率。

为了满足肉鸡对高能量饲粮的要求,通常须在饲粮中添加油脂。研究表明,日粮中添加适量油脂能显著提高肉鸡日增重和饲料转化率,改善肉质,缩短饲养周期,经济效益显著。肉鸡体内脂肪沉积绝大部分在育肥阶段。从减少腹脂和提高生产性能两方面考虑,建议在肉鸡前期饲粮中添加2% ~4%的猪油等油脂,以提高生产性能;而在后期饲粮中添加必需脂肪酸含量高的玉米油、豆油等油脂,以改善肉质。

奶牛精饲料中油脂建议添加量为3% ~5%,蛋鸡饲粮中为3%左右,肉猪为4% ~6%,仔猪为3% ~5%。据试验,3周龄前断乳仔猪脂肪添加量可高达9%,添加植物油优于动物油,而椰子油、玉米油、大豆油为仔猪的最佳添加油脂。由于油脂价格高,且混合工艺存在问题,目前国内的油脂实际添加量远低于上述建议添加量。

加工生产预混料时,为避免产品吸湿结块,减少粉尘,常在原料中加一定量油脂。

以家禽为例,饲粮中添加油脂时的注意事项如下:①添加油脂后,饲粮的消化能、代谢能水平不能变化太大。因为过量添加油脂可能会降低采食量。②满足含硫氨基酸的供应。有人建议肉鸡饲粮中含硫氨基酸供给量可提高到0.9% ~1%,蛋鸡0.7% ~0.8%。③常量元素、微量元素及维生素 B_2、B_6、B_{12} 和胆碱等的供给量应增加10% ~20%。④控制粗纤维供应水平,肉鸡控制在最低量,蛋鸡特别是笼养鸡应比标准高出1% ~1.5%。⑤长期添加油脂时,每千克饲粮中应添加硒0.05 ~0.1mg。⑥防止油脂氧化,保证油脂品质。⑦要将油脂均匀拌在饲粮中,并在短期内喂完。

课题七　矿物质营养及常量矿物质元素

矿物质是一类无机营养物质,存在于动物体的各种组织中,广泛参与体内各种代谢过程。除碳、氢、氧和氮四种元素主要以有机化合物形式存在以外,其余各种元素统称为矿物质元素。

矿物质元素在动物生命活动过程中起着十分重要的调节作用,尽管其在体内所占比例很小,且不供给能量、蛋白质和脂肪,但缺乏时会导致动物生长或生产受阻,甚至死亡。

一、必需矿物质元素

动物所需要的,在体内具有确切生理功能和代谢作用,日粮供给不足或缺乏时可引起生理功能和结构异常,并导致缺乏症的发生。补给相应的元素,缺乏症即可消失的元素都叫必需矿物质元素。

目前已知,动物的必需常量矿物质元素有钙、磷、钾、钠、氯、镁、硫7种。微量元素有铁、铜、钴、锌、锰、硒、碘、钼、氟、铬、镉、硅、矾、镍、锡、砷、铅、锂、硼、溴20种。还有一些尚未被引入必需矿物质元素的许多元素,对于动物体也可能是必需的,其中已发现有31种微量元素在动物体代谢过程中具有重要作用。

二、矿物质元素在动物体内的含量

不同动物体内主要必需矿物质元素的含量有所差异,但一般相对稳定:钙1.10%~2.00%,磷0.70%~1.00%,钠0.10%~0.60%,钾0.10%~0.25%,氯0.05%~0.20%,硫0.10%~0.15%,镁0.03%~0.06%,铁40~90mg/kg,锌20~35mg/kg,铜1.0~5.0mg/kg,锰0.3~0.5mg/kg。

动物体内矿物质元素存在形式多种多样,或与蛋白质及氨基酸结合,或游离,或作为离子的组成成分存在。不管以什么形式存在或转运,都始终在血液、肌内、骨骼、消化道、体表等之间保持动态平衡。

矿物质元素在不同器官中的周转和代谢速度不同,血浆中的钙每天可周转代谢几次,而牙齿中钙几乎没有变化。

三、矿物质的营养生理功能

矿物质不是动物体能量的来源,但它是动物体组织器官的组成成分,并在物质代谢中起着重要调节等作用。

1. 矿物质是构成动物体组织的重要成分

钙、磷、镁是构成动物骨骼和牙齿的主要成分,磷和硫是组成动物体蛋白的重要成分。有些矿物质存在于毛、蹄、角、肌肉、体液及组织器官中。

2. 矿物质在维持体液渗透压恒定和酸碱平衡上起着重要作用

动物的体液中，1/3 是细胞外液，2/3 是细胞内液，细胞内液与细胞外液间的物质交换，必须在渗透压相同的情况下才能进行。维持细胞内液渗透压的恒定主要靠 K^+，而维持细胞外液则主要靠 N_a^+ 和 Cl^-。动物体内各种酸性离子（如 Cl^-）与碱性离子（如 K^+、Na^+）之间保持适宜的比例，配合重碳酸盐和蛋白质的缓冲作用，即可维持体液的酸碱平衡，从而保证动物体的组织细胞进行正常的生命活动。

3. 矿物质是维持神经和肌肉正常功能所必需的物质

例如，钾和钠能促进神经和肌肉的兴奋性，而钙和镁却能抑制神经肌肉的兴奋性。各种矿物质，尤其是钾、钠、钙、镁离子保持适宜的比例，即可维持神经和肌肉的正常功能。

4. 矿物质是机体内多种酶的成分或激活剂

磷是辅酶Ⅰ、辅酶Ⅱ和焦磷酸硫胺素酶的成分，铁是细胞色素酶等的成分，铜是细胞色素氧化酶、酪氨酸酶、过氧化物歧化酶等多种酶的成分。氯是胃蛋白酶的激活剂，钙是凝血酶的激活剂等。由此参与调节和催化动物体内各种生化反应。

5. 矿物质是动物生产产品的主要成分

如牛奶干物质中含有 5.8% 的矿物质。钙是蛋壳的主要成分，蛋白和蛋黄中也含有丰富的矿物质。

四、矿物质的需要与供给

1. 矿物质的需要

动物对矿物质的需要受多种因素的影响。一些动物对主要必需矿物质元素的需要量及最大安全量见表 13-2。

表 13-2　各种动物对常见矿物元素的需要量及最大安全量（mg/kg）

元素	牛	绵羊	猪	家禽
需要量				
Fe	40～60	3～40	50～120	40～80
Cu	5～15	5～6	10～15	3～8
Zn	50～100	50～60	50～80	50～60
Mn	40～100	30～40	30～50	40～60
Co	0.1～0.2	0.1～0.2	0.1	0.1
Mo	0.5～1	0.5～1	<1	<1
I	0.2～0.5	0.2～0.4	0.1～0.2	0.3～0.4
Se	0.1～0.2	0.1～0.2	0.1～0.2	0.1～0.2

续表

元素	牛	绵羊	猪	家禽
最大安全量				
Fe	100	500	3000	1000
Cu	100	150	250	300
Zn	400	300	1000	1000
Mn	1000	1000	400	1000
Co	30	50	50	50
Mo	6	10	20	20
I	20	50	400	300
Se	3	3	4	4

2. 矿物质的供给

常用饲料可提供动物需要的矿物质营养。但由于不同饲料所含矿物质元素的量和种类不同,而不同动物对矿物质元素的需要量也不同,因此不一定都能满足需要。普通家畜、禽常会出现钙、磷、钠、氯不足,铁、锌、铜、锰、碘处于临界缺乏或缺乏,硒、氟、钼缺与不缺具有地区性。反刍动物常会出现钙、磷、钾、镁、硫不足,铁、铜、碘、钴、锰处于临界缺乏或缺乏,锌有时可能不足,硒、氟、钼缺与不缺同样具有地区性。

在动物实际生产中,由天然饲料原料配制成的日粮一般都不能满足矿物质元素的需要,通常都要用矿物质饲料或微量元素添加剂来补充。

由于矿物元素具有不稳定性和易结合的特点,容易发生协同作用和拮抗作用。生产中最多的应注意相互间的抑制,如磷、镁、锌、铜间相互抑制,钾对锌和锰有抑制作用,钠、钴、铜可抑制铁等,因此,配合饲料时必须保证矿物元素之间的平衡。

四、常量矿物质元素

(一) 钙和磷

1. 营养生理功能

机体中的钙约99%构成骨骼和牙齿;钙在维持神经和肌肉正常功能中起抑制神经—肌肉兴奋性的作用。当血钙含量低于正常水平时,神经—肌肉兴奋性增强,引起动物抽搐;钙可促进凝血酶的活化,参与正常血凝过程;钙是多种酶的活化剂或抑制剂;钙能激活肌纤凝蛋白-ATP酶与卵磷脂酶,能抑制烯醇化酶与二肽酶的活性。

机体中约80%的磷构成骨骼和牙齿;磷以磷酸根的形式参与糖的氧化和酵解,参与脂肪酸的氧化和蛋白质分解等多种物质代谢;在能量代谢中磷以ADP和ATP的成分,在能量贮存与传递过程中起着重要作用;磷还是RNA、DNA、辅酶Ⅰ、辅酶Ⅱ的成分,与蛋白质的生物合成及动物的遗传有关;另外,磷也是细胞膜和血液中缓冲物质的成分。

2. 钙、磷缺乏症与过量的危害

(1) 钙磷缺乏症。当钙磷缺乏时,动物主要临床表现为以下几个方面:

① 食欲不振与生产力下降。食欲不振或废绝,缺磷时更为明显。患畜消瘦,生长停滞;母畜不发情或屡配不孕,并可导致永久性不育,或产畸胎、死胎,产后泌乳量减少;公畜性功能降低,精子发育不良,活力差;母鸡产软壳蛋或蛋壳破损率高,产蛋率和孵化率下降。

② 异嗜癖。动物喜欢啃食泥土、石头等异物,互相舔食被毛或咬耳朵。母猪吃仔猪,母鸡啄食鸡蛋等。缺磷时异嗜癖表现更为明显。

③ 幼年动物患佝偻症。幼年动物的饲粮中缺乏钙磷或其比例不当或维生素 D 不足时均可引起。患佝偻症的动物表现为:骨端粗大、关节肿大,四肢弯曲,呈"X"型或"O"型;肋骨有"念珠状"突起(图 13-7);骨质疏松,易骨折;幼猪多为犬坐姿势(图 13-8),严重时后肢瘫痪;犊牛四肢畸形、弓背。幼年动物在冬季舍饲期,饲喂钙少磷多的精料,又很少接触阳光时最易出现这种症状。

图 13-7 肋骨念珠状突起

图 13-8 猪的犬坐姿势

④ 成年动物患软骨症。此症常发生于妊娠后期与产后母畜、高产奶牛和产蛋鸡。饲粮中缺少钙磷或比例不当,为供给胎儿生长或产奶、产蛋的需要,动物过多地动用骨骼中的贮备,造成骨质疏松、多孔,呈海绵状,骨壁变薄,容易在骨盆骨、股骨和腰间部椎骨处发生骨折。母牛、母猪常于分娩前后瘫痪。母鸡胸骨变软,翼和足易折断,严重时引起死亡。

(2) 钙磷过量的危害。动物对钙磷有一定程度的耐受力。过量食用直接造成中毒的少见,但超过一定限度,会降低动物的生产性能。反刍动物摄入过量钙时,可抑制瘤胃微生物的活动而降低日粮的消化率。单胃动物摄入过量钙时,会造成脂肪消化率下降,磷、镁、铁、锰和碘等发生代谢紊乱。生长猪和禽供钙量超过需要量的 50% 时,就会产生不良后果;磷过多,使血钙降低。为了调节血钙,刺激甲状旁腺分泌增多而引起甲状旁腺功能亢进,致使骨中磷大量分解,易产生跛行或长骨骨折。

3. 钙磷的合理供应

不同动物对钙磷的需要量不同。饲养实践中，除了要满足钙、磷需要量的供应外，还必须采取措施，促进钙磷在动物体内的吸收。

(1) 影响钙磷吸收的因素。生产上当日粮中钙磷供给量充足时，动物也会出现相应的缺乏症，原因主要是影响钙磷吸收的因素有很多。

① 钙、磷的溶解性。饲料中的钙和无机磷可以直接被吸收，而有机磷则须经过酶水解成为无机磷后才能吸收。钙磷的吸收须在溶解状态下进行，因此，凡是能促进钙、磷溶解的因素就能促进钙磷的吸收。

② 酸性环境。动物对钙的吸收是由胃开始的。饲料中的钙可与胃液中的盐酸化合生成氯化钙，氯化钙极易溶解，故可被胃壁吸收。小肠中的磷酸钙、碳酸钙等的溶解度受肠道 pH 影响很大，在碱性、中性溶液中其溶解度很低，难于吸收。酸性溶液中溶解度大大增加，易于吸收。小肠前段为弱酸性环境，是饲料中钙和无机磷吸收的主要场所。小肠后段偏碱性，不利于钙磷的吸收。因此，增强小肠酸性的因素有利于钙磷的吸收。蛋白质在小肠内水解为氨基酸，乳糖、葡萄糖在肠内发酵生成乳酸，均可增强小肠酸性，促进钙磷吸收。胃液分泌不足，则影响钙磷吸收。

③ 钙磷比例。一般动物钙、磷比例在(1～2)∶1范围内吸收率高。若钙、磷比例失调，小肠内又偏碱性的条件下，过多的钙将与饲粮中的磷更多地结合成磷酸钙沉淀；如果磷过多，同样也与更多的钙结合成磷酸钙沉淀；磷酸钙沉淀被排出体外。所以饲粮中钙过多易造成磷的不足，磷过多又造成了钙的缺乏。实践证明，若饲粮中钙磷量的供应充足，但由于比例不当，同样会产生软骨症。但不同动物对不适宜的钙、磷比值忍受力不同。非反刍动物不能忍受大于3∶1的钙磷比值，却能忍受小于1∶1的比值。反刍动物能忍受7∶1的钙磷比值，但当钙磷比值小于1∶1时，会产生生长缓慢的现象。

④ 维生素 D。维生素 D 对钙磷代谢的调节，是通过它在肝脏、肾脏羟化后的产物1,25 二羟维生素 D_3 起作用的。1,25 二羟维生素 D_3 具有增强小肠酸性、调节钙磷比例、促进钙磷吸收与沉积的作用。因此，保证动物对维生素 D 的需要，可促进钙磷的吸收。尤其动物在冬季舍饲期，满足维生素 D 的供应就显得更为重要。但是，过高的维生素 D 会使骨骼中钙磷过量动员，反而可能产生骨骼病变。

⑤ 钙磷的来源。饲粮的脂肪、草酸、植酸过多，易与钙结合成钙皂，由粪便排出，影响钙的吸收；甜菜叶等青饲料中草酸较多，易与钙结合为草酸钙沉积，也不能吸收。反刍动物瘤胃微生物可分解草酸，因此，当草酸盐含量不大时，不会影响对钙的吸收；谷实类及加工副产品中的磷，大多以植酸（六磷酸肌醇）或植酸钙镁磷复盐的有机磷形式存在，单胃动物对它的水解能力弱，很难吸收。以谷实类、麸皮类饲料为主的单胃动物日粮，应适当

补加无机磷。植酸与钙结合为不易溶解的植酸钙,也影响钙的吸收。反刍动物瘤胃中的微生物水解植酸磷能力很强,不影响其对钙磷的吸收。

单胃动物对植酸磷利用率低,因此对猪和家禽又提出有效磷的供应问题。所谓有效磷又称为可利用磷。一般认为,矿物质饲料和动物性饲料中的磷 100% 为有效磷,而植物性饲料中 30% 的磷为有效磷,为保证单胃动物对磷的需要,最好使无机磷的比例占总磷需要量的 30% 以上。

(2) 钙磷的来源与供应。各类动物对钙磷的需要量可参照各自的饲养标准。为了保证动物对钙磷的需要,在饲养实践中常采取以下措施:

① 饲喂富含钙磷的天然饲料。含有骨骼的动物性饲料,如鱼粉、肉骨粉等钙磷含量均高。豆科植物,如大豆、苜蓿草、花生秧等含钙丰富。禾谷类籽实和糠麸类中钙少磷多,但 60% 以上的磷是以植酸磷的形式存在。单胃动物消化道水解植酸磷的能力很低,现采用在猪鸡饲粮中添加植酸酶的措施,以促使植酸磷分解释放出活性无机磷,从而减少无机磷的用量,降低饲料成本;同时也可减少动物排泄磷对环境的污染;并可消除植酸的抗营养作用,提高日粮中其他养分的消化率和利用率。但一般要求饲料中植酸磷含量在0.2%以上,才有必要使用植酸酶,推荐添加量为 300 ~ 500IU/kg 饲粮。猪的试验表明,每千克饲粮中添加 500IU 植酸酶大致可替代 1.2g 的无机磷。

② 补饲矿物质饲料。植物性饲料常满足不了动物对钙磷的需要,必须在饲粮中添加矿物质饲料。如含钙的蛋壳粉、贝壳粉、石灰石粉、石膏粉等,含钙磷的蒸骨粉、磷酸氢钙等,但同时要调整钙磷比例为(1 ~ 2):1,其吸收率高。

③ 加强动物的舍外运动。多晒太阳,使动物被毛、皮肤、血液中的 7 -脱氢胆固醇大量转变为维生素 D_3,或在饲粮中添加维生素 D。

④ 对饲料地、牧草地多施含钙磷的肥料,以增加饲料中钙磷的含量。

⑤ 优良贵重的种用动物可采用注射维生素 D 和钙的制剂或口服鱼肝油的办法,起预防和治疗作用。

(二) 钾、钠与氯

这三种元素又称为电解质元素,主要分布于动物体液和软组织中。

1. 钾

钾对维持细胞内液渗透压的稳定和调节酸碱平衡起着重要作用;钾参与蛋白质和糖的代谢;钾可促进神经和肌肉兴奋性。植物性饲料,尤其是幼嫩植物中含钾丰富,一般情况下,动物饲粮中不会缺钾。钾过量影响钠、镁的吸收,甚至引起“缺镁痉挛症”。

2. 钠与氯

(1) 营养生理功能。钠和氯的主要作用是维持细胞外液渗透压和调节酸碱平衡。钠也可提高神经和肌肉的兴奋性，并参与神经冲动的传递；钠可抑制反刍动物瘤胃中产生过多的酸，为瘤胃微生物活动创造适宜环境；氯为胃液盐酸的成分，能激活胃蛋白酶，活化唾液淀粉酶，有助于消化。盐酸可保持胃液呈酸性，具有杀菌作用。

(2) 钠和氯的来源与供应。除鱼粉、酱油渣等含盐饲料外，多数饲料中均缺乏钠和氯。食盐是供给动物钠和氯的最好来源。食盐具有调节饲料口味、改善适口性、刺激唾液分泌、活化消化酶等作用。动物饲粮中，一般都需要另补食盐。

动物缺少食盐的表现：食欲不振，被毛脱落，生长停滞，生产力下降，并有掘土毁圈、喝尿、舔脏物、相互咬尾巴等异嗜癖。重役动物由于汗液排出大量钠和氯，缺少食盐时，可发生急性食盐缺乏症，其表现为神经—肌肉活动失常，心脏功能紊乱，甚至死亡。因此，必须经常供给动物食盐。

食盐过多、饮水量少，会引起动物食盐中毒。猪和鸡对食盐过量较为敏感，容易发生食盐中毒。饲喂含食盐为2%日粮的生长猪，在给水少的情况下，可出现食盐中毒，表现为极度口渴，步态不稳，后肢麻痹，剧烈抽搐，甚至死亡。饲喂雏鸡日粮中食盐达2%时便可死亡。因此，要严格控制食盐给量，一般猪为混合精料的0.25%～0.5%，鸡为0.35%～0.37%（但必须把含食盐量高的饲料中的含盐量计算在内），并将食盐压碎后均匀地拌在饲料中饲喂。由于动物性饲料及盐酸赖氨酸用量的增加，猪禽饲粮中食盐用量降低，而用小苏打可补充钠离子的不足。草食动物不易发生食盐中毒，可自由舔食。

3. 电解质平衡与动物营养

动物体内电解质平衡是保证动物正常发挥生产性能的重要因素。这些离子虽然可由体内代谢产生，但主要还是来自于日粮。因此，日粮离子平衡与动物生产性能密切相关。研究电解质营养已成为挖掘动物营养和饲养潜力的一个方面。

动物体内的无机离子含量约占动物干物质量的3%～4%，而这少量的无机离子对动物的生命活动却起着非常重要的作用。主要表现是维持机体内的渗透压，调节体内酸碱平衡（阴阳离子平衡），维持细胞的通透性，构成酶的必需组成成分和控制组织中的水分代谢，保证营养物质运输。许多研究表明，动物摄入机体的主要阳离子是 Na^+、K^+、Ca^{2+}、Mg^{2+}、NH_4^+、H^+，主要阴离子为 Cl^-、HPO_4^{2-}、$H_2PO_4^-$、SO_4^{2-}、HCO_3^-。这些离子在动物体内相互影响，共同发挥生理作用。机体内一些阳离子（Na^+、K^+ 等）也有相互补偿作用。日粮中 K^+ 水平高时对 Na^+ 需要有轻微的补偿作用，增加日粮中 Na^+ 的水平会严重影响 K^+ 的需要。而且每一种离子都不可能单独发挥作用，必须同其他离子保持一定的比例，共同发挥作用。某种离子缺乏或过量对动物机体都有影响。

日粮中的 Na^+ 和 K^+ 须与 Cl^-、SO_4^{2-} 保持平衡。Cl^- 和 SO_4^{2-} 导致日粮中酸度增加可用 Na^+ 和 K^+ 来平衡；Na^+ 含量超过可代谢阳离子时，对机体的有害作用也可用 Cl^-、K^+ 或其他阴离子来缓解。

日粮离子平衡状况既影响能量、氨基酸、维生素及其他矿物质元素的代谢，也影响饲料的营养价值、动物的生长、抵抗应激环境的能力及生产性能等。常用的生长猪日粮大部分由玉米和豆粕组成，电解质平衡值为170mmol/kg，但试验证明日粮电解质平衡值在250～400mmol/kg之间，营养物质的消化率最高。幼猪日粮使用酸性物质可提高营养物质的消化率，鸡日粮中添加碱性盐类可降低精氨酸和赖氨酸之间的拮抗作用，在赖氨酸超量时，日粮添加钠盐或钾盐，鸡的增重加快，在某种情况下，生长速度改善的幅度与补充精氨酸相似。禽的日粮中正负离子越接近平衡，越有利于禽生长；反刍动物日粮中添加碱化剂可提高粗纤维消化率，奶牛日粮中阴离子丰富，既能提高产奶量，又能降低产后瘫痪的发病率。近年来，$NaHCO_3$、NH_4Cl、KCl 等广泛应用于调节电解质平衡。已经证明，用 $NaHCO_3$ 代替部分 NaCl，既可缓解高温季节热应激，又可改善蛋壳质量。

（三）镁

1. 营养生理功能

约有70%的镁参与骨骼和牙齿的构成；镁具有抑制神经—肌肉兴奋性及维持心脏正常功能的作用；镁还是焦磷酸酶、胆碱酯酶、三磷酸腺苷酶和肽酶等多种酶的活化剂，从而影响三种有机物的代谢；镁还参与遗传物质 DNA 和 RNA 的合成。

2. 缺乏症与过量的危害

非反刍动物需镁量低，约占日粮的0.05%，一般饲料均能满足需要，故猪、禽不需要另外补饲。实际饲养中，镁缺乏症主要见于反刍动物均有发生。

反刍动物缺镁症可分为两种类型。一种类型是长期喂缺镁日粮，以致体内贮存的镁消耗殆尽而发生的缺镁症。主要症状为痉挛，故也称其为缺镁痉挛症。这种类型的缺镁症主要发生于土壤中缺镁地区的犊牛和羔羊。另一种类型是早春放牧的反刍动物，由于采食含镁量低（低于干物质的0.2%）、吸收率又低（平均17%）的青牧草而发生的缺镁症，称其为草痉挛。主要表现为神经过敏、肌肉痉挛、呼吸弱、抽搐，甚至死亡。幼龄犊牛在食用低镁人工乳时，也会引起低血镁，其临床症状与草痉挛相似。

镁过量可使动物中毒。主要表现为昏睡、运动失调、腹泻、采食量下降、生产力降低，严重时死亡。鸡日粮含镁高于1%时，鸡表现为生长缓慢、产蛋率下降、蛋壳变薄。生产实践中，使用含镁添加剂混合不均时可导致中毒。

3. 来源与补充

镁普遍存在于各种饲料中，尤其是糠麸、饼粕和青饲料中含镁丰富。谷实类、块根茎类中也含有较多的镁。

缺镁地区的反刍动物，可采用氧化镁、硫酸镁或碳酸镁进行补饲。患草痉挛的反刍动物，早期注射硫酸镁或将两份硫酸镁混合一份食盐让其自由舔食均可治愈。有人认为，猪饲料中补镁有利于防止过敏反应和咬尾现象。

（四）硫

1. 营养功能

硫以硫氨基酸的形式参与被毛、羽毛、蹄爪等角蛋白的合成；硫是硫胺素、生物素和胰岛素的组成成分，参与碳水化合物的代谢；硫以黏多糖的形式参与胶原蛋白和结缔组织的代谢。

无机硫对于动物具有一定的营养意义。反刍动物瘤胃中的微生物能有效利用无机的含硫化合物，如硫酸钾、硫酸钠、硫酸钙等，合成含硫氨基酸和维生素。雏鸡试验表明，适当增加日粮中无机硫的含量，可减少雏鸡对含硫氨基酸的需要，有利于合成生命活动所必需的牛磺酸，促进雏鸡生长。

2. 缺乏症与过量的危害

硫的缺乏通常是动物缺乏蛋白质时才会发生。动物缺硫表现为消瘦，角、蹄、爪、毛、羽生长缓慢。反刍动物以尿素作为唯一的氮源而不补充硫时，也可能出现缺硫现象，致使体重减轻，利用粗纤维的能力降低，生产性能下降。禽类缺硫易发生啄食癖，影响羽毛质量。

自然条件下硫过量现象非常少见。用无机硫作添加剂，用量超过0.3% ~0.5%，可能使动物产生厌食、失重、抑郁等症状。

3. 来源与补充

动物性蛋白质饲料中含硫丰富，如鱼粉、肉粉和血粉等含硫可达0.35% ~0.85%。动物日粮中的硫一般都能满足需要，不需要另外补饲，但在动物脱毛、换羽期间，为加速脱毛、换羽的进行，尽早地恢复正常生产，可补饲硫酸盐，如硫酸钠、硫酸钙、硫酸镁等。

课题八　微量矿物质元素

一、铁、铜、钴

这三种元素的共同功能是参与造血功能，并参与体内抗体的形成。

（一）铁

1. 营养生理功能

铁是合成血红蛋白和肌红蛋白的原料。血红蛋白作为氧和二氧化碳的载体，能保证其正常运输。肌红蛋白是肌肉在缺氧条件下做功的供氧原；铁作为细胞色素氧化酶、过氧化物酶、过氧化氢酶、黄嘌呤氧化酶的成分及碳水化合物代谢酶类的激活剂，参与机体内的物质代谢及生物氧化过程，催化各种生化反应；转铁蛋白除运载铁以外，还有预防机体感染疾病的作用。

2. 缺乏与过量的危害

因饲料中的含铁量超过动物需要量，且机体内红细胞破坏分解释放的铁90%可被机体再利用，故成年动物不易缺铁。哺乳幼畜，尤其是仔猪容易发生缺铁症。初生仔猪体内贮铁量为30~50mg，正常生长每天需铁7~8mg。而仔猪每天从母乳中仅得到约1mg的铁。如不及时补铁，3~5日龄即出现贫血症状。表现为食欲降低、体弱、轻度腹泻、皮肤和可视黏膜苍白、血红蛋白量下降、呼吸困难，严重者3~4周龄死亡。雏鸡严重缺铁时心肌肥大，铁不足直接阻碍淋巴细胞的生成，影响机体内含铁球蛋白类的免疫性能。

日粮干物质中含铁量达1000mg/kg时，可导致慢性中毒，消化功能紊乱，引起腹泻，增重缓慢，重者导致死亡。

（二）铜

1. 营养生理功能

①铜对造血起催化作用，它促进铁从网状内皮系统和肝细胞中释放出来进入血液，以合成血红素。②铜是红细胞的成分，可加速卟啉的合成，促进红细胞的成熟。③铜以金属酶的成分，直接参与体内代谢，这些酶包括细胞色素酶、细胞色素氧化酶、尿酸氧化酶、抗坏血酸酶、氨基酸氧化酶等。铜还是过氧化物歧化酶和单胺氧化酶系统的组成部分。铜参与组成的酶主要催化弹性蛋白肽链中赖氨酸残基转变为醛基，使弹性纤维不溶，以维持组织的韧性及弹性。④铜是骨骼的重要成分，参与骨形成并促进钙磷在软骨基质上的沉积。⑤铜在维持中枢神经系统功能上起着重要作用，并可促进垂体释放生长激素、促甲状腺激素、促黄体激素和促肾上腺皮质激素等。⑥铜能促进被毛中双硫基的形成及双硫基的多叉结合，从而影响被毛的生长。铜作为酪氨酸酶的成分参与被毛中黑色素的形成过程。⑦铜对维持动物的妊娠过程、繁殖率及种蛋的孵化率均有影响。⑧铜参与血清免疫球蛋白的构成并通过由它组成的酶类构成机体防御体系，增强机体的免疫功能。

2. 缺乏症与过量中毒

缺铜时，影响动物正常的造血功能。当血铜低于0.2μg/mL时，可引起贫血，缩短红细胞的寿命，降低铁的吸收率与利用率；缺铜时血管弹性硬蛋白合成受阻、弹性降低，从而导致动物血管破裂死亡；缺铜时长骨外层很薄，骨骼畸形或骨折；羔羊缺铜致使中枢神经髓鞘脱失，表现为摆腰症；缺铜被毛中含硫氨基酸代谢遭破坏，被毛中角蛋白双硫基的合成受阻，羊毛生长缓慢，失去正常弯曲度，毛质脆弱。缺铜时参与色素形成的含铜酶合成受阻，活性降低，使有色毛褪色，黑色毛变为灰白色（图13-9）；缺

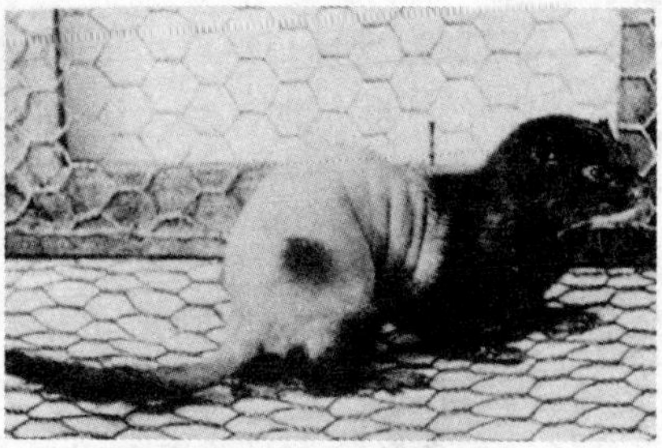

图13-9　严重脱毛的水貂

铜动物机体免疫系统损伤，免疫力下降，动物繁殖力降低。

铜过量可危害动物健康甚至中毒。每千克饲料干物质含铜量：绵羊超过50mg、牛超过100mg、猪超过250mg、雏鸡达到300mg均会引起中毒。过量的铜在肝脏中蓄积到一定水平时，就会释放进入血液，使红细胞溶解，动物出现血尿和黄疸症状，组织坏死，甚至死亡。

研究表明，在生长仔猪饲粮中，补饲高剂量的铜（150～220mg/kg），可以有效促进生长和增重，改善肉质，提高饲料转化率，其作用类似于抗生素，且高铜与抗生素之间有协同作用。但高铜对仔猪以外的动物没有明显效果，对反刍动物甚至有害。也有人认为，高水平铜可缓解仔猪断乳应激。为减轻高铜对环境的污染，氨基酸螯合铜目前被认为是一种理想的添加剂。

3. 来源和补充

饲料中铜分布广泛，尤其是豆科牧草、大豆饼、禾本科籽实及副产品中含铜较为丰富，动物一般不容易缺铜。但缺铜地区或饲粮中锌、钼、硫过多时，会影响铜的吸收，导致缺铜症。缺铜地区的牧地可施用硫酸铜化肥或直接给动物补饲硫酸铜。

（三）钴

1. 营养生理功能

钴是维生素B_{12}的成分，维生素B_{12}促进血红蛋白的形成，在蛋白质、蛋氨酸和叶酸等代谢中起重要作用；钴是磷酸葡萄糖变位酶和精氨酸酶等的激活剂，与蛋白质和碳水化合物的代谢有关。

2. 缺乏症与过量危害

反刍动物瘤胃中的微生物能利用钴合成维生素B_{12}。如缺钴，维生素B_{12}合成受阻，病畜表现为食欲不振、生长停滞、体弱消瘦、黏膜苍白等贫血症状。钴缺乏时，机体中抗体减少，降低了细胞免疫反应。

天然饲料中钴过量的可能性很小。各种动物对钴的耐受力较强，日粮中钴的含量超过需要量的300倍时才会产生中毒反应。非反刍动物主要表现为红细胞增多，反刍动物主要表现为肝钴含量增高、采食量和体重下降、消瘦和贫血。

3. 来源与补充

各种饲料均含微量的钴，一般都能满足动物的需要。缺钴地区，可给动物补饲硫酸钴、碳酸钴和氯化钴。

（四）采取综合措施预防幼龄动物贫血症

（1）补给铁、铜、钴。第一，仔猪生后2d内，在颈侧肌肉分点注射铁钴合剂。第二，将0.25%的硫酸亚铁和0.1%的硫酸铜混合溶液滴在母猪乳头上，让仔猪吸入。第三，给妊娠母猪和哺乳母猪日粮中添加铁蛋氨酸、铜蛋氨酸、钴蛋氨酸螯合物，效果更好。

(2) 设置矿物质补饲槽。在槽内装入新鲜红黏土、腐殖土、少量贝粉、食盐或添加硫酸亚铁、硫酸铜、氯化钴等盐类，供动物自由舔食。

(3) 对仔猪应尽早地开食与放牧。通过早开食、早补料及放牧时仔猪舔食土壤，采食青饲料或牧草，从中获取铁、铜、钴等微量元素。

(4) 饲喂幼龄动物富含蛋白质、维生素 B_6、维生素 B_{12}和叶酸的饲料。

二、硒

1. 营养功能

硒具有抗氧化作用，它是谷胱甘肽过氧化酶的成分，此酶可促使组织产生的过氧化氢、过氧化物变为无毒的醇，从而避免对红细胞、血红蛋白、精子原生质膜等的氧化破坏；硒是激活 5 -脱碘酶的重要物质，脂类和维生素 E 吸收时所需要的胰脂肪酶的形成受硒的影响；硒促进蛋白质、DNA 与 RNA 的合成并对动物的生长有刺激作用；硒与肌肉的生长发育和动物的繁殖密切相关；硒对胰腺的组成和功能也有重要影响；硒还能促进免疫球蛋白的合成，增强白细胞的杀菌能力；硒在机体内有拮抗和降低汞、镉、砷等元素毒性的作用，并可减轻维生素 D 中毒引起的病变。

2. 缺乏与过量的危害

实际生产中，我国东北、西北、西南及华东等省区为缺硒地区。缺硒时，猪和兔多发生肝细胞大量坏死而突然死亡；3 ~ 6 周龄雏鸡患渗出性素质病，胸腹部皮下有蓝绿色的体液聚集，皮下脂肪变黄，心包积水，严重缺硒会引起胰腺萎缩，胰腺分泌的消化液明显减少；幼年动物缺硒均可患白肌病，因肌球蛋白合成受阻，致使骨骼肌和心肌退化萎缩，肌肉表面有白色条纹；缺硒的青年公猪精子数减少，活力差，畸形率增高；缺硒的母牛易出现空怀或胚胎死亡；缺硒还加重缺碘症状，并降低机体免疫力。

饲粮中含有 0.1 ~ 0.15mg/kg 的硒，就不会出现缺硒症。含有 5 ~ 8mg/kg 时，可发生慢性中毒，表现为消瘦、贫血、关节僵直、脱毛、脱蹄、心脏、肝脏功能损伤，并影响繁殖等。摄入 500 ~ 1000mg/kg 时，发生急性中毒，患畜瞎眼、痉挛瘫痪、肺部充血，因窒息而死亡。

3. 预防或治疗缺硒症

可用亚硒酸钠维生素 E 制剂，做皮下或深度肌肉注射。或将亚硒酸钠稀释后，拌入饲粮中补饲。家禽可将亚硒酸钠溶于水中饮用。但要严格控制供给量。

三、锌

1. 营养功能

锌是动物体内多种酶的成分或激活剂，如 DNA 聚合酶、RNA 聚合酶、胸腺嘧啶核苷酸酶、碱性磷酸酶等，催化各种生化反应；锌是胰岛素的成分，参与碳水化合物的代谢；锌在蛋白质和核酸的生物合成中起重要作用；锌参与胱氨酸和酸黏多糖代谢，可维持上皮组织健康与被毛正常生长；锌是碳酸酐酶的成分，与动物呼吸有关；锌能促进性激素的活性，并与精子生成有关；锌参与肝脏和视网膜内维生素 A 还原酶的组成，与视力有关；锌参与骨骼和角质的生长并能增强机体免疫力和抗感染力，促进创伤的愈合。

2. 缺乏与过量的危害

幼龄动物缺锌食欲降低，生长发育受阻。犊牛和羔羊严重缺锌时出现侏儒现象；8～12 周龄的猪缺锌时易患不全角化症，表现为皮肤发炎、增厚，增厚的皮肤上覆以容易剥离的鳞屑，脱毛、微痒、呕吐、下痢。绵羊缺锌时，羊角和羊毛易脱落，家禽羽毛末端磨损，脚趾粗糙、开裂（图 13-10）；缺锌种公畜睾丸、附睾及前列腺发育受阻，影响精子生成，母畜性周期紊乱，不易受孕或流产。鸡孵化率下降，死胚率增高；缺锌导致骨骼发育不良，长骨变短增厚；缺锌动物外伤愈合缓慢；缺锌引起免疫器官（淋巴结、脾脏和胸腺）明显减轻，免疫反应显著降低，影响机体免疫力。

图 13-10　脚趾皮肤粗糙、开裂

各种动物对高锌都有较强的耐受力。过量锌对铁、铜吸收不利，易导致动物生长缓慢和贫血。近年的研究表明，以氧化锌形式给断乳前期（14～28 日龄）幼猪日粮中补充锌 1500～4000mg/kg，可缓解下痢，加快生长，减少死亡率，但这种高剂量的锌最多只能补充 14d，并仅以氧化锌的形式补充。高锌与高铜间无协同作用。

3. 来源与补充

锌的来源广泛，幼嫩植物、酵母、鱼粉、麸皮、油饼类及动物性饲料中含锌均丰富。猪、鸡易缺乏，常用硫酸锌、碳酸锌和氧化锌补饲，若采用蛋氨酸螯合物效果更好。

四、锰

1. 营养功能

锰是动物体内一些酶的组成成分或激活剂，参与蛋白质、碳水化合物、脂肪及核酸代谢；锰参与骨骼的生长；锰与动物繁殖有关；锰还与造血功能密切相关，并维持大脑的正常功能。

2. 缺乏与过量的危害

动物缺锰时，采食量下降；生长发育受阻；骨骼畸形，关节肿大，骨质疏松。生长鸡患滑腱症，表现为腿骨粗短，胫骨与跖骨接头肿胀，后腿腱从踝状突滑出，鸡不能站立，难以觅食和饮水，严重时死亡（图 13-11）；缺锰母畜不发情或性周期失常，不易受孕，妊娠初期流产或产弱胎、死胎、畸胎。胚胎期缺锰时，新生仔猪麻痹，死亡率高；缺锰母鸡产的蛋孵化时，鸡胚软骨退化，死胎多，孵化率下降，蛋壳不坚固；锰缺乏或过量都会抑制抗体的产生。

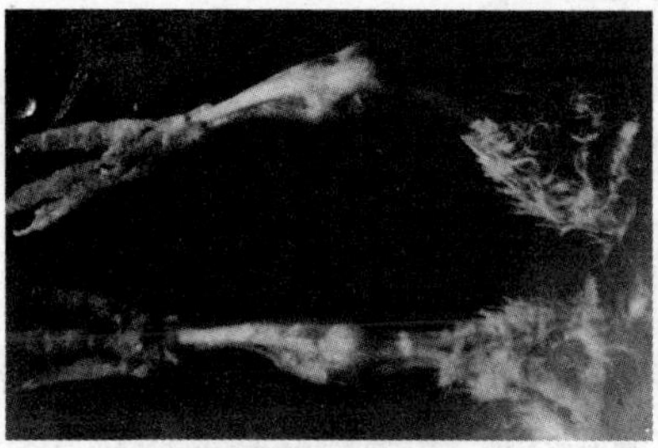

图 13-11　火鸡滑腱症

动物对过量锰具有耐受力，禽耐受力最强，牛、羊次之，猪对过量锰敏感，生产中锰中毒的现象非常少见。

3. 来源与补充

植物性饲料中含锰较多，尤其糠麸类、青绿饲料中含锰较丰富。生产中采用硫酸锰、氧化锰等补饲。补饲蛋氨酸锰效果更好。

五、碘

1. 营养功能

碘在动物体内主要存在于甲状腺中，是甲状腺素的重要组成元素。碘几乎参与机体所有的物质代谢过程，与动物的基础代谢密切相关，并具有促进动物生长发育、繁殖和红细胞生长等作用。

2. 缺乏与过量的危害

缺碘会降低动物基础代谢水平，导致甲状腺肿大。缺乏症多见于幼龄动物，表现为生长缓慢，骨架小，出现侏儒症。妊娠动物缺碘，可导致胎儿发育受阻，产生弱胎、死胎，成活率低。母牛缺碘时发情无规律，甚至不孕；雄性动物缺碘，精液品质下降，繁殖力下降。甲状腺肿大是缺碘地区人畜共患的一种常见病。但甲状腺肿不一定是由于缺碘引起的，十字花科植物中的含硫化合物和其他来源的高氯酸盐、硫脲或硫脲嘧啶等都能造成类似缺碘的后果。

各种动物对过量碘的耐受力不同。超过耐受量可造成不良影响，如猪血红蛋白下降。奶牛产奶量减少，鸡产蛋量降低。为了防止碘中毒，饲料干物质中含碘量以不超过4.8mg/kg为准。

3. 来源与补充

动物所需的碘主要从饲料和饮水中摄取。各种饲料含碘量不同，沿海地区植物的含碘量高于内陆地区植物。一般情况下，远离海洋的内陆山区，土壤中含碘较少，其饲料和饮水中的含量也较低，容易成为缺碘地区。

缺碘动物常用碘化食盐（含 0.01% ~0.02% 碘化钾的食盐）补饲。据报道，蛋鸡补饲碘酸钙有利于高碘蛋的开发，补碘还可以促进奶牛泌乳。

课题九　矿物质营养发展趋势与应用

矿物质元素是动物维持生命和生产产品必不可少的营养素之一，但常规饲料原料一般满足不了动物的需要，必须人工添加，尤其是一些微量元素。最早的微量元素添加剂是无机矿物盐类，如铁、铜、钴、锌、锰等的氧化物、氯化物、硫酸盐、碳酸盐等，补碘采用的是碘化食盐，补硒用的是亚硒酸钠等无机盐类，有些至今还在生产中广泛应用。

随着饲料科学的迅速发展，由于有机态矿物盐的饲喂效果优于无机盐类，因而在生产实践中被广泛应用，如乳酸锌、富马铁酸、葡萄糖酸锌、吡啶羧酸钴、对氨基苯砷酸等。

在动物体内，元素离子需要载体分子与之构成元素螯合物形式，才能穿过细胞膜而被吸收。因此，无机盐类和有机盐类补饲动物时，都不同程度地存在吸收率低的问题。现在使用的大量矿物盐对饲料加工、维生素的稳定性等影响较大。

目前，新的微量元素添加剂——微量元素氨基酸螯合物已经问世。微量元素氨基酸螯合物是指以微量元素为中心原子，通过配位键、共价键或离子键同配体氨基酸或低分子肽键结合而成的一种具有环状特殊结构的复杂络合物。微量元素氨基酸螯合物具有良好的化学稳定性，在动物体内环境中溶解性好，易透过肠壁被动物吸收，无毒副作用，且生物学效价明显高于无机态矿物盐类。作为添加剂，它可以起到补充微量元素和氨基酸的双重作用，同时可节省矿物质元素的用量，减少微量元素排泄对环境的污染。据报道，氨基酸螯合物还有提高机体内某些酶活性、代谢调控、增强免疫力等作用。因此，目前被认为它是一种理想的添加剂，在畜牧业发达的国家，已在动物生产中得到推广应用。

微量元素氨基酸螯合物所用原料中的金属元素大多是硫酸盐类。所用的氨基酸有的是结晶单体氨基酸，如蛋氨酸、甘氨酸、苏氨酸、赖氨酸；有的是用动植物蛋白水解生成的复合氨基酸，所用的动植物蛋白有酪蛋白、明胶、酵母、蚕蛹蛋白及大豆蛋白等。由纯的单体氨基酸与微量元素螯合而成的是单一氨基酸螯合物。由蛋白质水解生成的复合氨基酸与微量元素螯合而成的为复合氨基酸螯合物。两者相比较，单一氨基酸螯合物价格昂贵且生物学活性单一，应用范围窄。目前市场上的产品大多是复合氨基酸螯合物，如酪蛋白铜、硒酵母等。以铜为例，对猪来说，铜最有效的利用形式是酪蛋白铜，其次是丙酸铜、乙酸铜，其有效利用率依次为硫酸铜的170%、150%与142%。动物所需要的微量元素并非全由微量元素氨基酸螯合物来提供，螯合物在动物处于不利条件时添加更为有效，如日粮养分不平衡、发生疾病等应激状态时。

微量元素氨基酸螯合物，由于其自身的优点，在生产实践中应用的前景十分广阔。

课题十 维生素与动物营养

维生素不是构成动物体各种组织器官的主要成分,也不是提供动物正常生命活动所需要的能源物质。但是它对于动物的生长发育和生产却非常重要,缺乏维生素可引起动物机体代谢紊乱,影响动物的健康和生产性能。维生素根据其溶解性不同分为脂溶性维生素和水溶性维生素。

一、脂溶性维生素

(一) 维生素 A

1. 理化特性

维生素 A 来源于动物体。植物体中不含维生素 A,但含有维生素 A 原即类胡萝卜素。维生素 A 原在动物体内可以转化为具生理活性的维生素 A。维生素 A 和维生素 A 原在紫外线照射下,极易被氧化而失去其生物学活性。

2. 营养生理功能与缺乏症

(1) 维持动物在弱光下的视力。维生素 A 是视觉细胞内的感光物质(视紫质)的成分,其具有维持暗视觉的功能。缺乏维生素 A,在弱光下,动物视力会减退或失明,患夜盲症(图 13-12)。

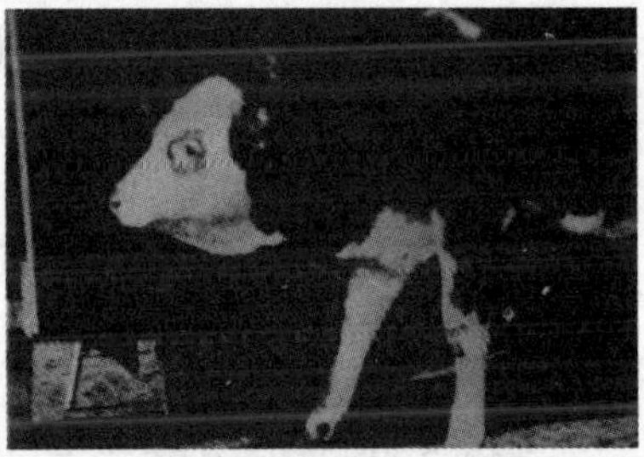

图 13-12 犊牛的瞎眼病

(2) 维持上皮组织的健康。维生素 A 是维持一切上皮组织健全所必需的物质。缺乏维生素 A,上皮组织干燥、过度角质化,易受细菌侵袭而感染多种疾病。泪腺上皮组织角质化,易发生干眼病;呼吸道或消化道上皮组织角质化,易引起肺炎或下痢;泌尿系统上皮组织角质化,易产生肾结石和尿道结石。

(3) 促进幼龄动物的生长。维生素 A 能调节碳水化合物、脂肪、蛋白质及矿物质代谢。缺乏时,影响体蛋白的合成及骨组织的发育,造成幼龄动物精神不振、食欲减退、生长发育受阻。

(4) 参与性激素的形成。维生素 A 缺乏时,繁殖力下降,种公畜性欲差,精液品质下降,严重时出现睾丸硬化。母畜发情不正常,不易受孕;妊娠母畜易流产、难产、产弱胎、畸形胎、死胎或失明仔畜(图 13-13)。

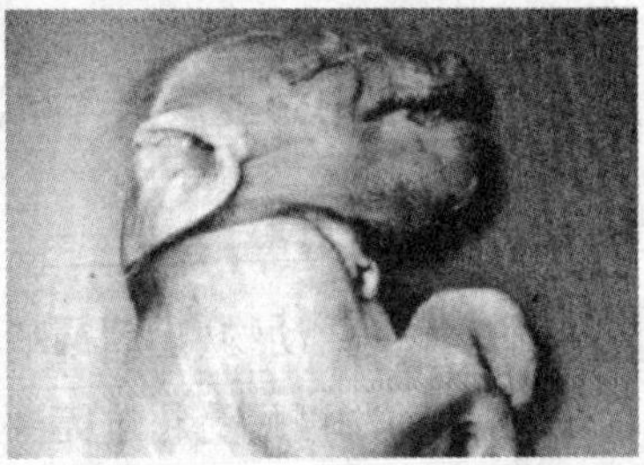

图 13-13 母猪产畸形胎

(5) 维持骨骼的正常发育。维生素 A 与成骨细胞活性有关,影响骨骼的合成。

(6) 增强机体免疫力和抗感染能力。给妊娠母猪补充维生素 A,免疫力显著增强,产仔数和仔猪成活力率提高,维生素 A 对传染病的抗感染能力是通过保持细胞膜的强度,使病毒不能进入细胞来实现的。

3. 过量的危害

维生素 A 过量易引起动物中毒。对于非反刍动物及禽类,维生素 A 的中毒剂量是需要量的 4 ~ 10 倍,反刍动物的中毒剂量为需要量的 30 倍。例如,猪中毒时表现为被毛粗糙,触觉敏感,粪尿带血,发抖,最终死亡。

4. 合理供应

动物对维生素 A 的需要量通常用国际单位(IU)来表示。

为了保障动物对维生素 A 的需要,应饲喂富含维生素 A 或胡萝卜素的饲料,也可以补饲维生素 A 添加剂,通常动物性饲料如鱼肝油、肝、乳、蛋黄、鱼粉中均含有丰富的维生素 A。植物中以青绿饲料和胡萝卜中含胡萝卜素最多。

(二) 维生素 D

1. 理化特性

维生素 D 为无色晶体,性质稳定,耐热,不易被酸、碱、氧化剂破坏。但紫外线过度照射、酸败的脂肪及碳酸钙等无机盐对维生素 D 有破坏作用。

维生素 D 种类很多,但对动物有生物学活性的只有维生素 D_2(麦角固醇)和维生素 D_3(7 -脱氢胆固醇),天然存在的维生素 D 主要是:

植物:麦角固醇$\xrightarrow{\text{紫外线}}$维生素 D_2。

动物:7 -脱氢胆固醇$\xrightarrow{\text{紫外线}}$维生素 D_3。

2. 营养生理功能与缺乏症

维生素 D 的主要功能是调节钙、磷的比例,促进肠道中钙、磷的吸收,促进钙、磷在骨骼和牙齿中的沉积,有利于骨骼钙化。另外,维生素 D 还与动物的免疫功能有关。

缺乏维生素 D 易导致钙、磷代谢失调,幼龄动物易患佝偻病,表现为行动困难,不能站立,生长缓慢。成年动物,尤其是妊娠母畜和泌乳母畜易患软骨症,表现为骨质疏松,骨骼脆弱,易骨折,弓形腿。家禽除骨骼变化外,还会出现喙变软、蛋壳薄而脆或产软壳蛋、产蛋率及孵化率下降等症状。

3. 过量的危害

对于大多数动物,连续饲喂超过需要量 4 ~ 10 倍的维生素 D_3 可出现中毒症状。短期饲喂,多数动物可耐受超过需要量 100 倍的剂量。维生素 D_3 的毒性比维生素 D_2 大 10 ~ 20 倍,由于中毒剂量很大,故生产中少见。

4. 合理供应

动物对维生素 D 的需要量用国际单位(IU)表示。1IU 维生素 D 相当于 0.025μg 维生素 D,为保证动物对维生素 D 的需要量,一是饲喂富含维生素 D 的饲料,动物性饲料如鱼肝油、血粉、酵母中都含有丰富的维生素 D,经阳光晒制的干草含有较多的维生素 D_2;二是加强动物的舍外运动,多晒太阳,雏鸡更应强调日光照射,在密闭的鸡舍内,可安装波长为 290~320 nm 的紫外线灯,进行适当照射;三是对病畜可注射胆钙化醇。

(三) 维生素 E(生育酚)

1. 理化特性

维生素 E 为黄色油状物,对酸、热稳定,对碱不稳定,对氧敏感。它可在脂肪等组织中储存。

2. 营养功能与缺乏症

(1) 抗氧化作用。维生素 E 是一种细胞内抗氧化剂,可阻止过氧化物的产生,保护维生素 A 和必需脂肪酸等,尤其保护细胞膜免遭氧化破坏,从而维持膜结构的完整和改善膜的通透性。

(2) 维持正常的繁殖功能。维生素 E 可促进性腺发育,调节性功能,促进精子的生成,提高其活力,增进卵巢功能。缺乏维生素 E 时雄性动物睾丸变性萎缩,精细胞的形成受阻,甚至不产生精子,造成不育症;母畜性周期失常,不受孕;妊娠母畜分娩时产程过长,产后无乳、胎儿发育不良,胎儿早期被吸收或死胎;母鸡的产蛋率和孵化率均降低。母猪妊娠期间补饲维生素 E 和硒,可提高产活仔猪数、仔猪初生重、断乳重及育成效率。公猪补饲维生素 E,射精量和精子密度显著提高。

(3) 保证肌肉的正常生长发育。缺乏维生素 E,肌肉能量代谢受阻、营养不良,致使各种幼龄动物患白肌病;仔猪缺乏维生素 E,常因肝坏死而突然死亡。

(4) 维持毛细血管结构的完整和中枢神经系统功能健全。雏鸡缺少维生素 E 时,毛细血管通透性增强,致使大量渗出液在皮下积蓄,患渗出性素质病。肉鸡饲喂高能量又缺少维生素 E 的饲料,易患脑软化症,表现为小脑出血或水肿,运动失调,伏地不起甚至麻痹(图 13-14、图 13-15)。

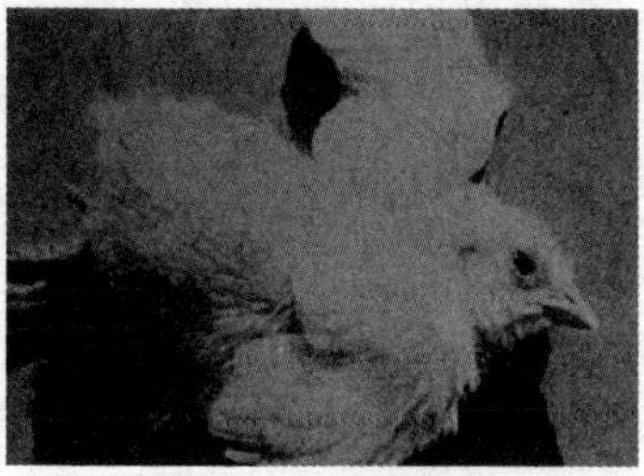

图 13-14　鸡小脑增生及出血

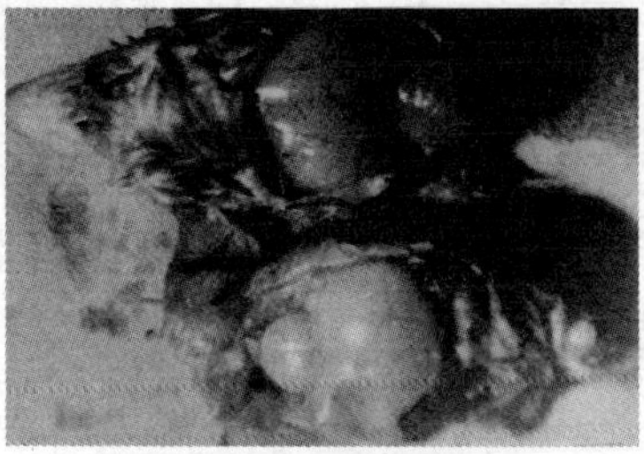

图 13-15　鸡脑软化症

(5) 参与机体内物质代谢。维生素 E 是细胞色素还原酶的辅酶,参与机体内生物氧化;它还参与维生素 C 和泛酸的合成;参与 DNA 合成的调节及含硫氨基酸和维生素 B_{12} 的代谢等。

(6) 增强机体免疫力和抵抗力。维生素 E 可促进抗体的形成和淋巴细胞的增殖,提高细胞免疫反应,降低血液中免疫抑制剂皮质醇的含量。因此,维生素 E 具有抗感染、抗肿瘤、抗应激等作用。

(7) 改善肉质。饲粮中添加适量维生素 E,可减少肉的腐败,有利于改善和保持肉的色、香、味等品质。

3. 合理供应

动物对维生素 E 的需要量用国际单位(IU)和重量单位 mg/kg 表示。1 mg DL-α-生育酚乙酸酯相当于 1IU 维生素 E;1mg α-生育酚相当于 1.49IU 维生素 E。谷实类胚中的维生素 E 含量丰富,青绿饲料、优质干草中维生素 E 的含量也较多,但谷实类饲料在一般条件下储存 6 个月后,维生素 E 可损失 30% ~50%。维生素 E 添加剂已在生产中广泛应用。

(四) 维生素 K(抗出血症维生素)

1. 理化特性

维生素 K 是一类萘醌衍生物。其中最重要的是维生素 K_1(叶绿醌)、维生素 K_2(甲基萘醌)和维生素 K_3(甲萘醌)。维生素 K_1 和维生素 K_2 是天然产物,维生素 K_3 是人工合成的产品,其中大部分溶于水,效力高于维生素 K_2。维生素 K 耐热,但易被光、辐射、碱和强酸所破坏。

2. 营养功能与缺乏症

维生素 K 能促进肝脏合成凝血酶原,所以,在动物机体中最主要的作用是参与凝血,加速血液凝固;维生素 K 与钙结合蛋白质的形成有关,参与蛋白质和多肽的代谢;另外,维生素 K 还具有利尿、强化肝脏解毒功能及降低血压等作用。

动物缺乏维生素 K 时,凝血时间延长,可发生皮下、肌肉及胃肠道出血。维生素 K 的缺乏症主要发生于禽类。母鸡缺少维生素 K,所产的蛋壳有血斑,孵化时,鸡胚也常因出血而死亡。

猪缺乏维生素 K,可发生皮下出血、内耳血肿、尿血、呼吸异常。初生仔猪脐孔出血,或仔猪去势后出血,个别猪只表现为关节肿大、淤血和跛行。

3. 合理供应

动物对维生素 K 的需要量的单位是 mg 或 mg/kg。各种植物性饲料中均含有维生素 K_1,青绿饲料中含量最为丰富。维生素 K_2 除在动物性饲料中含量丰富外,还能在动物消化道(反刍动物在瘤胃,猪、马在大肠)中经微生物合成。因此,正常情况下动物不会缺乏维生素 K,而家禽因其合成能力差,特别是笼养鸡不能从其他动物的粪便中获取维生素 K,易产生缺乏症,生产中常采取补饲维生素 K 的办法弥补。

二、水溶性维生素

水溶性维生素包括 B 族维生素、胆碱和维生素 C。B 族维生素包括硫胺素、核黄素、烟酸、吡哆素、泛酸、叶酸、生物素、维生素 B_{12} 等。B 族维生素主要作为细胞酶的辅酶催化碳水化合物、脂肪和蛋白质代谢中的各种反应。

水溶性维生素很少或几乎不在体内储备。因此短期内缺乏或不足就会降低体内一些酶的活性,影响相应的代谢过程,降低动物的生产力和抗病力。

反刍动物的瘤胃可利用微生物合成 B 族维生素,正常情况下不需靠饲料供应。

(一) B 族维生素

1. 维生素 B_1(硫胺素)

维生素 B_1 的分子结构中含有硫和氨基,故称硫胺素。硫胺素呈白色晶体粉末状,在干燥和酸性溶液中很稳定,受热、遇碱易被破坏。

硫胺素以羧化酶的成分参与能量代谢;维持神经组织和心脏的正常功能;维持胃肠道的正常消化功能;而作为神经介质和细胞膜组分,还会影响神经系统的能量代谢和脂肪合成。

当硫胺素缺乏时,血液和组织中积存的丙酸和乳酸会诱发神经炎,出现神经症状,动物表现为头部后仰、神经变性和麻痹,鸡和犊牛都呈角弓反张姿势,特别是生长速度快的鸡最易发生。鸡的这种症状表现俗称"观星症"(图 13-16)。猪缺乏硫胺素时运动失调,厌食呕吐,消化紊乱。此外,硫胺素缺乏也可引起繁殖力下降,甚至丧失。

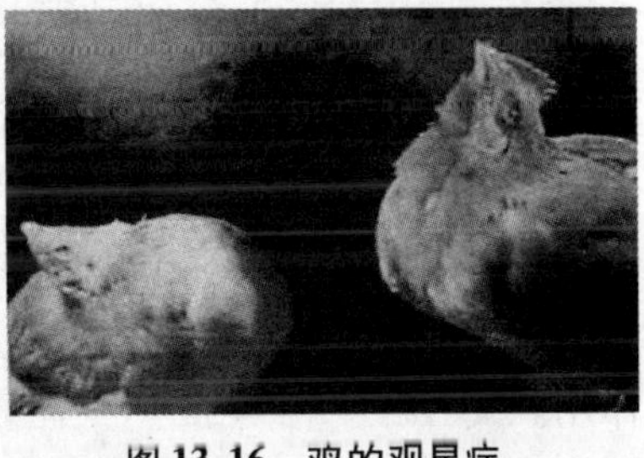

图 13-16 鸡的观星症

硫胺素来源广泛,酵母是硫胺素最丰富的来源,大多数饲料中硫胺素含量都很丰富,特别是禾谷类籽实的加工副产品中更为丰富。

2. 维生素 B_2(核黄素)

维生素 B_2 由一个黄色素和一个核糖组成,故称核黄素。维生素 B_2 为橘黄色,耐热,易受紫外光及碱的破坏。

饲料中维生素 B_2 大多以黄素腺嘌呤二核苷酸(FAD)和黄素单核苷酸(FMN)两种形式存在,是动物体内许多重要辅酶的成分。维生素 B_2 的营养作用正是通过辅酶来参与调节糖类、蛋白质及脂肪代谢的。

猪缺乏维生素 B_2 时，表现为食欲减退、生长停滞、被毛粗乱并常被脂腺渗出物所黏结、眼角分泌物增多及白内障。鸡缺乏维生素 B_2 时，典型症状为卷爪麻痹症(图13-17)，足爪向内弯曲，用跗关节行走，腿麻痹，母鸡产蛋率、孵化率下降。

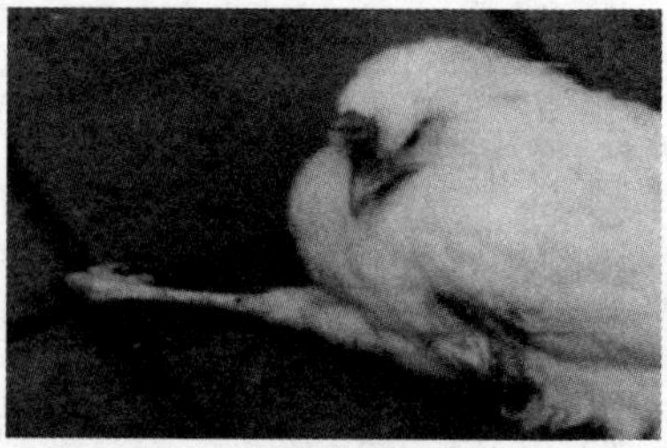
图 13-17　鸡的卷爪麻痹症

维生素 B_2 在动物体内不能合成，只能由酵母菌、真菌等微生物来合成，一般在青绿饲料、动物肝脏和酵母中含量较多。

3. 维生素 B_3(抗癞皮病维生素、维生素 PP)

维生素 B_3 包括烟酸(尼克酸)和烟酰胺(尼酰酸铵)，为白色结晶粉末，稳定性强，耐热、酸、碱和潮湿，在饲料中能够长期存在。

尼克酸在动物体内转变成尼克酰胺，动物以此合成许多脱氢酶的辅酶，参与视紫红质的合成；参与糖类、脂肪和蛋白质三大营养物质的代谢和 DNA 的合成；促进铁吸收和红细胞的合成；维持皮肤的正常功能和消化腺分泌等。

维生素 B_3 缺乏时，生长育肥猪易患癞皮症，表现为皮肤发炎、结黑痂，被毛粗乱，生长缓慢，消化功能紊乱，呕吐，腹泻；鸡表现为口腔炎，皮炎，羽毛蓬乱，生长缓慢，下痢，母鸡产蛋率与孵化率下降。

烟酸广泛存在于糠麸、酵母及青绿饲料中，在动物体内可由色氨酸合成。

4. 维生素 B_5(泛酸或遍多酸)

维生素 B_5 广泛存在于植物界，故而也被称为泛酸或遍多酸。它在水中对热、氧化剂、还原剂都很稳定，但遇酸、碱、干热等易被破坏。

维生素 B_5 是辅酶 A 的成分，在糖类、脂肪和蛋白质三大营养物质的代谢中起着重要作用。

维生素 B_5 缺乏时，猪生长缓慢，肢体运动失调，典型症状是出现鹅步症，鳞片状皮炎，脱毛，肾上腺皮质萎缩；鸡生长受阻，皮炎，羽毛生长不良，雏鸡眼分泌物增多，眼睑周围结痂，母鸡产蛋率与孵化率下降(图 13-18、图 13-19)。

泛酸主要在麸皮、米糠、油饼类、苜蓿草、乳粉、泛酸钙中较多，猪、鸡在圈养时需要补充。

图 13-18　猪的鹅行步伐

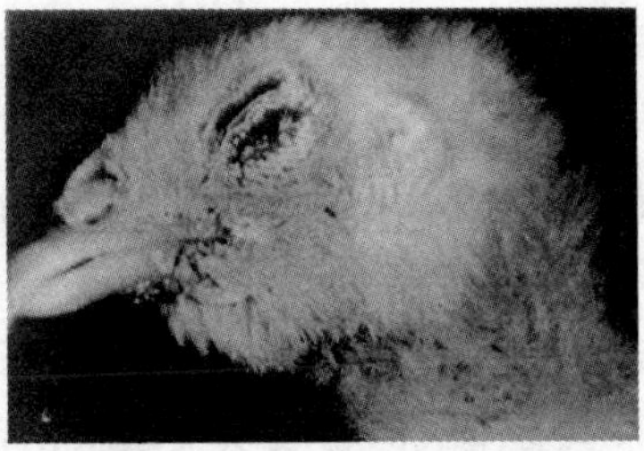

图 13-19　鸡口角与眼睑炎症

5. 维生素 B_6

维生素 B_6 包括吡哆醇、吡哆醛和吡哆胺，在酸性溶液中稳定，而在光和碱性溶液中极易被破坏，在空气中稳定。

维生素 B_6 在氨基酸代谢中可形成转氨酶、脱羧酶的辅酶，参与蛋白质、脂肪和碳水化合物代谢；促进血红蛋白中原卟啉的合成。

缺乏维生素 B_6 时，幼龄动物食欲下降，生长发育受阻，皮肤发炎，心肌变性；猪贫血，皮肤粗糙，生长停滞，运动失调，阵发性抽搐或痉挛；鸡则发生眼睑水肿、鼓起，羽毛粗糙、脱落，也表现为异常兴奋，惊跑，种蛋孵化率下降。猪在应激状态下应补充维生素 B_6。

6. 维生素 B_7（生物素）

维生素 B_7 在动物体内以各种羧化酶的形式广泛参与与糖类、蛋白质和脂肪三种有机物的代谢，主要起传递二氧化碳的作用，它和碳水化合物与蛋白质转化脂肪有关，也与溶菌酶活化和皮脂腺功能有关。

动物缺乏维生素 B_7 时常表现为生长不良、皮炎及被毛脱落等。猪表现为后腿痉挛，皮肤干燥、鳞片和以棕色渗出物为特征的皮炎；鸡喙及眼周围发生皮炎，生长缓慢，种蛋孵化率降低。

维生素 B_7 广泛存在于动植物界，常温下相当稳定，但高温和氧化剂易使其丧失活性。一般情况下，动物不会缺乏维生素 B_7。

7. 维生素 B_{11}（叶酸）

维生素 B_{11} 广泛存在于植物界，因绿叶中含量丰富，故又称为叶酸。叶酸为黄色结晶粉末状，在碱性和中性条件下对热稳定，在水溶液中易被光破坏。一般情况下，动物不会缺乏叶酸。

叶酸能促进红细胞的形成和成熟，抗贫血，是体内一碳基团转移酶系统的辅酶，参与核酸的代谢。

动物缺乏叶酸的特征是呈现营养性贫血、生长缓慢及停滞，慢性下痢，被毛粗乱，繁殖功能和免疫功能下降，皮炎等。

8. 维生素 B_{12}（抗恶性贫血维生素、钴胺素）

维生素 B_{12} 因分子中含有氨基和三价的钴，故又称钴胺素，是唯一一种分子中含有金属元素的维生素。钴胺素为深红色结晶粉末，对热较稳定，但在强酸、强碱、光照、氧化剂、还原剂等条件下易被破坏。

维生素 B_{12} 在体内主要以二脱氧腺苷钴胺素和甲钴胺素两种辅酶的形式参与一碳基团的转移、某些氨基酸的合成以及碳水化合物和脂肪的代谢，最主要的两个功能是促进红细胞的发育成熟和维持神经系统的完整。

维生素 B_{12} 缺乏时，动物最明显的症状是生长受阻，继而表现为步态的不协调和不稳定。母畜受胎率、繁殖率和产后泌乳量下降；鸡缺乏维生素 B_{12} 的主要表现为生长迟缓、饲料利用率降低和种蛋孵化率下降；雏鸡在缺乏维生素 B_{12} 的同时，若缺乏胆碱或甲硫氨酸，即使锰喂饲量正常也可出现滑腱症。另外，维生素 B_{12} 缺乏还可引起恶性贫血及其他代谢障碍等。

（二）胆碱

胆碱是季胺碱，易溶于水和乙醇，不溶于氯仿、乙醚等非极性溶剂。胆碱对热稳定，但在强酸条件下不稳定，吸湿性强。胆碱在肝脏中转化成乙酰胆碱，乙酰胆碱在动物代谢过程中具有很重要的作用。

1. 营养功能与缺乏症

胆碱是构成和维持细胞结构、保证软骨基质成熟必不可少的物质，并能防治骨短粗病的发生；胆碱参与肝脏脂肪代谢，促使肝脏脂肪以卵磷脂形式输出或者提高脂肪酸本身在肝脏内的氧化利用，防止脂肪肝的产生；胆碱在机体内作为甲基的供体参与甲基转移；乙酰胆碱作为神经递质，参与神经冲动的传导。

动物缺乏胆碱时，表现为生长发育缓慢、贫血、衰竭无力、关节肿胀、运动失调、消化不良、脂肪代谢障碍等，易发生肝脏脂肪浸润而形成脂肪肝。鸡缺乏胆碱时比较典型的症状是骨短粗病和滑腱症，母鸡产蛋量减少，甚至停产，孵化率下降；猪缺乏胆碱时，后腿叉开站立，行动不协调。

2. 过量的危害

美国动物营养学会（NRC）认为，成年鸡饲粮中按需要量的一倍添加胆碱是安全的，动物对胆碱耐受力较强。胆碱过量的症状有流涎、颤抖、痉挛、发绀、惊厥和呼吸麻痹，同时饲料转化率降低。

3. 合理供应

胆碱广泛存在于各种饲料中，在绿色植物、豆饼、花生饼、谷实类、酵母、鱼粉、肉粉及蛋黄中含量最为丰富，因此，一般不易缺乏。但在日粮中动物性饲料不足，叶酸、维生素

B_{12}及锰缺乏，或烟酸过多时，常导致胆碱缺乏。在玉米—豆饼型母猪日粮中补饲胆碱，可提高产活仔猪数。

动物体可利用胆碱或甜菜碱等合成蛋氨酸等含硫氨基酸。因此，饲粮中补饲廉价的胆碱和甜菜碱，能节省蛋氨酸饲料添加剂的供给量。

（三）维生素 C

1. 营养作用与缺乏症

维生素 C 是己糖衍生物，为白色或微黄色粉状结晶，有酸味。维生素 C 在弱酸中稳定，而在碱性、光照及氧化剂存在的条件下易被破坏。动物均能在肝脏、肾脏、肾上腺及肠道中利用单糖合成维生素 C，但人体不能合成。

维生素 C 参与动物细胞间质胶原蛋白的合成；在机体生物氧化过程中，起传递氢和电子的作用；在体内具有杀灭细菌和病毒、解毒、抗氧化的作用，可缓解铅、砷、苯及某些细菌毒素的毒性，阻止体内致癌物质亚硝基胺的形成，预防癌症及保护其他易氧化物质免遭氧化破坏；促进铁的吸收；可促进叶酸变为具有活性的四氢叶酸，并刺激肾上腺皮质素等多种激素的合成；维生素 C 还能促进抗体的形成和提高白细胞的噬菌能力，增强机体免疫功能和抗应激能力。

维生素 C 缺乏时，由于毛细血管的细胞间质减少、通透性增强而引起皮下、肌肉、肠道黏膜出血；骨质疏松易折，牙龈出血，牙齿松脱，创口溃疡不易愈合，患坏血症；动物食欲下降，生长停滞，体重减轻，活动力丧失；常见动物皮下及关节弥漫性出血，被毛无光，贫血，抵抗力、抗应激力下降；母鸡产蛋量减少，蛋壳质量降低。

2. 过量的危害

动物对维生素 C 的需要量一般没有规定。维生素 C 的毒性很低，动物一般可耐受量是需要量的数百倍甚至上千倍，所以，生产中中毒现象极少见。

3. 合理供应

维生素 C 来源广泛，青绿饲料、块根鲜果中含量均丰富，况且动物体内又能合成。因此，饲养中一般不用补饲。但动物处在高温、寒冷、运输等应激状态下，由于体内合成能力下降，消耗量增加，这时必须额外补充。日粮中能量、蛋白质、维生素 E、硒和铁等不足时，也会增加畜禽对维生素 C 的需要量。

维生素 C 可提高蛋鸡产蛋率、蛋壳质量，促进肉鸡增重，提高雏鸡、育成鸡、肉用仔鸡的均匀度和成活率，还可增加公鸡精子活力，预防疾病。猪日粮中适量添加维生素 C，可提高幼畜成活率及生产性能，并明显提高公猪的精液品质。

（四）动物对维生素的需要量与供给

1. 影响维生素需要量的因素

（1）动物因素。动物对维生素的需要量在很大程度上取决于动物的种类、年龄、生理时期、健康与营养状况、生产水平等。

（2）维生素拮抗物。饲料中含有某种维生素的拮抗物时，维生素的整体需要量增加。

（3）应激因素。各种应激因素均可增加维生素的需要量，尤其是维生素 C。

（4）集约化饲养。在集约化饲养条件下，易产生维生素不足，使动物对维生素的需要量增加。

（5）日粮中的营养成分。当日粮中脂肪含量不足时，脂溶性维生素的吸收受到影响，其需要量增加；当雏鸡饲料锰含量不足时，尼克酸不易被利用；当蛋白质的供给量增加时，维生素 B_6 的需要量随之增加。

2. 生产中需补充的维生素及添加量

（1）需补充的维生素。猪、鸡需要补充的维生素（表 13-3）。反刍动物通常需要补充维生素 A，有时也可能需要补充维生素 E；若不接触阳光，应该补充适量的维生素 D；出现应激或处在高生产水平时，需要补充维生素 B_1 和烟酸；但高产奶牛或新生犊牛断乳时应及时补充所有维生素。

表 13-3　每千克猪、鸡饲粮中维生素含量标准

维生素	白壳蛋鸡		猪		
	商品蛋鸡	种母鸡	育肥猪	妊娠猪	哺乳猪
维生素 A/IU	3 000	3 000	1 300	4 000	2 000
维生素 D_3/IU	300	300	150	200	200
维生素 E/IU	5	10	11	44	44
维生素 K/mg	0.5	1.0	0.5	0.5	0.5
维生素 B_{12}/μg	4.0	4.0	5.0	15	15
生物素/mg	0.10	0.10	0.05	0.2	0.2
胆碱/mg	1 050	1 050	300	1 250	1 000
叶酸/mg	0.25	0.35	0.30	1.3	1.3
烟酸/mg	10.0	10.0	7.0	10.0	10.0
泛酸/mg	2.0	7.0	7.0	12.0	12.0
维生素 B_6/mg	2.5	4.5	1.0	1.0	1.0
核黄素/mg	2.5	3.6	2.0	3.75	3.75
硫胺素/mg	0.7	0.7	1.0	1.0	1.0

（2）维生素的添加量。单胃动物体内几乎不能合成维生素（除维生素 C 外），动物所需的维生素要由饲料提供，但反刍动物体内的微生物可以合成 B 族维生素和维生素 K、叶酸，所以生产中维生素的添加以单胃动物所需添加的种类更多，量也较大；而反刍动物只需要维生素 A、维生素 D、维生素 E 三种，只有在特别高产的奶牛生产中才补充其他维生素。

课题十一　能量在动物体内的转化及其实践意义

一、动物能量的来源

动物在正常生命活动和生产过程中，都需要能量来维持。动物所需要的能量主要来源于饲料中的碳水化合物、脂肪和蛋白质三大有机物。其中蛋白质在动物体内不能完全氧化，分解过程中会产生大量的氨，可危害到动物健康和生产；脂肪所含能量虽然最高，但由于饲料中的脂肪含量较低，价格也高。因此，动物能量的主要来源是碳水化合物，各种淀粉、寡糖是单胃动物能量的主要来源，而反刍动物主要通过瘤胃中微生物对纤维素的发酵得到它所需要的大部分能量。脂肪是特殊情况下动物所需要能量的补充。动物在绝食、产奶、产蛋等过程中也可动用体内贮存的糖原、脂肪和蛋白质供能，但这种方式与直接用饲料供能相比效率要低。

二、能量在动物体内的转化过程及能量转化的实践意义

1. 能量在动物体内的转化过程

饲料中三大有机物在动物体内新陈代谢的过程伴随着能量的转化过程。动物所摄入的能量、消耗的能量及沉积的能量遵循能量守恒定律，称为能量平衡。饲料中的能量在动物体内的转化过程如图 13-20 所示。

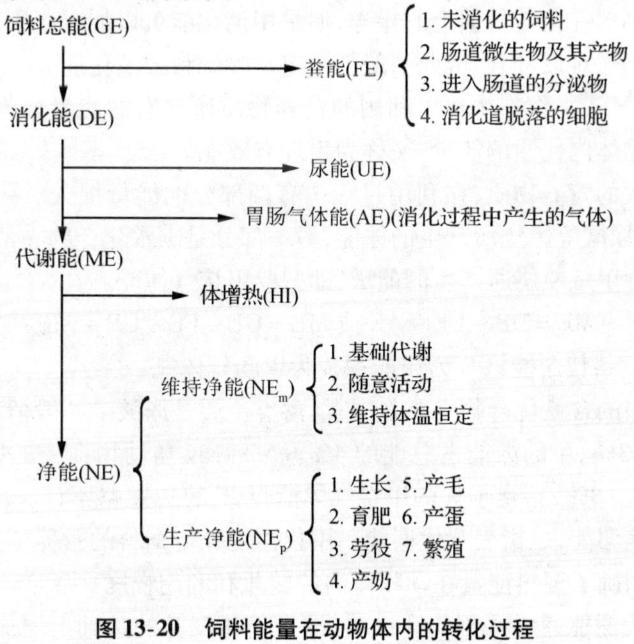

图 13-20　饲料能量在动物体内的转化过程

(1) 总能(GE)。饲料完全燃烧所释放的能量总和称为总能。一般用 kJ/g(千焦每克)或 MJ/kg(兆焦每千克)来表示。

饲料中的总能通常用氧弹式热量计测定,三大有机物的平均能值(kJ/G)分别为:碳水化合物 17.35,蛋白质 23.64,脂肪 39.54。脂肪的含能值最高,约为碳水化合物或蛋白质的 2.25 倍。总能只能表示饲料完全燃烧后释放的能量,并不能说明能够完全被动物所利用,也不能全面说明饲料的营养价值的高低,但它是衡量能量代谢过程中其他能值的基础。

(2) 消化能(DE)。饲料可消化的营养物质中所含有的能量为消化能。饲料被动物采食后,未被消化吸收的营养物质等随粪便排出体外,这部分粪便完全燃烧所释放的能量为粪能(FE)。

$$ADE = GE - FE$$

式中:ADE 为饲料表观消化能;GE 为饲料总能;FE 为饲料所排出的粪能。

$$TDE = GE - (FE - F_mE)$$

式中:TDE 为饲料真实消化能;F_mE 为代谢粪能。

表观消化能低于真实消化能,但生产中多用表观消化能。

测定饲料的消化能通常采用消化试验,用饲料消化能来评定饲料的营养价值和估算动物的能量需要量比饲料总能更为准确,可反映出饲料能量被消化吸收的程度。正常用总能不能反映出饲料在营养价值上的差异,但是用消化能可以加以区别。

由于禽类的粪尿难以分开,因此一般不测定禽类饲料的消化能。

(3) 代谢能(ME)。饲料中可以利用的营养物质所含有的能量称为代谢能。它是饲料中真正参与动物体内代谢的能量,又称为生理有效能。

饲料中被吸收的营养物质,在利用过程中有两部分的能量损失。一部分是尿中蛋白质的尾产物尿素、尿酸等燃烧所产生的尿能,另一部分是碳水化合物在消化道经微生物酵解所产生的气体中甲烷燃烧所产生的能量,即胃肠甲烷气体能。

$$ME = DE - UE - AE \text{ 或 } ME = GE - FE - UE - AE$$

式中:ME 为饲料代谢能;UE 为尿能;AE 为胃肠气体能。

哺乳动物尿中的含氮化合物主要是尿素,禽类主要是尿酸。一般情况下,猪的尿能占采食总能的 2% ~3%,牛的尿能占总能的 4% ~5%。反刍动物损失的甲烷气体能较多,一般占总能的 6% ~8%;猪禽损失的甲烷气体能很少,可以忽略不计。

通常所说的代谢能,是指表观代谢能。用代谢能评定饲料的营养价值和能量需要,比消化能更进一步明确了饲料能量在动物体内的转化和利用程度。

测定饲料的代谢能通常采用代谢试验,即在消化试验的基础上增加收集尿和收集甲烷气体的装置。

（4）净能（NE）。代谢能在动物体内转化的过程中，还有一部分能量以体增热的形式损失。体增热又称为热增耗，是指绝食动物饲给日粮后短时间内，体内产热量高于绝食代谢产热的那部分热能，它由体表散失。体增热包括发酵热和营养代谢热。发酵热是指饲料在消化过程中由消化道微生物发酵产生的热量（主要是草食动物）。反刍动物的发酵热占食入总能的5%～10%；非草食动物很少，可以忽略不计。营养代谢热是指动物采食饲料后体内代谢加强而增加的产热量，主要是在养分吸收代谢过程中产生。另外，消化道肌肉活动、呼吸加快以及内分泌系统和血液循环系统等功能加强，都会引起体增热增加。体增热代表代谢能中被用于养分的转化和代谢作用所消耗的热量。冷应激环境中，动物可利用体增热维持体温。热应激环境中，体增热是一种负担，设法降低体增热是提高饲料利用率和动物生产性能的主要措施之一。体增热受动物种类、饲料组成、饲粮成分、饲养水平和日粮的全价性等因素的影响，一般占总食入能量的10%～40%。

$$NE = ME - HI \text{ 或 } NE = ME - FE - UE - AE - HI$$

式中：NE为净能；HI为体增热。

净能是指饲料总能中，完全被动物消化吸收利用的用来维持动物生命活动和生产产品的那部分能量。用来维持动物生命活动的能量称为维持净能（NE_m），用来维持动物生产产品的那部分能量称为生产净能（NE_p）。而不同生产用途时生产净能的表现形式也不同，如育肥动物的产脂净能（NE_f）、泌乳动物的产奶净能（NE_l）、产蛋动物的产蛋净能（NE_e）、生长动物的增重净能（NE_g）等。

测定饲料净能，除了进行代谢试验外，还要测定饲料在动物体内产生的体增热，由于净能通常是在测定表观代谢能的基础上进行的，所以它也是表观净能。用净能来评定饲料的营养价值比代谢能更具有代表性，它与动物生产和产品密切相关。但由于净能的测定非常复杂，生产中不易操作，因此饲料营养价值表中的净能数据多是推算出来的。

综上所述，动物采食饲料能量后，经过消化、吸收、代谢、合成等过程，大部分能量（70%～80%）都以各种无用能的形式（粪能、尿能、体增热、气体能、发酵热、维持净能）损失掉了，只有少部分最终转化为不同形式的产品净能供人类使用。

2. 能量转化的实践意义

解决如何合理利用饲料能量，提高饲料能量利用效率的问题是动物生产实践中的一项重要任务。

（1）饲料能量利用效率。饲料能量在动物体内经过一系列转化以后，最终用于维持动物的生命活动和生产。动物利用饲料能量转化成产品净能，投入能量与产出能量的比例关系称为饲料能量利用效率。

$$饲料能量利用效率=\frac{产品能值}{食入饲料总能}\times100\%$$

能量用于维持需要和用于生产的效率不同，且饲料总能难以反映饲料的真实营养价值，所以饲料能量的利用率常用总效率和净效率两种指标来表示。

总效率是指产出产品中所含的能量与摄入饲料的有效能（消化能或代谢能）的比值。计算公式为

$$总效率=\frac{产品能值}{摄入饲料有效能}\times100\%$$

净效率是指产品能量与摄入饲料中扣除用于维持需要后的有效能（消化能或代谢能）的比值。计算公式为

$$净效率=\frac{产品能值}{摄入饲料有效能-维持需要有效能}\times100\%$$

总效率或净效率受动物种类、日粮性质、能量水平、环境温度、饲喂技术等多种因素的影响。有效能占饲料总能的比例越高，用于维持需要所占的比例越小，则效率也就越高。

（2）影响饲料能量利用效率的因素。

① 动物种类、性别与年龄。动物的种类不同，饲料能量的利用效率不同，猪、禽等单胃动物，代谢能用于生长育肥的效率比反刍动物高。一般母畜对饲料的能量利用率高于公畜。

② 生产目的。不同的生产目的，能量的利用效率也不同。转化效率的高低为：维持>产奶>生长、育肥>妊娠和产毛。如代谢能用于反刍动物生长育肥效率为40%～60%，用于妊娠合成的效率为10%～30%；不同动物生产不同产品时，能量转化率差异较大，生产猪肉为17%、鸡肉12%、鸡蛋7%、牛乳15%、牛肉4%、羔羊肉5%、兔肉9%。

③ 饲养水平。在适宜的饲养水平范围内，随着饲喂水平的提高，饲料有效能量用于维持需要部分相对减少，用于生产的净效率增加。但当超过适宜的饲养水平后，随采食量的增加；饲料中的有效能减少。

④ 饲粮组成和饲料成分。不同的营养素体增热不同，蛋白质体增热最大。饲粮中蛋白质水平过高或氨基酸不平衡，都会导致大量氨基酸在肝脏中脱氨，其中的氨基合成尿素随尿排出，增加了尿能损失。而在氨基酸氧化过程中又释放出大量的热量，增加了体增热的损失，降低了饲料能量的利用效率；饲料中的纤维素水平及饲料的形状亦影响消化过程的产热及体增热的产生；日粮中添加油脂可以提高能量的利用效率。

⑤ 环境因素。如温度、湿度、气流、光照、饲养密度、应激等。温度是主要因素，温度适宜，用于维持的能量最少，用于生产的能量最多，效率最高；温度过低会产生冷应激，温度过高则导致热应激，用于维持的能量都会增多，用于生产的能量减少。

⑥ 疾病。影响动物采食、营养物质消化吸收利用,同时也影响能量转化,降低能量利用效率。

⑦ 群体效率。除考虑个体效率外,还应考虑群体效率,产仔少、增重慢、雄性动物多及群居间骚扰等都会降低能量利用效率。

(3) 提高饲料能量利用率的营养学措施。

① 确切满足动物需要。给动物配制全价日粮,即根据动物具体情况,参照饲养标准,满足其对能量、蛋白质、矿物质和维生素等各种营养物质的需要及相应间适宜比例,尤其应供给氨基酸平衡的蛋白质及适宜粗纤维水平。

② 减少维持需要。维持需要是指动物为维持生命活动而不产生任何动物产品的情况下,对各种营养物质的需要。它属于无效生产需要,但是又是动物进行生产产品必不可少的,只能尽量减少这一部分的需要,减少不必要的运动。生产实践中,可采取多种措施减少维持需要。

单元练习

简答题

1. 动物在应激状态下,如何通过强化营养来避免或减轻应激反应?为什么?
2. 实际生产中,如何正确地给反刍动物饲喂尿素?
3. 饲料中添加油脂对动物饲粮有哪些作用?

单元十四

饲料分类及利用

单元概述

✲ 知识目标

1. 了解饲料原料国际分类法。
2. 了解饲料原料的分类原则。
3. 了解生产上常见的饲料原料的种类。
4. 掌握各种饲料原料的营养特点。

✲ 技能目标

1. 能认识各种饲料原料。
2. 掌握各种饲料原料在生产上的应用方法。

本单元共分八个课题，分别为饲料分类、粗饲料、青饲料、青贮饲料、能量饲料、蛋白质饲料、矿物质饲料、饲料添加剂，在简要介绍饲料原料分类原则的基础上，对于各类饲料原料的种类以及营养特点和生产应用进行了详细描述。

课题一　饲料分类

一、国际分类法

依据饲料分类的基本原则（表 14-1），按照饲料的营养特性可将饲料分为粗饲料、青饲料、青贮饲料、能量饲料、蛋白质饲料、矿物质饲料、维生素饲料、饲料添加剂八大类。

表 14-1　国际饲料分类法

饲料分类	饲料名称	自然含水量/%	干物质中粗纤维含量/%	干物质中粗蛋白含量/%
1	粗饲料	<45	≥18	
2	青饲料	≥45		
3	青贮饲料	≥45		
4	能量饲料	<45	<18	<20
5	蛋白质饲料	<45	<18	≥20
6	矿物质饲料			
7	维生素饲料			
8	添加剂饲料			

国际饲料分类的编码共 6 位数。首位数代表饲料归属的类别,后 5 位数则按饲料的重要属性给定编码,编码分 3 节。

二、我国现行饲料分类法

我国饲料分类法是在国际饲料分类法基础上将饲料分成八大类,然后结合中国传统饲科分类习惯划分为 17 个亚类,两者结合,对每类饲料冠以相应的中国饲料编码,共 7 位数,其首位数为 8 个大类分类编号,第 2、3 位(按饲料的来源、形态、生产加工方法等属性)为 17 个亚类编号,第 4 位至第 7 位为具体饲料顺序号。编码分 3 节。如吉林 4 号玉米的分类编码是 4-07-6302,表明是第四大类能量饲料,07 则表示属谷实类,6302 则是吉双 4 号玉米籽实饲料属性相同的科研成果平均值的个体编码。

三、八大类饲料划分说明

1. 粗饲料

植物地上部分经收割、干燥制成的干草或随后加工而成的干草粉(1-05-0000);脱谷后的农副产品,如秸秆、秕壳、藤蔓、荚皮、秸秧等(1-06-0000);农产品加工副产物糟渣类(1-11-0000)。加工提取原料中的淀粉或蛋白质等物质后,其干物质中粗纤维含量等于或超过 18% 者都属于粗饲料。尽管某些糟渣含水量可高达 90% 以上,但其是非自然水分,不能划归为青饲料类。某些带壳油料籽实经浸提或压榨提油后的饼粕产物,尽管一般含粗蛋白质高达 20% 以上,但如其干物质中的粗纤维含量达到或超过 18%,则仍划为粗饲料(1-10-0000),而不划为蛋白质饲料。另外,有些纤维和外皮比例较大的树实、草籽或油料籽实,凡符合干物质中含粗纤维≥18% 条件者,亦应划为粗饲料。

2. 青饲料

自然水分含量≥45% 的陆地或水面自然生长或栽培植物的整株或其一部分,划为青饲料(2-01-0000)。各种鲜树叶、水生植物和菜叶(2-02-0000)以及非淀粉质和糖类的块根、块茎和瓜果类多汁饲料(2-04-0000),符合自然水分≥45%条件者也属青饲料。其干物质中的粗纤维和粗蛋白估量可不加考虑。

3. 青贮饲料

自然含水的青饲料,包括野生青草、栽培饲料作物和秧秸,收割后或经一定萎蔫的青饲料,经自然发酵成为青贮饲料或半干青贮饲料(3-03-0000)。青绿饲料并补加适量糠麸或根茎瓜类制成的混合青贮饲料也属此类。这类饲料通常含水分在45%以上。

4. 能量饲料

符合自然含水分低于45%,且干物质中粗纤维低于18%,同时干物质中粗蛋白质又低于20%者,划归为能量饲料。主要有谷实类(1-07-0000)和粮食加工副产品糠麸类(4-08-0000),一些外皮比例较小的草籽和树实类(4-12-0000)以及富含淀粉和糖的块根、块茎、瓜果类(4-04-0000)。来源于动物或植物的油脂类和糖蜜类(4-16-0000)当然也属于能量饲料。

5. 蛋白质饲料

自然含水量低于45%,而干物质中粗纤维又低于18%,同时干物质中粗蛋白质含量达到或超过20%的豆类(5-09-0000)、饼粕类(5-10-0000)、动物性蛋白质饲料(5-10-0000)均划归蛋白质饲料。各种合成或发酵生产的氨基酸和非蛋白氮产品,不划入添加剂大类(8-16-0000),而应划入蛋白质饲料类(5-16-0000)。

6. 矿物质饲料

天然生成的矿物质和人工合成的单一化合物以及混有载体的多种矿质化合物配成的矿物质添加剂预混料(6-14-0000),不论提供常量元素或微量元素者均属此类。贝壳和骨粉来源于动物,但主要用来提供矿物质营养素的饲用品也划归此类。

7. 维生素饲料

包括工业合成或由原料提纯精制的各种单一维生素和混合多种维生素(7-15-0000)都属此类,但富含维生素的自然饲料则不划归此类。

8. 饲料添加剂

这一大类饲料指各种用于强化饲养效果和有利于配合饲料生产和贮存的非营养性添加原料及其配制产品(8-16-0000),如各种抗生素、防霉剂、抗氧化剂、黏结剂、着色剂、增味剂以及保健与代谢调节药物等。但实际生产中,往往把氨基酸、微量元素、维生素等也当作添加剂。

课题二　粗饲料

粗饲料主要是干的饲草和秸秕等农副产品，属饲料分类系统中第一大类。本类饲料的共同特点是粗纤维含量高，难消化，尤其是收割较迟的经干燥制成的劣质干草和秸秕类，木质素的含量增大。由于它们与纤维素类碳水化合物紧密结合，并共同构成植物的细胞壁，从而影响了微生物对纤维素的酶解和对细胞内容物的作用。这是粗饲料的能量和各营养素的消化率较低的重要原因。

干草是青饲料在非草生季节的一种延续利用形式，也是牧区和半农半牧区畜牧业发展的主要物质基础。

秸秕类粗饲料是我国广大农区草食动物的主要饲草资源。中原地区用稻草和麦秸喂牛，北方地区用麦秸、谷草（粟秸）和玉米秸喂马和牛，一直延续至今，不容忽视。

一、青干草

青干草指青草或其他青绿饲料作物在未结籽实前刈割下米，经自然或人工干燥而制成的饲料。青干草具有颜色青绿、气味芳香、营养较高、制作简便、容易贮藏、来源广泛等特点，是各种家畜喜食的饲料，适量贮备干草对家畜安全越冬有重要意义。

（一）青干草的种类

青干草的种类按原料的不同可分为栽培青干草和天然草地青干草两大类。栽培青干草又分豆科青干草（苜蓿、草木樨、毛苕子等）和禾本科青干草（燕麦、青稞、苏丹草等）。天然草地青干草主要是禾本科的羊草、芨芨草、披碱草及少量的豆科、莎草科、菊科牧草。天然草地青干草按刈割调制的季节不同，又分为伏草、秋草和霜黄草。伏草为立秋以前，牧草处于抽穗、开花期调制的干草；秋草为下霜以前，牧草处于结实期调制的干草；霜黄草为下霜以后，牧草开始枯黄，但植株茎部仍保持绿色时调制的干草。此外，有些高寒地区还有冻干草。

（二）几种常用青干草的营养特点

1. 天然草地青干草

我国西北、东北地区的天然牧草中，能供调制干草的主要以禾本科的芨芨草、冰草、鹅观草、羊草等为主。其次是豆科、莎草科、菊科等牧草，但它们占的比例较小，植株较低，调制时叶片易脱落，营养物质损失较多。如以全干物质计，天然草地青干草含消化能（猪）为2.76～6.07kJ/kg，粗蛋白质为5%～13%（豆科青干草中较高），粗纤维为30%～38%，无氮浸出物约为40%，矿物质中钙多于磷。

2. 栽培草地青干草

栽培草地青干草主要有豆科青干草及禾本科青干草两大类。

(1) 豆科青干草。以紫花苜蓿、草木樨、箭筈豌豆、毛苕子等为主。它们的营养价值一般较禾本科干草高，并含有各种必需氨基酸。如以全干物质计，苜蓿干草含消化能(猪)1.46～10.79MJ/kg，代谢能(鸡)3.22～8.16MJ/kg，粗蛋白质12.5%～30.1%，箭筈、豌豆、草粉相应分别为6.65～10MJ/kg、1.55～3.8MJ/kg、18.4%～26%。

(2) 禾本科青干草。以青燕麦、青稞草、苏丹草干草等为主。它们的营养价值比豆科干草低。如以全干物质计，苏丹草干草消化能(猪)为3.39～4.09MJ/kg，粗蛋白质为6.8%～8.6%。

3. 青草粉

(1) 青草粉的营养特点。优质青草粉营养丰富，含可消化粗蛋白质为16%～20%。各种氨基酸占6%。如三叶草草粉所含的赖氨酸、色氨酸、胱氨酸等，比玉米粉高3倍，比大麦高1.7倍。从蛋白质和氨基酸的含量上看，优质干草粉接近于动物性蛋白质饲料；粗纤维含量不超过22%～35%；此外，还含有叶黄素、维生素C、维生素K、维生素E、维生素B族、微量元素及其他生物活性物质等。故称青草粉为蛋白质、维生素补充饲料，其作用优于精料，是畜禽配合饲料不可缺少的组成部分。在配合饲料中加入一定比例的青草粉，具有营养成分齐全、生物学价值高等特点，对畜禽健康和生产性能都有较好的效果。青草粉在国际市场上的价格比黄玉米高20%左右。

(2) 青干草和青草粉的质量标准。目前我国尚未制定出青干草和青草粉的统一标准，下面仅介绍国外标准供参考(表14-2、表14-3)。

表14-2 青草粉等级标准

营养成分	等级				
	1级	2级	3级	4级	5级
胡萝卜素/(mg/kg)(最高值)	230	180	150	120	80
粗蛋白/%(最低值)	20	16	15	14	12
纤维素/%(最高值)	22	24	27	30	35

表 14-3 干草等级标准(干草的特性和标准)

干草组成	人工豆科干草			人工禾本科干草			豆科、禾本科混播			天然刈草场		
	1 级	2 级	3 级	1 级	2 级	3 级	1 级	2 级	3 级	1 级	2 级	3 级
豆科(不低于)/%	90	75	60				50	35	20			
禾本科和豆科(不低于)/%				90	75	60				80	60	40
有毒有害植物(不低于)/%										0.5	1.0	1.0
粗蛋白质(不低于)/%	14	10	8	10	8	6	11	9	7	9	7	5
胡萝卜素/(mg/kg)(不低于)	30	20	15	20	15	10	25	20	15	20	15	10
纤维素(不高于)/%	27	29	31	20	30	33	27	29	32	28	30	33
矿物质(不低于)/%	0.3	0.5	1.0	0.3	0.5	1.0	0.3	0.5	1.0	0.3	0.5	1.0
水分(不高于)/%	17	17	71	17	17	71	17	17	71	17	17	71

(三) 青干草的调制方法

青干草的调制按干燥方式不同,可分为自然干燥青干草和人工干燥青干草。自然干燥法是目前普遍采用的方法,这种方法操作简单、成本低,但营养成分损失较大。人工干燥法是利用各种能源进行人工脱水干燥,干草的营养品质好,但是成本高。

1. 田间干燥法

青绿牧草刈割后就地或选择干燥、平坦的地方将牧草摊开曝晒,每隔数小时翻草 1 次,在阳光充足情况下,通常 12h 后水分可降到 50% 左右。此时可将牧草拢成约 0.5m 高的小堆,每天翻动一次,使其逐渐风干至水分含量为 17% 以下。如遇阴雨天气,可用塑料布等覆盖防雨,等天气晴好时再翻晒直至水分含量为 17% 以下。这种方法的优点是初期脱水的速度快,由植物细胞呼吸作用造成的损失少;后期接触阳光曝晒的面积较小,从而较好地保存了牧草中的胡萝卜素。

2. 架子干燥法

为防止地面潮湿导致牧草霉烂和养分损失,将经过曝晒、水分降至 40% ~50% 的牧草自下而上逐渐堆放在预先建造好的草架上,直至水分含量降到 17% 以下。这种方法可获得品质优良的干草。

3. 人工干燥法

利用人工加热的方法使牧草快速脱水,通常温度越高,干燥的时间越短,效果越好。这种方法的优点是干燥时间短,营养物质损失小,保持了青绿饲料原有的特色,但是成本较高。

二、秸秕饲料和高纤维糟渣类

秸秆和秕壳是农作物脱谷收获籽实后所得的副产品。秸秆主要由茎秆和经过脱粒剩下的叶子组成，秕壳是由从籽粒上脱落下的小碎片和数量有限的小的或破碎的颗粒构成的。大多数农区有相当多数量的秸秕用作饲料。

这类饲料的主要特点是：①粗纤维含量很高，可达30% ~45%，其中木质素比例大，一般为6.5% ~12%，因而容积大，适口性差，消化率低，有效能值低；②蛋白质含量低，一般为2% ~8%，且蛋白质品质差，缺乏限制性氨基酸，但不同种类的粗饲料间营养成分含量有所差异，如豆科作物秸秕的蛋白质含量高于禾本科作物的秸秕；③这类饲料的粗灰分比例较大，如稻草含灰分高达17%，其中含有大量的硅酸盐，而钙、磷含量甚少，利用率低；④维生素含量较低。

(一) 秸秕类饲料

1. 秸秆类

秸秆类主要有稻草、玉米秸、麦秸、豆秸、高粱秸和谷草等。这类饲料不仅营养价值低，消化率也低。

(1) 稻草。稻草是我国南方农区主要的粗饲料来源，其营养价值低于谷草。水稻是我国第一粮食作物，因而稻草的利用率尤其值得重视。稻草对牛、羊的消化率为50%左右，对猪的消化率一般在20%以下。据测定，稻草含粗蛋白质3% ~5%，含粗脂肪1%左右，其消化能对牛为8.33MJ/kg，对羊为7.61MJ/kg，对猪为3.33MJ/kg。稻草灰分含量较高，但钙、磷所占比例较小。磷含量为0.02% ~0.16%，低于反刍家畜生长和繁殖的需要量(牛、羊对磷的需要量约为日粮的0.3%)。稻草中缺钙，因此，在以稻草为主的日粮中应补充钙。

(2) 玉米秸秆。玉米秸秆具有光滑外皮，质地坚硬，粉碎不细的特点，不仅难以消化，而且会扎破猪胃，造成死亡。反刍家畜对玉米秸秆粗纤维的消化率在65%左右，对无氮浸出物的消化率在60%左右。玉米秸处于青绿时，胡萝卜素含量较多，为3 ~7mg/kg。

生长期短的春播玉米秸比生长期长的春播玉米秸粗纤维少，易消化。同一株玉米，上部比下部营养价值高。叶片较茎秆营养价值高，易消化；牛、羊较为喜食。玉米稍的营养价值又优于玉米芯，而和玉米苞叶营养价值相仿。

由于饲喂需要或因生产季节的限制，未等玉米籽粒成熟即行青刈，称之为青刈玉米。青刈玉米青嫩多汁，适口性好。适于作牛、猪的青饲料。青刈玉米可鲜喂，也可制成干草或青贮供冬、春饲喂。

(3) 小麦秸秆。小麦秸秆的营养价值因品种、生长期不同而有所不同。其秸秆的数量在麦类秸秆中也最多。小麦秸秆的粗纤维含量高，并含有猪难以利用的硅酸盐和蜡质。

猪吃小麦秸秆易“上火”和便秘，喂量稍大则影响增重，耗料增加。饲喂时间长了，还易使猪患病死亡。所以不宜用小麦秸秆喂猪。

从营养价值和粗蛋白质含量看，大麦秸秆比小麦秸秆好，春播小麦比秋播小麦好，大麦秸秆轻、易消化，可适当作猪饲料。在麦秸中，燕麦秸饲用价值最高，对牛、马、羊的消化能分别为9.71MJ/kg、8.87MJ/kg和11.38MJ/kg。

（4）豆秸。收获的大豆、豌豆、豇豆等茎叶，都是豆科作物成熟后的副产品，叶子大部已经掉落，即使有一部分叶子，也枯黄了，维生素已经分解，蛋白质减少，茎也木质化，质地坚硬。与禾本科秸秆比较，豆科秸秆的粗蛋白质含量和消化率都较高。

风干大豆秸含消化能：猪为0.71MJ/kg，牛为6.82MJ/kg，绵羊为6.99MJ/kg。所以大豆秸等豆科秸秆适于喂反刍家畜，特别适于喂羊。大豆秸上如带豆荚（籽实脱出），营养价值提高。在大豆籽粒成熟前约10天，采摘豆叶晒干，可作良好饲料。当大豆植株下部茎叶快变黄时，把豆叶全部采摘下来，不影响产量。青刈的大豆茎叶，营养价值接近紫花苜蓿。在有条件的地方，可密植青刈大豆，以解决蛋白质饲料的不足。

在豆秸中，蚕豆秸和豌豆秸蛋白质含量最高。但是新豌豆秸水分较多，容易腐败，变成黑色。所以，应及时晒干贮存。由于豆秸中含粗纤维较多，质地坚硬，要很好地加工调制，以保证充分利用。通常豆秸要搭配其他粗饲料混合粉碎饲喂。豆秸喂猪，可占粗饲料的1/3。

（5）谷草。粟的秸秆通称谷草，粟义称谷子，其脱离后的副产物，是有价值的粗饲料，质地柔软厚实，营养丰富，可消化粗蛋白质和可消化总养分均较麦秸、稻草为高。在禾谷类秸秆中，谷草的品质好，是马、骡的优质粗饲料，还可铡碎喂牛、羊，与野干草混喂的效果更好。

谷草的主要用途是制备干草，供冬、春两季饲用。在开始抽穗时收割的干草含粗蛋白质9%～10%、粗脂肪2%～3%，质地柔软，适口性好。但单独喂羊效果不好，因有致泻作用；谷草是马的好饲料，但长期饲喂对马的肾脏有害，还易致关节肿胀、跛行、骨质疏松。若适量饲喂，无不良影响。

2. 秕壳类

秕壳类是农作物收获的籽实脱壳的副产品，包括谷壳、高粱壳、花生壳、豆荚、棉籽壳、秕谷以及其他脱壳副产品。一般来说，荚壳的营养成分高于秸秆（稻壳、花生壳例外）。

荚主要是指豆类的。最具有代表性的就是大豆荚，是一种比较好的粗饲料，豆荚含无氮浸出物12%～50%，粗纤维33%～40%、粗蛋白质5%～10%，饲用价值较好，适于反刍家畜利用。

谷类的皮壳营养价值仅次于豆荚，但数量较大，来源广，值得重视。稻壳的营养价值很差，对牛的消化能最低，仅能勉强用作反刍家畜的饲料，较适于养羊。稻壳经过适当处理，如氨化、碱化、高压蒸煮或膨胀软化后可按10%的比例喂反刍家畜。

另外，棉籽壳、玉米芯等经过适当粉碎，不仅可以喂一般反刍动物，也可以喂奶牛。

棉籽壳含少量棉酚（约0.068%），喂饲时要防止棉酚中毒。

（二）高纤维糟渣类

高纤维糟渣类主要有甘蔗渣、甜菜渣、蚕豆粉渣、马铃薯粉渣、红薯粉渣等。这些都是制糖或制粉的副产品。这类饲料的粗纤维含量高达30%～40%，蛋白质、可溶性碳水化合物含量极低，含钙较丰富，钙多于磷，其营养特点及饲用价值基本上同秸秕类饲料。但此类饲料对牛、羊等反刍动物来说，消化率可高达80%，故为牛、羊等反刍动物较好的粗饲料。

三、树叶及其他饲用林产品

在我国，到处可以见到繁茂的树木，其中除少数不能饲用外，大多数树木的叶子（包括青叶和秋后落叶）及其嫩枝和果实，都可用作畜禽的饲料。有些优质青树叶还是畜禽很好的蛋白质和维生素饲料来源，如紫穗槐、洋槐和银合欢等树的叶子。树叶外观虽硬，但养分较多，青嫩鲜叶很容易消化，不仅能作草食家畜的维持饲料，而且可以用作生产饲料。树叶虽是粗饲料，但营养价值远优于秸秆和荚壳。青干叶经粉碎制成叶粉，可以代替部分精料喂猪、鸡。

课题三　青饲料

一、青饲料种类及营养特点

（一）青饲料的种类

青饲料主要包括天然牧草、人工栽培牧草、叶菜类、根茎类、水生植物等饲料中自然水分含量大于45%的青绿多汁饲料。

1. 含水量高

陆生植物的水分含量在75%～90%，而水生植物在95%左右，因此，鲜草的热能值较低。陆生植物饲料每千克鲜重的消化能在1.20～2.50MJ。如以干物质基础计算，由于粗纤维含量较高（18%～30%），其热能营养价值也较能量饲料低，其能量含量为10MJ/kg左右，接近麦麸所含的能值。

2. 蛋白质含量较高

青饲料中蛋白质含量丰富，一般禾本科牧草和蔬菜类饲料的粗蛋白质含量在1.5%～3%，豆科青饲料在3.2%～4.4%，按干物质计算前者为13%～15%，后者可达18%～24%。含赖氨酸较多，可补充谷物饲料中赖氨酸的不足。青饲料蛋白质中氨化物（游离氨基酸、酰胺、硝酸盐等）占总氮量的30%～60%。氨化物中游离氨基酸占60%～

70%,对单胃动物来说,其蛋白质的营养价值接近纯蛋白质,对反刍动物可由瘤胃微生物利用转化为菌体蛋白质。生长旺盛期的植物氨化物含量高,但随着植物的生长,纤维素的增加而逐渐减少。

3. 粗纤维含量较低

青饲料含粗纤维较少,木质素低,无氮浸出物较高。青饲料干物质中粗纤维不超过30%,叶、菜类不超过15%,无氮浸出物在40%~50%。粗纤维的含量随着植物生长期的延长而增加,木质素的含量也显著增加。一般来说,植物开花或抽穗之前,粗纤维含量较低。木质素增加1%,有机物质消化率下降4.7%。猪对未木质化的纤维素消化率可高达78%~90%,对已木质化的纤维素消化率仅有11%~23%(绵羊可达32%~58%)。

4. 钙磷比例适宜

青饲料中矿物质占鲜重的1.5%~2.5%,是矿物质的良好来源。

5. 维生素含量丰富

特别是胡萝卜素的含量较高,每千克饲料中含50~80mg。在正常采食情况下,放牧家畜采食的胡萝卜素可超过家畜需要量的100倍。维生素B族、维生素E、维生素C、维生素K含量较多,但维生素B_6(吡哆醇)很少,缺乏维生素D。豆科牧草中胡萝卜素高于禾本科植物。青苜蓿中核黄素含量为4.6mg/kg,此玉米籽实高3倍;尼克酸18mg/kg、硫胺素1.5mg/kg,均高于玉米籽实。

因此,对于动物营养来说,青饲料是一种营养相对平衡的饲料。在动物饲料方面,青饲料与由它调制的干草可以长期单独组成草食动物日粮,保证畜禽生产性能的发挥。

(二) 青饲料的合理利用

1. 青饲料的利用特点

青饲料的利用特点和营养价值的高低,主要取决于青饲料的种类及生长时期。一般是随着植物的逐渐成熟,则茎叶迅速变粗、变硬,利用价值也随之下降。为了保证青饲料有良好的品质,必须适时收割,饲喂猪、鸡的豆科青饲料以在孕蕾前收割为宜;饲喂牛、羊、马的宜在盛花期收割。

青饲料的利用方式有青刈和放牧两种,前者适于人工栽培牧草及饲用作物,后者是草原、草山、草坡的主要利用方式。无论青刈还是放牧,都必须注意做到青饲料轮供。并在青饲料生产旺季加工贮藏,不致因生产过剩而造成浪费,或因青饲料缺乏而影响生产。青饲料在利用上最好采取青刈和放牧相结合的方法,以使利用更加合理。即用青刈补充放牧的不足,以放牧增加舍饲家畜的运动量,二者相互促进,增进家畜健康和提高生产能力。青饲料饲喂猪、鸡时,因消化道容积有限,食量不多,故应与籽实饲料配合饲喂,以满足其营养需要,牛、马等草食家畜则可大量利用。

2. 青饲料在动物日粮中的用量

不同的动物种类,青饲料在日粮中的用量通常也不一样。反刍动物可以大量利用青绿多汁饲料,而单胃动物则不能。对反刍动物而言,青饲料可以作为唯一的饲料来源而并不影响其生产力(对高产乳牛例外)。但青饲料不能作为猪唯一的饲料来源,应适当搭配精饲料,这样可获得较好的饲养效果。

3. 利用青饲料时应注意的问题

(1) 防止亚硝酸盐中毒。在青饲料中,例如蔬菜、饲用甜菜、萝卜叶、芥菜叶、油菜叶中都含有硝酸盐,硝酸盐本身无毒或毒性很低,只有在细菌作用下,硝酸盐被还原为亚硝酸盐时才具有毒性。

青饲料堆放时间过长,发霉腐败,或者在锅里加热或煮后焖在锅或缸里过夜,都会促使细菌将硝酸盐还原为亚硝酸盐。青饲料在锅里煮熟焖在锅里保存 24 ~48h,亚硝酸盐的含量可达 200 ~400mg/kg。

亚硝酸盐中毒的发病很快,多在 1d 内死亡,严重者可在半小时内死亡。发病主要表现为动物不安、腹痛、呕吐、流涎、吐白沫、呼吸困难、心跳加快、全身震颤、行走摇晃、后肢麻痹、体温无变化或偏低,血液呈酱油色。治疗时,可注射 1% 美蓝溶液,每千克体重 0.1 ~0.2mL。也可用甲苯胺蓝药物治疗,用量为每千克体重 5mg。还可用维生素 C 加到 5% ~10% 葡萄糖注射液中注射,猪、羊每千克体重使用 1g 以上,马、牛 5g 以上。

(2) 防止氢氰酸和氰化物中毒。氰化物是剧毒物质,即使在饲料中含量很低也会造成中毒。在青饲料中一般不含氢氰酸,但在高粱苗、玉米苗、马铃薯幼芽、木薯、亚麻叶、蓖麻籽饼、三叶草、南瓜蔓等植物中含有氰苷配糖体。含氰苷的饲料经过堆放发霉或霜冻枯萎,在植物体内特殊酶的作用下,甚至无需特殊酶的作用,仍可使氰苷和氰化物分解而形成氢氰酸。玉米、高粱收割后的再生苗,经霜冻后危害更大。氢氰酸中毒的主要症状为腹痛或腹胀、呼吸困难,呼出气体有苦杏仁味,行走站立不稳。可见家畜黏膜由红色变为白色或紫色,肌肉痉挛,牙关紧闭,瞳孔放大,最后卧地不起,四肢划动,呼吸困难,麻痹死亡。可注射 1% 亚硝酸钠液,每千克体重用量为 1mL;也可用 1% ~2% 美蓝溶液,每千克体重注射 1mL。

(3) 草木樨中毒。草木樨本身不含有毒物质,但含有香豆素。当草木樨发霉腐败时,在细菌的作用下,香豆素变为双香豆素,其结构式与维生素 K 相似,二者有拮抗作用。

双香豆素中毒主要发生于牛,其他动物发生很少。中毒发生缓慢,通常饲喂草木樨 2 ~3周后发病。牛中毒表现为食欲变化不大、体质衰弱、步态不稳、运动困难,有时发生跛行,体温低,发抖,瞳孔放大。该病特有症状是血凝时间变长,在颈部、背部或后躯皮下形成血肿,鼻孔可流出血样泡沫,奶里也可出现血液。此病可用维生素 K 治疗。要注意预防，饲喂草木樨时应逐渐增加喂量，不能突然大量饲喂，不喂发霉变质的草木樨。

(4) 防止农药中毒。蔬菜园、棉花地、水稻田刚喷过农药后，及其邻近的杂草或蔬菜不能用作饲料，等下过雨后或隔1个月后再割草利用，谨防农药中毒。

(5) 防止其他有毒植物，如夹竹桃、嫩栎树芽、青枫叶等的中毒。

二、生产上常用的青饲料

(一) 天然牧草青饲料

天然生长的牧草种类很多，其中主要是禾本科、豆科、菊科、莎草科四大类，它们的干物质中无氮浸出物的含量在40%～50%；粗蛋白质含量以豆科牧草较高，为15%～20%，莎草科次之，为13%～20%；菊科与禾本科为10%～15%。

(二) 栽培牧草与青饲作物

1. 豆科饲草饲料

我国栽培豆科牧草的历史悠久。两千多年前，紫花苜蓿就已在西北各地普遍栽培。草木樨在西北黄土高原既是水土保持植物，又是饲料作物，也是解决“三料”(饲料、肥料、燃料)的理想植物，种植广泛。绿肥植物中的苕子、紫云英、蚕豆等在我国南北方地区普遍栽种，也兼作饲料。

图14-1　紫花苜蓿

(1) 紫花苜蓿：是我国目前栽培最多的苜蓿属牧草，主要分布于北方各省区。苜蓿质地好，产量高而稳定。在良好的管理条件下，一年能收获3～5茬；水肥条件较好时，可每年每公顷产青饲料75 000kg以上；但管理粗放时一般每公顷产37 500～45 000kg。如以45 000kg计，粗略估算约可获得粗蛋白质2 023kg，无论从产量或营养物质来看，都大大超过粮食作物，是很值得推广的优良饲料(图14-1)。

紫花苜蓿的营养价值与收割时期关系很大。幼嫩时含水分多，粗纤维少，收割过迟，茎增加，叶占比重下降，饲用价值降低(表14-4)。

表14-4　不同生长阶段紫花苜蓿营养成分的变化

生长阶段	干物质/%	占鲜重/%				占干物质重/%			
		粗蛋白	粗脂肪	粗纤维	无氮浸出物	粗蛋白	粗脂肪	粗纤维	无氮浸出物
营养生长期	18.0	4.7	0.8	3.1	7.6	26.1	4.5	17.2	10.0
花前期	19.9	4.4	0.7	4.7	8.2	22.1	3.5	23.6	9.6
初花期	22.5	4.6	0.7	5.8	9.3	20.1	3.1	25.8	9.3
1/2盛花期	25.3	4.6	0.9	7.2	10.5	18.2	3.6	28.5	8.2
花后期	29.3	3.6	0.7	11.9	10.9	12.3	2.4	40.6	7.5

紫花苜蓿是各类家畜的上等饲料，不论青饲放牧还是调制成干草，适口性均好，营养丰富。青饲时紫花苜蓿是草食家畜的主要饲料。幼嫩苜蓿是猪、禽和幼畜的最好蛋白质饲料；粗老苜蓿可上段喂猪，下段喂牛、马。在放牧条件下，苜蓿对各种家畜的饲养效果都较高。但放牧时，要防止反刍家畜的膨胀病。

（2）白三叶：白三叶是豆科多年生草本植物，着地生根。茎细长而软，匍匐地面，植株高 30 ~ 60cm。叶柄长，小叶倒卵形或近倒心形，叶缘有细锯齿，中部有倒“V”型淡色斑，三枚小叶的倒“V”形淡色斑连接，几乎形成一个等边三角形。头状花序，着花 10 ~ 80 朵，白或淡紫红色。荚果倒卵状矩形，每荚有种子 3 ~ 4 粒。种子近圆形，黄色，千粒重 0.5 ~ 0.7g。喜温暖湿润气候，适应性广，耐酸性强，pH 为 4.5 的土壤仍能生长，除盐碱土外，排水良好的各种土壤均可生长。再生性好，耐践踏，属放牧型牧草。开花前，鲜草含粗蛋白质 5.1%，粗脂肪 0.6%，粗纤维 2.8%，无氮浸出物 9.2%，灰分 2.1%。产量虽不如红三叶，但适口性好，营养价值也较高（图 14-2、图 14-3）。

图 14-2　白三叶

图 14-3　白三叶的种子

（3）箭筈豌豆：也称春巢菜、春苕子等，全国各地都有种植，为优良牧草和重要的青饲料。箭筈豌豆的营养价值高，茎枝柔嫩，生长茂盛，叶多，适口性好，是各类家畜喜食的优质牧草，可作青饲料、青干草及青贮料。鲜草中粗蛋白质等养分含量与紫花苜蓿、三叶草相近。籽实中粗蛋白质高达 30%，但因含有生物碱和氰苷（氰苷经水解后释放出氢氰酸）易引起中毒，因此饲用前必须浸泡、淘洗、磨碎、蒸煮，同时要避免大量长期、连续使用，以免中毒（图 14-4、图 14-5）。

图 14-4　箭筈豌豆

图 14-5　箭筈豌豆的种子

（4）紫云英：主要在我国南方广泛种植，是水稻产区的冬季绿肥牧草。紫云英产草量高，蛋白质、矿物质、维生素含量丰富，幼嫩多汁，适口性好，是喂猪的好饲料。现蕾期的干物质中，粗蛋白质含量可高达31.76%，粗纤维只有11.82%，开花期品质仍属优良，盛花期后则较差，但现蕾期产量仅为盛花期的53%。所以就总营养物质而言，以盛花期刈割为佳。紫云英青饲、青贮、制干草粉均可。

（5）草木樨：我国种植的主要是白花草木樨及印度草木樨。草木樨营养价值高，含粗蛋白质可达23.35%。草木樨含有香豆素，初喂时家畜不习惯，可与苜蓿、谷草等混喂，让动物逐步适应。

2. 禾本科饲草饲料

栽培用作青饲或放牧用的禾本科植物主要有青刈玉米、青刈高粱、苏丹草、燕麦等，主要用于饲喂草食家畜。本类饲料富含碳水化合物，蛋白质含量较低，粗纤维含量随生长阶段的进展而增加，一般适口性较好。

（1）青刈玉米。在习惯上通常是以玉米成熟后的籽实作为精料，而不在玉米乳熟、蜡熟时刈割作青饲料。实际上玉米青刈在单位面积上所获得的总营养物质比成熟后收割者高15%，胡萝卜素高20倍以上；青刈可使收割期提早20d左右，可增加土地利用率，提高复种指数；青刈玉米的营养成分及消化率比成熟玉米高；青刈玉米产量高，播种期长。

青刈玉米的营养特点是：富含碳水化合物，有较多的易溶糖类，稍有甜味，家畜喜欢采食，如能与豆科青草混合饲喂，则效果更佳。青刈玉米可青饲，也可制成优质的青贮饲料。

（2）青刈高粱。高粱青刈时由于茎矮分蘖多，营养价值高。在籽实成熟时，茎叶绿色部分含糖量仍有10%左右，适口性好，家畜喜采食。但新鲜高粱茎叶中含有氰苷配糖体，尤以出苗后2~4周含量较高，成熟时大多消失，生长期高温干燥时含量较高，土壤中氮肥多时含量也多。这些氰苷配糖体于堆放发霉或霜冻枯萎时，在植物体内特殊酶的作用下，被水解而形成氢氰酸或在瘤胃微生物、胃酸（单胃家畜）的作用下，转变为氢氰酸而被动物吸收中毒。所以利用新鲜青刈高粱作为饲料时应注意防止家畜中毒。高粱也是很好的青贮作物。

（3）青刈燕麦。燕麦主要分布在西北、东北、华北的山区及高寒地带，青刈时可随割随喂，也可制成干草。青刈燕麦茎叶营养丰富，适口性好，各种家畜都喜采食，是营养价值较高的饲用作物。

图14-6　苏丹草

（4）苏丹草（图14-6）。苏丹草是一种很有价值的高产优质青饲料作物，适应性广，适口性好，再生能力强，宜在抽穗到盛花期刈割。由于茎叶比玉米、高粱柔软，故饲养效果好。但饲喂中应注意防止氢氰酸中毒。

3. 其他科饲草饲料

（1）聚合草（图14-7）。聚合草以产量高、生长快、蛋白质含量高而出名。鲜草干物质中粗蛋白质17%～23%，粗纤维只有10%～15%，牛、猪都可饲用。其缺点是灰分含量高，且茎叶多刚毛，适口性差。聚合草在开花时刈割，可单独或与禾本科饲草混合青贮，制成优质青贮料，亦可制成干草粉，作为蛋白质和维生素补充饲料。

图14-7 聚合草

（2）苋菜，也称千穗谷、西番谷（图14-8）。茎叶比较柔软，营养价值较高，以株高1m左右的开花前刈割利用较好，否则消化率下降，很不经济。苋菜在现蕾期风干物质中含粗蛋白质8.50%，粗脂肪1.80%，粗纤维38.70%，无氮浸出物35.30%。苋菜是猪的优良青绿多汁饲料，生喂、熟喂均可。

图14-8 苋菜

（3）串叶松香草，也称松香草、法国香槟草、菊花草。串叶松香草营养价值高，其干物质中含粗蛋白质23.6%左右，赖氨酸含量为0.4%～1.16%。叶的适口性好，但刈割太晚时，茎秆粗硬。鲜喂、晒制干草、调制青贮料均可。

（4）苦荬菜，也称良麻、苦麻菜、山莴苣、八月老（图14-9）。苦荬菜适口性好，易消化，营养丰富。苦荬菜干物质中含粗蛋白质17%～26%，粗脂肪约15.5%，粗纤维约14.5%。苦荬菜柔嫩多汁，味稍苦，能促进食欲，帮助消化；能防止猪的便秘，去毒泻火；能促进仔畜生长和母畜泌乳。主要是鲜喂，通常切碎或打浆后拌糠麸喂猪，采食量和消化率都很高。

图14-9 苦荬菜

（三）非淀粉质块根块茎饲料

1. 胡萝卜

胡萝卜因为产量高，易栽培，营养丰富，是各种畜禽冬春季的重要饲料。胡萝卜的营养价值很高，尤其是无氮浸出物含量多，并含有蔗糖和果糖，故具甜味，蛋白质含量也较其他块根为多，胡萝卜素含量更高，少量喂给，便可满足各种畜禽对胡萝卜素的需要。胡萝卜适口性好，各种家畜都喜食，在奶牛的饲料中如有胡萝卜，则有利于提高产奶量和改善乳的品质，应生喂，贮存时应防冻害。

2. 甜菜

生产上用作饲料的甜菜有糖甜菜、半糖甜菜和饲用甜菜三种，糖甜菜含糖量最多，干物质含量为20%～22%，但总产量低；饲用甜菜为大型种类，总收获量高，但干物质含量低，为8%～11%，粗蛋白质含量较糖用甜菜高。

3. 菊芋

也称洋姜，是优质高产的饲料作物，其茎、叶和块茎都是好饲料。菊芋产量高，适应性强，营养价值高，富含蛋白质、脂肪和碳水化合物，尤其是菊糖的含量高达13%以上，其茎叶的饲用价值也高于马铃薯和向日葵茎叶，而块茎脆嫩多汁，营养丰富，适口性好，宜作肉畜、乳畜和猪的多汁饲料。

（四）水生饲料

水生饲料具有生长快、产量高、不占耕地、利用时间长等优点，且质地柔软，幼嫩多汁，但干物质少，生喂易感染寄生虫病，故饲用时必须注意合理搭配与消毒，并定期给猪驱虫，肥料下田应经腐熟。

水生饲料的营养价值一般低于陆生青饲料。如以干物质计，则蛋白质和矿物质的含量高，纤维素的含量低，故容易消化。水生饲料主要用来喂猪，生喂或熟喂均可。常用的水生饲料主要有水浮莲、水葫芦（图14-10）、水花生（14-11）、绿萍（即三水一萍，图14-12）、菱角秧（图14-13）及海藻类等。

图14-10　水葫芦

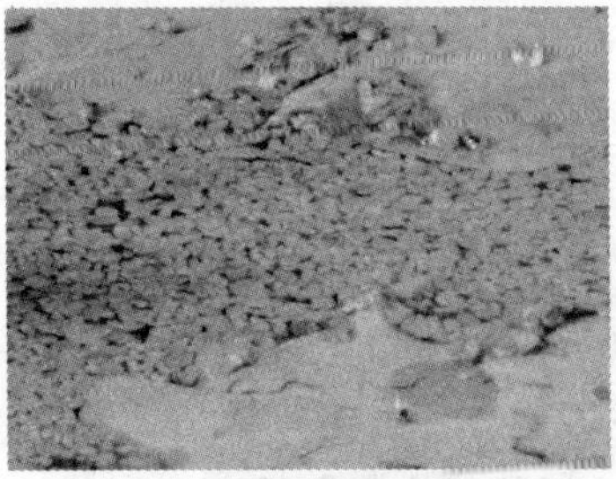

图14-11　水花生

图14-12　绿萍

图14-13　菱角秧

课题四 青贮饲料

青贮饲料就是把青饲料填入密闭的青贮窖(或壕塔)中经过微生物的发酵作用而调制成的柔软多汁、气味芳香、营养丰富、容易贮藏、可供冬春季饲喂家畜的多汁饲料。青贮是贮存和调制青饲料的好方法,基本上保持了青饲料原有的一些营养特点。

一、青贮饲料的优越性

1. 有效地保存青绿植物的营养成分

一般青绿植物,在成熟晒干之后,营养价值都会降低30%~50%,但青贮后,只降低3%~10%。青贮尤其能有效地保存青绿植物中的蛋白质和胡萝卜素。

2. 保持原料青绿时的鲜嫩汁液

干草含水量只有14%~17%,而青贮料含水量达70%,适口性好,消化率高。

3. 扩大饲料资源

畜禽不喜欢采食或不能采食的野草、野菜、树叶等无毒青绿植物,经过青贮发酵,可以变成畜禽喜食的饲料。例如,向日葵、菊芋、蒿草、玉米秸等。有的在新鲜时有臭味,有的质地较粗硬,一般家畜多不喜食或利用率很低。如果把它们调制成青贮饲料,不但可以改变口味,而且可软化秸秆,增加可食部分的数量。青贮饲料便家畜一年四季均可采食到青绿多汁饲料,从而使家畜常年保持高水平的营养状态和生产水平。

4. 保存饲料经济而安全的方法

青贮饲料比贮藏干草需用的空间小,一般每立方米的干草垛只能垛70kg左右的干草,而每立方米的青贮窖就能贮藏含水青贮饲料450~700kg,折成干草也能贮藏100~150kg。青贮饲料只要贮藏合理,可以长期保存,既不会因风吹日晒引起质变,也不会有火灾等事故的发生。

5. 青贮可以消灭害虫及杂草

很多危害农作物的害虫,多寄生在收割后的秸秆上越冬,如果把这些秸秆铡碎青贮,由于青贮料里缺乏氧气,并且酸度较高,可将许多害虫的幼虫杀死。还有许多杂草的种子,经青贮后便失去发芽能力,不仅给家畜贮备了饲草,也对减少杂草的滋生起到一定的作用。

二、青贮饲料的制作

1. 青贮的原理

青贮是将青贮饲料原料装填入密闭的青贮容器,在厌氧的条件下利用乳酸菌使糖发酵产生乳酸,当乳酸达到一定浓度时,就会抑制腐败菌及其他有害菌的生长,从而使饲料及其营养物质得以长期保存。其过程分为三个阶段：

（1）有氧呼吸阶段。此阶段大概持续 3d。前期以氧气为生存条件的微生物生长为主，随着原料的压紧和封闭，氧气的含量下降并因原料的呼吸作用而很快被耗尽，以氧气为生存条件的菌类和微生物不能生存。

（2）无氧发酵阶段。此阶段大概持续 10d。随着氧气被消耗，以无氧为生存条件的乳酸菌开始活跃，乳酸的浓度不断增加，当 pH 达到一定浓度时，就会抑制其他微生物的生长和繁殖，特别是腐生菌在无氧和酸性环境下很快死亡。

（3）稳定期。乳酸菌的发酵抑制了其他菌类，青贮饲料进入稳定期。

2. 青贮成功的条件

青贮成功的关键是为乳酸菌繁殖创造适宜的条件。乳酸菌的大量繁殖应具备的条件如下。

（1）原料中要有一定的含糖量。由于青贮过程中的乳酸主要由饲料中的糖转化而来，因此要求原料中含糖量不低于1% ~1.5%。

（2）原料中要有适宜的含水量。适宜的水分是保证乳酸菌正常增殖和发酵的重要条件。水分过少，原料不易压紧，窖内存留空气多，易造成需氧菌大量繁殖而导致饲料发霉腐烂。水分过多，糖分浓度低，原料汁液外渗造成养分流失，并易使青贮饲料变臭。原料中的适宜含水量为60% ~75%。

（3）厌氧的环境。乳酸菌的生长繁殖需要无氧环境，否则需氧菌、腐败菌会大量繁殖而导致青贮失败。

3. 青贮设备

青贮设备的种类很多，如青贮塔、青贮窖（圆形或长方形）、青贮壕（地下式、半地下式、地上式）、青贮袋、青贮堆等。各地可根据不同条件因地制宜地选用一种形式，在地下水位低、冬季寒冷地区可以选择地下式或半地下式（图 14-14）。

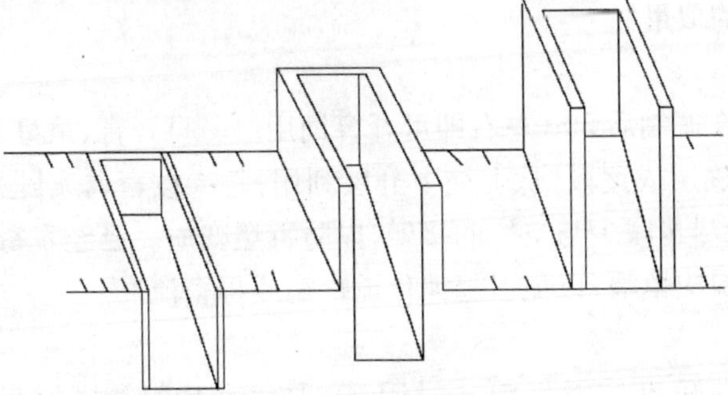

图 14-14　青贮窖

4. 青贮料制作的步骤

（1）适期刈割。适期刈割可提高青贮饲料的产量和养分含量，一般玉米带穗青贮以蜡熟至黄熟期为宜，无穗青贮以有多半绿叶为宜，高粱青贮以蜡熟期为宜，豆科牧草以开花期为宜。

（2）调节水分含量。适宜含水量为70%左右，刈割后直接青贮的原料含水量较高（75%～80%），可加入干草、秸秆等或晾晒来降低水分。当水分过低时，可加水或与新鲜嫩绿原料混装。水分测定方法：将铡碎的原料在手中握紧成团然后松开手指进行观察判断。若草团不散开且渗出液很少，则水分一般为70%～75%；若草团慢慢散开，但无汁液渗出，则水分为60%～70%；若草团很快散开，则水分小于60%。

（3）切碎。原料必须切碎。切碎便于压实，同时渗出汁液可促进乳酸菌繁殖。考虑到反刍，不宜过短，也不要太长，正常的为1～2cm。当青贮饲料粗硬时，应切得短些；细软时应稍长些。

（4）装填和压实。在检查完设备后，于窖底铺15cm厚的清洁垫草或吸水性强的草粉。青贮原料应随切碎随装贮，装窖速度要快，原料不要在窖外久置、日晒或雨淋。同时注意不要混入土块、粪便、铁钉等异物。要注意层层压实，每装0.5m左右压实一次，尤其要注意窖的四周边缘和窖角。对于机械压不到的地方，一定要人工踩实。装满后原料应高出窖口1m左右。压实是为了排出空气，压实与否是青贮成败的关键，原料装填越实越紧，青贮质量越好。

（5）密封。装填完毕应立即严密封埋，首先用塑料薄膜盖严，再用土覆盖（30～50cm厚），最后以重物如旧轮胎、石板等施压，做到不透气、不漏水。窖顶应呈馒头状或屋脊形，以利排水。如果拖延封窖，会导致青贮饲料品质低劣。

（6）管理。青贮窖压实密封后，要注意防止雨水渗入，多雨地区宜在窖上搭棚防雨，如发现窖顶有裂缝应立即覆土、压实，还要注意防鼠等。

三、青贮饲料的取用

1. 取用

青贮饲料一般在调制后30d左右即可开窖饲用。一旦开窖，最好天天取用，要防雨淋或冻结。取用时应逐层或逐段，从上往下分层利用，每天按畜禽实际采食量取出，切忌全面打开或掏洞取用，尽量减少与空气的接触，以防霉烂变质。已经发霉的青贮饲料不能饲用。结冰的青贮饲料应慎喂，以免引起消化道疾病或母畜流产。

2. 喂法

青贮饲料适口性好，但多汁轻泻，应与干草、秸秆和精料类搭配使用。饲喂青贮饲料时，要有一个适应过程，喂量由少到多逐渐增加。

3. 喂量

每种动物每日每头青贮料喂量大致如下：妊娠成年母牛50kg、产奶成年母牛25kg、断奶犊牛5~10kg、种公牛15kg、成年绵羊5kg、成年马10kg、成年妊娠母猪3kg、成年兔0.2kg。

课题五　能量饲料

一、谷实类饲料

谷实类饲料指禾本科植物成熟的种子，主要有玉米、高粱、大麦、燕麦等。

（一）谷实类饲料的营养特点

1. 能量含量高

富含无氮浸出物，占干物质的71.6%~80.3%（燕麦为66%），而且其中主要是淀粉，占无氮浸出物的82%~92%，故其消化能很高。

2. 粗纤维含量低

一般在5%之内，只有带颖壳的大麦、燕麦等粗纤维可达10%左右。

3. 蛋白质和必需氨基酸含量不足

蛋白质含量为8%~11%，赖氨酸、蛋氨酸、色氨酸、胱氨酸含量较低。

4. 矿物质营养方面

谷实类饲料矿物质主要是钙少磷多，对单胃动物来讲磷的利用率很低，但大麦含锌多，小麦含锰多，玉米含钴多。

5. 维生素

黄玉米维生素A原含量较为丰富，其他谷实类饲料（如白玉米）含量则极少。谷实类饲料富含维生素B_1和维生素E，但含维生素B_2、维生素C和维生素D少，所有谷实类饲料均不含维生素B_{12}。

6. 脂肪含量

此类饲料含脂肪3.5%左右，其中主要是不饱和脂肪酸、亚油酸和亚麻酸的比例较高，这对于保证猪、鸡的必需脂肪酸的供应有一定好处。

（二）几种主要的谷实类饲料

1. 玉米

玉米的有效能值高，故习惯上有“饲料之王”之称。玉米含无氮浸出物74%~80%，主要是易消化的淀粉，这不同于饼粕类（含聚糖类多）的无氮浸出物，其消化率达90%以上。玉米中蛋白质含量低且品质差，玉米含粗蛋白质7.2%~8.9%，其中赖氨酸、蛋氨酸、色氨酸及胱氨酸较缺乏，因而蛋白质的生物学价值较低，无鱼粉日粮需增加赖氨酸或蛋氨酸的用量，提高预混料中烟酸的用量，以提高色氨酸的利用率。玉米中不饱和脂肪酸含量较高，其中主要是油酸和亚油酸等，比如玉米中的亚油酸含量达 2%，为谷实类之首。因其脂肪含量高，粉碎后的玉米粉易酸败变质，不宜久贮。酸败、霉变玉米易被污染而产生黄曲霉毒素(图 14-15、图 14-16)。黄玉米中还有维生素 A 原，1kg 黄玉米中含 1mg 左右的 β-胡萝卜素及 22mg 叶黄素，这是麸皮及稻谷无法比拟的，这种色素可以加深蛋黄、奶油、肉鸡皮肤及脚趾的颜色。玉米含脂率较高，猪饲料中使用过多易造成软脂肉。

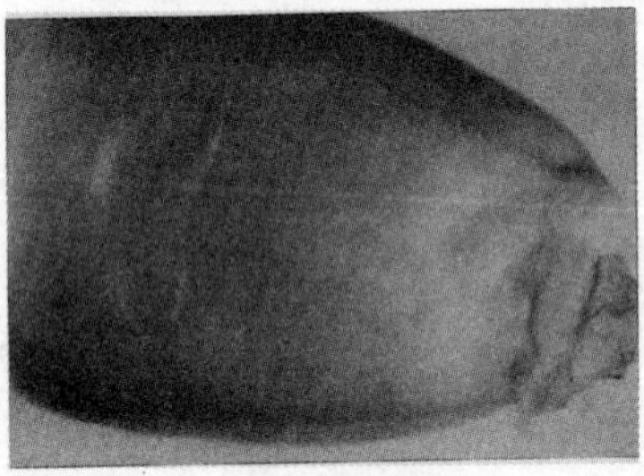

图 14-15　正常玉米

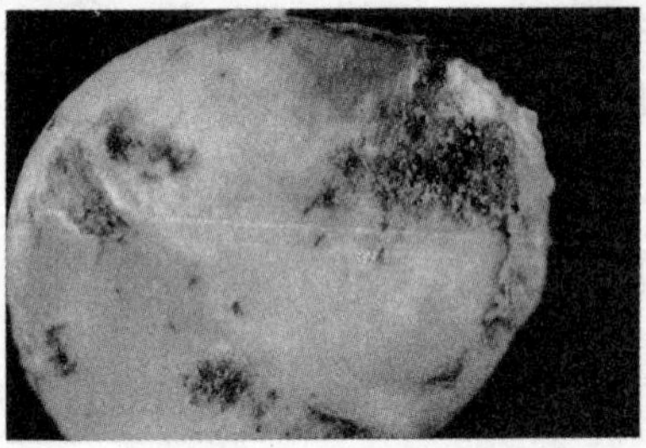

图 14-16　霉变玉米

2. 高粱

高粱的籽实是一种重要的能量饲料。去壳高粱与玉米一样，主要成分都为淀粉，粗纤维少，可消化养分高。粗蛋白质与其他谷物相似，但质量较差。含钙量少，含磷量较多。胡萝卜素及维生素 D 的含量少，维生素 B 族含量与玉米相当，烟酸含量多。

高粱中含有单宁，有苦味，家畜不爱采食。单宁主要存在于主壳部，色深者含量高。所以在配合饲料时，色深者只能加到 10%，色浅者可加到 20%。若能除去单宁，则可加到 70%。

高粱对于乳牛有近似玉米的饲用价值。一般以粉碎后喂饲为好，否则可能有一半左右不能被畜体吸收利用。饲喂肉牛，效果良好，其饲用价值相当于玉米的 90% ~95%。不同品种的高粱，对于肉牛的营养价值无区别。用高粱饲喂肉牛，可以带穗粉碎。

用高粱饲喂猪或牛，如饲喂得法，可达到玉米饲用价值的 90% ~95%。由于它的适口性差，在猪日粮的配比中一般不超过 20%。因高粱中含有的胡萝卜素比黄玉米多一倍，蛋白质质量也低，所以必须补加维生素 A 和蛋白质。

用高粱喂鸡，在蛋鸡和雏鸡的日粮配比中一般在 15% 以下为宜，粉碎或整粒饲喂均可。

3. 大麦

大麦是一种重要的能量饲料，粗蛋白质含量比较多，约 12%，同时其质量也较高，赖氨酸含 0.52% 以上，这在谷实类中不多，可消化养分比燕麦高。无氮浸出物含量多，粗脂肪含量少于2%，不及玉米含量的一半，因而饲喂育肥猪能获得优质硬脂胴体。我国金华火腿闻名于世，在饲养技术上饲喂乌豆与大麦是关键性因素。大麦的钙、磷含量比玉米高。胡萝卜素和维生素D不足，硫胺素多，核黄素少，烟酸含量丰富。

用大麦喂猪时必须粉碎，否则不易消化。其饲用价值与玉米相近。用大麦喂鸡，其效果不如玉米。大量饲喂会使鸡蛋着色不佳。带皮大麦用于育雏其配比量以25%以下为好。

乳牛、肉牛可大量饲喂大麦，饲喂时稍加粉碎即可。粉碎过细，影响适口性；整粒饲喂不利于消化，造成浪费。

4. 燕麦

燕麦是一种很有价值的饲料作物，可用作能量饲料青干草和青刈饲料。其籽实中含有较丰富的蛋白质，在10%左右，粗脂肪含量超过4.5%。燕麦壳占谷料总重的25%～35%，粗纤维含量高，能量少，营养价值低于玉米，适于饲喂牛、马等大牲畜。

一般饲用燕麦主要成分为淀粉，因麸皮（壳）多，其粗纤维含量在10%以上，可消化总养分比其他麦类低。蛋白质品质优于玉米，含钙量较少，含磷量较多。其他无机物与一般麦类相近。维生素D和烟酸的含量比其他麦类少。

燕麦粗纤维含量高，不宜作猪、鸡的主要饲料，仅作其配合饲料的组成部分。当大量使用时，其饲用效果显著低于玉米和大麦。饲喂肉猪的用量应低于日粮的1/3～1/4。母猪产仔前用量可占日粮的1/2。产仔猪3周内只能占日粮的1/4～1/3以下。

燕麦是乳牛、肉牛的极好饲料，喂前适当粉碎可提高其消化率。

一般成熟的籽实含有的无氮浸出物在谷实中最少，约66%。这是由于燕麦的外壳占整粒籽实重量的比例达25%～35%，所以燕麦的营养价值在谷类籽实中最低。由于其外壳所占的比重大，其蛋白质含量较高。所以燕麦便成为马属动物的标准饲料。马属动物自由采食燕麦不容易引起疝痛等消化道疾病。

5. 荞麦

荞麦属于蓼科植物，与其他谷实类不同。荞麦不但籽实可以作为能量饲料，绿色体也是优良的青饲料。它的籽实也有一层粗糙的外壳，约占30%。故粗纤维含量较高，占12%左右。但其他方面的营养特性均符合谷实类饲料的通性，故其能量价值仍然较高。消化能的含量对牛为14.64MJ/kg，猪为14.31MJ/kg。不过荞麦籽实含有一种物质——感光咔啉，当动物采食以后白色皮肤部分受到日光照射即发生过敏，并出现红色斑点，严重时能影响育肥效果。这种感光物质在外壳中含量特别多。荞麦的蛋白质品质较好，含赖氨酸0.73%，蛋氨酸0.25%。

二、糠麸类饲料

糠麸类饲料包括碾米、制粉加工的副产品，主要有稻糠、小麦麸等。

(一) 糠麸类饲料的营养特点

(1) 无氮浸出物比谷实少,占40% ~50%,与豌豆和蚕豆相近。

(2) 粗纤维含量比籽实高,约占10%。

(3) 粗蛋白质的含量与质量均介于豆科与禾本科籽实之间。

(4) 米糠中粗脂肪含量约13.1%,其中不饱和脂肪酸含量高。

(5) 含磷多(1%以上),含钙少(0.11%),且磷多以植酸磷的形式存在。

(6) 维生素 B_1、烟酸及泛酸含量较丰富,其他均缺少。生长快或生产水平高的畜禽应少用或不用这类饲料。

(二)几种常用的糠麸类饲料

1. 稻糠

稻谷脱壳后精密制米的副产物,也称细米糠。其营养价值依加工程度而异。加工的精米越白,则进入米糠的胚乳越多,其能值越高。米糠约含13%的粗蛋白质和17%的粗脂肪,有效能值仅低于稻谷;含有较多的含硫氨基酸,且含铁、锰、锌丰富;含磷量高于钙20倍。

米糠适于饲喂各种家畜,但由于其油脂含量较高,易氧化酸败不宜储存,在饲粮中配比过高会引起腹泻及体脂肪发软。一般米糠喂鸡,用于粉料中以3% ~8%为宜,猪应控制在20%以下;乳牛和肉牛饲粮中可用20%左右。

2. 小麦麸

俗称麸皮,是面粉加工过程中的副产物。1kg 干物质含消化能 9.37MJ(猪),代谢能 6.82MJ(鸡),粗蛋白质 12% ~16%,粗纤维 10%左右。并含有较多的 B 族维生素(如维生素 B_1、维生素 B_2、烟酸和胆碱等)和维生素 E。麸皮质地轻松,适口性好,具有轻泻性,因能量水平低,做育肥和仔猪饲料时用量不宜大,蛋鸡和种公鸡饲料中控制在10%以下;乳牛饲料使用30%左右。

三、淀粉质块根、块茎及瓜类饲料

这类饲料的最大特点是干物质中淀粉含量特别高,常见的主要有甘薯、马铃薯、木薯及瓜类等。

(一) 淀粉质块根、块茎及瓜类饲料的营养特点

根茎瓜类饲料最大的特点是水分含量很高,达75% ~90%,去籽南瓜达93.6%,干物质含量很少。这就使它们的每单位重量的鲜饲料中所含营养成分降低,1kg 鲜样中含消化能为1.80 ~4.69MJ,南瓜只有1.05MJ,因而也属于大容积饲料。

就干物质而言,它们的粗纤维含量较低,有的为 2.1% ~3.24%,有的为 8% ~12.5%。无氮浸出物含量很高,达67.5% ~88.1%,而且大多数是易消化的糖分、淀粉或聚

糖，故它们含有的消化能较高，1kg 干物质含有 13.81～15.82MJ 的消化能。但是它们也具有能量饲料的一般缺点，其中有些甚于谷实类。如甘薯、木薯的粗蛋白质含量只有 4.5%～3.3%，而且其中有相当大的比例是属于非蛋白质态的含氮物质，一些主要矿物质与某些维生素 B 族的含量也不够。南瓜中核黄素、胡萝卜素含量都很高，此外，块根与块茎饲料中富含钾盐。

（二）常用淀粉质块根、块茎及瓜类饲料

1．甘薯

甘薯含干物质达 25%～30%。干物质中淀粉占 85% 以上，高于其他块根类。甘薯最宜喂猪，生熟均可，但熟喂时其蛋白质的消化率较高，且饲料利用率也较高，采食量增加 10%～17%。甘薯保存不妥时，碰伤处易受微生物侵染而出现黑斑或腐烂。黑斑甘薯有毒，家畜食后有腹痛和喘息症状，重者致死。用病薯制粉或酿酒后的糟渣也含有毒物黑斑酶酮，不能饲用。将甘薯切片晒干和粉碎后可作为配合饲料组分，替代部分玉米等籽实料。

2．马铃薯

在东北马铃薯俗称土豆，关内则称为洋芋或山药蛋，是北方地区、东北、内蒙古、宁夏等省区的重要早熟高产作物，既是人的菜食，又是家畜饲料，同时也是淀粉加工的重要原料。马铃薯含干物质约 25%。其主要成分是淀粉，占干物质的 80% 以上。鲜马铃薯中维生素 C 含量丰富，但其他维生素贫乏。钙和磷以及其他矿物元素也有限。马铃薯对反刍动物可生喂，对猪熟喂效果较好。马铃薯耐贮藏，当贮藏温度较高时也会发芽而产生有毒的龙葵素。阳光直射能使马铃薯表皮变绿。芽、芽眼和绿色表层的龙葵素含量高，大量采食可导致家畜消化道炎症和中毒，甚至死亡。煮熟的发芽马铃薯，有相有当量的龙葵素溶于水中，可降低其毒性。

3．南瓜

南瓜产量高，营养丰富，便于贮藏和运输，是猪、奶牛、肉牛、羊、鸡的好饲料。南瓜肉质致密、富含淀粉质、适宜做育肥猪的饲料，或代替部分精料。南瓜不论是果实或是藤蔓，所含营养成分均很丰富。南瓜干物质中含粗蛋白质 12.90%、粗脂肪 6.45%、粗纤维 11.83%、无氮浸出物 62.37%。

南瓜可粉碎后饲喂家畜；南瓜藤叶切短后直接饲喂牛、羊，也可打浆后喂猪。南瓜及其藤叶，适宜与豆科牧草、青玉米秸、各种野青草和叶菜等混合、切碎后青贮。

课题六　蛋白质饲料

蛋白质饲料也称为蛋白质补充饲料，主要有植物性蛋白质饲料、动物性蛋白质饲料、单细胞蛋白质饲料及非蛋白氮饲料。其中在生产实践中大量使用的是植物性蛋白质饲料与动物性蛋白质饲料。这类饲料对于提高动物的生产能力有着十分重要的现实意义。

一、动物性蛋白质饲料

1. 动物性蛋白质饲料的营养特点

动物性蛋白质饲料主要有初乳、常乳、脱脂乳、鱼粉、肉骨粉、血粉、羽毛粉、皮革粉、蚕蛹粉等。其共同的营养特点有以下几点。

(1) 干物质中粗蛋白质含量可达50% ~80%。蛋白质所含必需氨基酸齐全，比例接近畜禽的需要，是为各类畜禽配制平衡日粮的优质蛋白质补充饲料。

(2) 除乳外，其他类饲料含碳水化合物极少，且一般不含纤维素，消化率高。

(3) 所含能量略低于能量饲料。

(4) 钙、磷含量较高，比例适当，利用率也高，如秘鲁鱼粉含钙达4%以上，磷3%左右。还含有丰富的硒等微量元素及一定量食盐。

(5) 富含B族维生素，其中核黄素、维生素 B_{12} 最多。其品质一般优于植物性蛋白质饲料。

2. 常用动物性蛋白质饲料

(1) 鱼粉。鱼粉是鱼类加工食品剩余的下脚料或全鱼加工的产品。一般国产鱼粉粗蛋白质含量为40% ~60%，而优质产品的粗蛋白质可达63%以上。秘鲁鱼粉的品质属上乘，蛋白质可达62%或更高，粗脂肪7% ~10%，水分10%，食盐4%以下。好的鱼粉是优质蛋白质补充料，不仅蛋白质含量高，而且赖氨酸、含硫氨基酸和色氨酸等含量丰富。富含B族维生素，尤其是维生素 B_{12}、核黄素、烟酸以及维生素A、维生素D和一些“未知生长因子”。鸡饲料中加入适量鱼粉，能显著提高饲料转化率及日增量。各类畜禽饲粮中鱼粉用量宜控制在1% ~3%，使用时应注意鱼粉是否掺假，感观性状是否正常，脱脂效果以及蛋白质含量等。鱼粉带入配合饲料中的氯化钠应视为添加的食盐。对生长后期或非生长期的畜禽可少用或不用鱼粉。鱼粉用量过多或使用劣质鱼粉，不仅会抑制畜禽生长，降低产品产量，引起疾病，而且会使畜禽产品质量降低。另外，与其他动物性饲料一样，鱼粉并非必须使用的饲料。

(2) 肉骨粉和肉粉。这类饲料是不能用作食品的畜禽下水及各种废弃物或畜禽尸体经高温、高压脱脂干燥而成的产品。含骨量大于10%的称为肉骨粉，其蛋白质含量随骨的比例提高而降低。一般肉骨粉含粗蛋白质35%～40%，进口肉骨粉粗蛋白质含量可达50%以上。1kg干物质消化能为11.72MJ(猪)，并含有一定量的钙、磷和维生素B_{12}。肉粉的粗蛋白质含量为50%～60%，牛肉粉可达70%以上。赖氨酸和色氨酸含量低于鱼粉，适口性也略差。某些肉粉由于高温熬制使部分蛋白质变性，消化率降低，尤其是赖氨酸受影响较严重。肉骨粉作为饲料的组分可替代部分或全部鱼粉，但在操作时须注意：为平衡移去鱼粉后所缺乏的那部分养分，肉骨粉用量可略高于鱼粉，并适量添加调味剂，以防畜禽出现厌食现象。劣质品不宜使用。

二、植物性蛋白质饲料

植物性蛋白质饲料主要包括类籽实、饼粕类及加工副产品。

1. 豆类籽实

常用的主要有大豆、豌豆及蚕豆等。

(1) 豆类籽实的共同营养特点。蛋白质含量高，为20%～40%，蛋白质的氨基酸组成也较好，其中赖氨酸丰富，而蛋氨酸等含硫氨基酸相对不足。无氮浸出物明显低于能量饲料。大豆和花生的粗脂肪含量很高，超过15%，因此日粮或配合饲料中大豆籽实可提高其有效能值，但同时也会给畜产品带来不饱和脂肪酸所具有的软脂性影响。豆类的矿物质元素和维生素与谷实类饲料差不多。钙的含量较高，但仍低于磷。

未经过加工的豆类籽实中含有多种抗营养因子，最典型的是胰蛋白酶抑制因子、凝集素等。因此，生喂豆类籽实不利于动物对营养物质的吸收。蒸煮和适度加热，可以钝化或破坏这些抗营养因子，而不再危害动物消化。通常以脲酶活性的大小衡量对抗营养因子的破坏程度。

豆类籽实经过膨化之后，所含的抗胰蛋白酶等抗营养因子大部分被灭活，可消除大豆对幼龄动物的抗原性，适口性及蛋白质消化率明显改善，在肉用畜禽和幼龄畜禽日粮中，使用效果颇佳。

(2) 常用豆类籽实：

① 大豆。富含蛋白质及脂肪，无氮浸出物也较多，但蛋白质中含蛋氨酸、色氨酸、胱氨酸较少，故最好与禾本科籽实饲料混合饲喂。大豆煮熟饲喂，既可破坏其所含的抗胰蛋白酶，又可以增加其适口性，从而提高蛋白质的消化率及利用率。以干物质计算，大豆含消化能12.30～15.98MJ/kg，代谢能7.20～13.18MJ/kg，粗蛋白质34.9%～50%，营养价值很高。

② 豌豆。蛋白质及无氮浸出物含量与蚕豆接近，是仔猪和种用家畜最好的精料。因脂肪含量低，喂育肥猪能获得硬脂猪肉。以干物质计算，豌豆含消化能13.85～15.4MJ/kg，代谢能9.67～12.30MJ/kg，粗蛋白质20.6%～31.2%。

2. 饼粕类

饼粕类是榨油的副产品，用压榨法得到的叫饼，浸提法得到的叫粕。

（1）饼粕类的营养特点与合理利用。饼粕类由于原料种类、品质及加工工艺不同，其营养成分差别较大。饼粕类饲料通常含蛋白质较多（30% ~45%），且品质优良。由于加工方法不同脂肪含量差别较大，通常土榨、机榨、浸提的含油量分别为10%、6%、1%；含磷较多，富含B族维生素，缺乏胡萝卜素。但杂粕（饼）有4个主要缺陷：①氨基酸平衡性差，有效氨基酸含量低；②有效能值低；③含有毒素；④有时粗纤维含量高，有效养分含量变异大。使用时，针对上述四点可采用真可利用氨基酸和有效能含量设计配分，补充氨基酸和油脂，或多种饼粕搭配使用，必要时进行脱毒处理。

（2）常用的饼柏类饲料：

① 大豆饼（粕）。大豆饼（粕）是我国最常用的一种植物性蛋白质饲料，其蛋白质含量为40% ~45%，去皮豆粕可高达49%，蛋白质消化率达80%以上。大豆饼粕的代谢能也很高，达10.5MJ/kg以上。大豆饼粕含赖氨酸2.5% ~2.9%，蛋氨酸0.50% ~0.7%，色氨酸0.60% ~0.70%，苏氨酸1.70% ~1.90%，氨基酸平衡较好，大豆饼粕的适口性很好，各种动物都喜欢采食，甚至肉食动物，如水貂、虾、鱼、猫、狗等全价日粮中也常使用。

大豆饼粕中缺乏蛋氨酸，饲喂动物时应注意补加，生大豆饼粕还含有抗营养物质（如抗胰蛋白酶、甲状腺肿因子、皂素、凝集素等），它们影响豆类饼粕的营养价值。这些抗营养因子不耐热，适当的热处理（110℃，3min）即可灭活，但如果长时间高温作用，就会降低大豆饼粕的营养价值（赖氨酸的有效性降低），通常以脲酶活性大小衡量豆粕的加热程度。

② 棉籽饼（粕）。棉花籽实脱油后的饼粕因加工条件不同，营养价值相差很大，主要影响因素是棉籽壳是否去掉。完全脱了壳的棉仁所制成的饼粕叫棉仁饼粕，含蛋白质40%以上，甚至可达46%，代谢能10MJ/kg左右。棉籽饼粕的主要特点是：赖氨酸不足，精氨酸过高；棉籽饼粕中蛋氨酸含量也低，约为0.4%；棉籽饼粕中含有棉酚，游离棉酚对动物有很大的危害，反刍动物对棉酚毒性的忍耐性较强。

③ 菜籽饼（粕）。菜籽饼（粕）的可利用能量水平较低，适口性也差，不宜作为单胃动物的单一蛋白质饲料。菜籽饼粕的蛋白质含量中等，在36%左右。其氨基酸的组成特点是：蛋氨酸含量较高，在饼粕中仅次于芝麻饼粕，居第二位；赖氨酸含量2.0% ~2.5%，在饼粕类中仅次于大豆饼粕，居第二位；菜籽饼粕中硒含量高，达1mg/kg，其中磷的利用率也较高。

菜籽饼（粕）具有辛辣味，适口性差。菜籽饼粕中含有硫葡萄糖苷、芥酸、异硫氰酸盐和噁唑烷硫酮等有毒成分，一般在单胃动物及禽类日粮中限量饲喂，用量一般不超过

10%,幼龄动物用量更少。

④ 亚麻饼(粕)。俗称胡麻饼(粕),含粗蛋白质32% ~36%,粗纤维7% ~11%,其蛋白质品质不如豆粕和棉粕,赖氨酸和蛋氨酸含量只有1.2%和0.45%,但色氨酸含量较高。亚麻饼粕中含有亚麻苷、乙醛糖酸和维生素 B_6 因子等抗营养因子。

三、微生物蛋白质饲料

本类饲料是各种微生物体制成的饲用品,包括酵母、细菌、真菌和一些单胞藻类,通常也叫做单细胞蛋白质饲料(SCP)。微生物蛋白质饲料具有一般常规饲料所没有的优越性。它生产周期短,酵母和细菌繁殖增量比动物生长要快千倍以上,它可以实现工业化生产,不与农业争地,也不受气候条件限制。原料来源广,可充分利用工农业废物。因此,微生物蛋白质饲料的前景非常诱人,应及早规划开发这一前途广阔的饲料资源。微生物蛋白质饲料粗蛋白质含量可高达50%以上。在氨基酸的组成上,不缺乏赖氨酸,但缺少蛋氨酸。B族维生素含量较丰富。

液态发酵分离干制的纯酵母粉含粗蛋白质40% ~50%,而固态发酵制得的酵母混合饲料因培养底物不同而存较大的差别,一般含粗蛋白质含量在20% ~40%。但用富含蛋白质的饼、粕类作原料生产的酵母混合饲料,再掺入皮革粉、羽毛粉或血粉之类的高蛋白饲料,也可使产品的蛋白质含量提高到60%以上。各地出现的所谓可代替鱼粉的"生物活性酵母"就是这样的产品。

真菌蛋白质饲料是真菌类的培养产物,从分类角度看酵母亦属木类。另有白地霉既可供人的食品又可用作饲料。此外,用糠、麸等农副产品培养菇类的副产物——带有大量菌丝体的培养基,经干燥而成的粉状饲料,品质虽然不及纯微生物蛋白质饲料,但也是可利用的蛋白质饲料资源。这类产品粗纤维含量较高,粗蛋白质含量较低,有时因培养基原料关系,粗蛋白质甚至低于20%。

藻类中的小球藻、螺旋藻、蓝藻等也是繁殖很快、营养价值很高的微生物蛋白质饲料来源。藻类培养可借光合作用利用简单的培养基生成营养价值高的碳水化合物、蛋白质和脂肪。粗蛋白质可占干物质的50%以上,氨基酸组成也较为平衡。目前,研究性试验生产已解决,但因成本较高,尚不能为饲料和畜牧行业所接受。

四、非蛋白氮饲料

非蛋白氮(NPN)泛指供饲料用的氨、铵盐,尿素、双缩脲及其他合成的简单含氮化合物。这类化合物不含能量,只能借助反刍动物瘤胃中共生的微生物的活动,作为微生物的氮源而间接地起到补充动物蛋白质营养的作用。因此,其饲用对象主要是各种成年反刍动物。使用非蛋白氮作为反刍动物蛋白质营养的补充来源,已在全世界普遍采用,取得了极明显的效果。在人口多、耕地少的我国和各发展中国家,为节约常规的蛋白质饲料,学术界和生产企业都在关注开发、推广这类饲料。

课题七　矿物质饲料

一、提供钠、氯的矿物质饲料

1．氯化钠

通常使用的是食盐，植物性饲料中钠和氯的含量很少，而含钾很丰富。为了保证动物的生理平衡，以植物性饲料为主的动物应补充食盐。食盐还可以改善口味，增进食欲，促进消化。目前使用的加碘食盐，碘含量在70mg/kg左右。食盐对猪、鸡等畜禽不可多喂，否则饮水量增加，粪便稀软，重则导致食盐中毒。一般食盐在牛、羊、马等草食动物日粮中占日粮风干物质的1%，猪、禽日粮中以0.3%～0.5%为宜。确定食盐添加量时，还应考虑动物体重、年龄、生产力、季节、水及饲料（特别是鱼粉）中盐的含量。

2．**碳酸氢钠**

俗称小苏打。采用食盐供给动物钠与氯时，食盐中含钠40%，含氯60%，氯多钠少，尤其对产蛋家禽，更需要其他供钠的物质，碳酸氢钠除提供钠离子外，还是一种缓冲剂，可缓解热应激，改善蛋壳强度，保证瘤胃正常的pH。

3．**无水硫酸钠**

俗称元明粉或芒硝，具有泻药的性质，除补充钠离子外，对鸡的互啄现象还有预防作用。

二、含钙饲料

1．饲用石粉

主要指石灰石粉，为天然的碳酸钙，含钙34%～39%，是补钙来源最广、价格最低的矿物质原料。天然的石灰石只要镁、铅、汞、砷、氟含量在卫生标准范围之内均可使用。猪用石粉的细度为0.36～0.61mm，禽用石粉的粒度为0.67～1.30mm。

2．贝壳粉

本品为各类贝壳外壳（如牡蛎壳、蚌壳、蛤蜊壳等）经加工粉碎而成的粉状或颗粒状产品，一般含钙不低于33%，主要成分为碳酸钙。贝壳内部残留有少量的有机物，因而贝壳粉还含有少量的粗蛋白及磷，制作饲料配方时，这些蛋白与磷通常不计。贝壳粉内常夹杂碎石和沙砾，使用时应予以检查并注意贝壳内有无残次的生物尸体的发霉、发臭情况发生。

3．蛋壳粉

由蛋品加工厂或大型孵化场收集的蛋壳，经灭菌、干燥、粉碎而成，不过孵化后的蛋壳钙含量极少。新鲜蛋壳制粉时应注意消毒，避免蛋白质腐败，若不甚食用了腐败蛋白质，甚至会带来传染病。蛋壳粉含粗蛋白质12.4%，钙24%～27%。

4. 石膏

其化学式是$CaSO_4 \cdot 2H_2O$，灰色或白色结晶性粉末。含钙量范围大，一般为20%～30%。如果是磷酸制造工业的副产品，含氟量往往超标，使用此类石膏时应高度重视。供钙的饲料还有白垩、滤泥和木灰等。

钙源饲料很便宜，但不能过量使用。否则会影响钙、磷平衡，影响钙和磷的消化、吸收及代谢。微量元素预混料常常使用石粉作稀释剂和载体，使用比例较大，配料时应将其含钙量计算在内。

三、含钙含磷饲料

1. 骨粉类

以动物骨骼加工而成的骨粉一般含氟量低，只要杀菌消毒彻底，便可安全使用。骨粉类饲料钙多磷少，比例平衡。

使用骨粉时，要注意防止氟中毒。有些骨粉品质低劣，有异臭，灰泥色的骨粉，常携带有大量致病菌，禽类食用后易引起产蛋量下降或死亡。更有的兽骨收购场地，为避免蝇蛆繁殖，喷洒敌敌畏等药剂，致使骨粉带毒。

2. 磷酸盐

最常用的是磷酸氢钙。我国饲料级磷酸氢钙的标准为：含磷不低于16%，钙不低于21%，砷不超过0.003%，铅不超过0.002%，氟不超过0.18%。水产动物对磷酸二氢钙的吸收率比其他含磷饲料高，因此磷酸二氢钙常用作水产动物饲料的磷源。

3. 磷矿石粉

为磷矿石粉碎之后的产品，常常氟超标，并含有铅、砷、汞等重金属元素，应慎用。

4. 液体磷酸

有腐蚀性青贮时可喷加，配合饲料生产中使用不方便。

四、其他天然矿石及稀释剂与载体

1. 沸石

沸石是一种天然矿石，其分子结构为开放型，有许多空隙与通道，其内存金属阳离子和水分子，这些阳离子和水分子与阴离子骨架联系较弱。沸石的这种特性使其具有吸附气体(如氨气)、离子交换和催化作用的性质，因此有很多饲料厂使用沸石作为畜禽的生长促进剂，有的直接添加于日粮，有的用作饲料添加剂的载体和稀释剂。日粮中使用少量沸石，可以提高动物的生产性能，减少肠道疾病，降低畜舍臭味。反刍动物日粮中含非蛋白氮饲料时，添加沸石粉，可提高非蛋白氮的安全性和利用率。沸石用作畜禽饲料时，粒度一般为0.216～1.21mm，沸石中还含有大量的微量元素。

2. 麦饭石

麦饭石在我国医药中曾作为一种“药石”，用于防病治病。麦饭石有多孔性，具有很强的吸附性，与活性炭一样有一定的收敛作用，能吸附氨、硫化氢等有害、有臭味的气体和一些肠道细菌，如大肠杆菌、痢疾杆菌等。在消化道内，麦饭石能释放出铜、铁、锌、锰、钴、硒等微量元素，延长饲料在消化道的滞留时间，提高饲料中营养物质的消化吸收率，改善畜禽的生产性能。

3. 海泡石

海泡石属特种稀有非金属矿石，具有特殊的层链状晶体结构，对热稳定，有很好的阳离子交换、吸附和流变性能，可吸附氨，消除排泄物臭味。常用作饲料的成分，也可作微量元素的载体、稀释剂及颗粒饲料黏合剂。

4. 膨润土

以蒙脱石为主要组分的黏土，具有阳离子变换、膨胀和吸附性，能吸附大量的水和有机质。膨润土中含磷、钾、钙、锰、锌、铜、钴、镍、钼、钒、锶、钡等动物所需的微量及常量元素，常作微量元素的载体或稀释剂，也可作颗粒饲料的黏合剂。

此外，凹凸捧石、稀土、白陶土、水氯镁石等，均可作为动物的矿物质饲料加以开发与利用。

课题八 饲料添加剂

一、饲料添加剂及其分类

饲料添加剂是指为了某种目的而以微小剂量添加到配合饲料中的物质的总称。使用饲料添加剂的目的是改善饲料的营养价值，提高饲料利用率，促进动物生产；改善饲料的物理特性，增加饲料耐贮性；增进动物健康，改善畜禽产品品质等，最终达到提高动物生产性能，降低生产成本的目的。饲料添加剂的使用剂量通常以mg/kg计，部分添加剂的添加量按百分含量计。

1. 饲料添加剂的分类

符合上述概念的物质种类繁多，性能各异，按其作用分类如图14-17所示。

- 饲料添加剂
  - 营养性饲料添加剂
    - 维生素类饲料添加剂
    - 矿物质类饲料添加剂
    - 氨基酸类饲料添加剂
  - 非营养性饲料添加剂
    - 抗菌促生长类饲料添加剂
    - 驱虫保健类饲料添加剂
    - 中草药类饲料添加剂
    - 缓冲剂类饲料添加剂
    - 激素类及镇静类饲料添加剂
    - 酶制剂与活菌类饲料添加剂
    - 调味类饲料添加剂
    - 着色、乳化、黏结及吸附类饲料添加剂
    - 抗氧化、防霉保鲜类饲料添加剂
    - 流散剂与黏合剂

图 14-17 我国饲料添加剂分类

2. 饲料添加剂的基本条件

(1) 长期使用不应对畜禽产生急性、慢性中毒和不良影响。

(2) 必须具有确定的经济效益和生产效果。

(4) 在饲料与动物机体中要有较好的稳定性。

(5) 不影响饲料的适口性。

(6) 在畜产品中残留量不超过规定标准,不影响畜产品质量和人体健康。

(7) 所有化工原料,其中所含有毒金属不得超过允许限度。

(8) 不影响种畜禽生殖生理或胎儿的健康。

(9) 不得超过有效期或失效。

(10) 不污染环境,有利于畜牧业的可持续发展。

二、营养性饲料添加剂

营养性饲料添加剂是指用于补充饲料营养成分的少量或微量物质,包括饲料级氨基酸、维生素、矿物元素等。

(一) 矿物元素饲料添加剂

此类饲料添加剂多为各种微量元素的无机盐类或氧化物。近年来微量元素的有机酸盐和螯合物以其生物效价高和抗营养干扰能力强而受到重视,但因质量不稳定和价格昂贵而使其在生产上大范围使用受到限制。常用的营养性微量元素有铁、铜、锌、锰、钴、碘、硒等,钼、镍、铬、钒、钛等元素虽已证明是动物营养所需,但因天然饲料中含量不明和对其需要量研究太少而未能普遍使用。确定微量元素添加剂原料时,应注意以下三个问题:①

微量元素化合物及其活性成分含量;②微量元素化合物的可利用性;③它们的规格(包括细度、卫生指标及某种化合物的特殊特点等)。

微量元素添加剂的原料基本上采用饲料级微量元素盐,一般不采用化工级或试剂级产品,因为前者没有通过微量元素预处理工艺,产品中水分多,粒度大,杂质含量高,而后者价格昂贵,不经济。

(二) 氨基酸类饲料添加剂

1. 蛋氨酸饲料添加剂

饲料工业中广泛使用的蛋氨酸有两类:一类是 DL-蛋氨酸,另一类是 DL-蛋氨酸羟基类似物(液体)及其钙盐(固体)。目前国内使用最广泛的是粉状 DL-蛋氨酸,含量一般为99%。后者虽没有氨基,但含有转化为蛋氨酸所特有的碳架,故具有蛋氨酸的生物活性,其生物活性相当于蛋氨酸的88%左右。蛋氨酸羟基类似物对反刍动物还具有过瘤胃保护作用,因此其本身不会发生脱氨基作用。蛋氨酸及其同类产品在饲料中的添加量,一般按配方计算后,补差定量供给,D 型与 L 型蛋氨酸的生物利用率相同。

2. 赖氨酸饲料添加剂

生产中常用的商品为 98.5% 的 L-赖氨酸盐酸盐,其生物活性只有 L-赖氨酸的 78.8%。天然饲料中赖氨酸的 ε-氨基比较活泼,易在加工、贮藏中形成复合物而失去作用,故可利用氨基酸只有化学分析值的 80% 左右。此外,还有一种赖氨酸添加剂为 DL-赖氨酸盐酸盐,其中的 D 型赖氨酸是发酵或化学合成工艺中的半成品,没有进行或没有完全进行转化为 L 型的工艺,价格便宜,使用时应引起注意,因为动物体只能利用 L-赖氨酸。

除以上两种外,还有色氨酸、苏氨酸、甘氨酸与谷氨酸等氨基酸饲料添加剂。

(三) 维生素饲料添加剂

常见的有维生素 A、维生素 D_3、维生素 E、维生素 K_3、维生素 B_1、维生素 B_2、维生素 B_6、维生素 B_{12}、烟酸、生物素、叶酸、胆碱、维生素 C 等维生素类饲料添加剂。

为了生产中使用方便,预先按各种动物对维生素的需要,拟制出实用型配方,按配方将各种维生素与抗氧化剂和疏散剂加到一起,再加入载体和稀释剂,经充分混合均匀,即成为复合维生素预混料,使用十分方便。

三、非营养性饲料添加剂

非营养性饲料添加剂是指为保证或者改善饲料品质、提高饲料利用率而加入饲料中的少量或微量物质。

(一) 微生态制剂

微生态制剂也叫益生素、竞生素或生菌剂。动物消化道内存在的正常微生物群落对宿主具有营养、免疫、生长刺激和生物拮抗等作用，如乳酸杆菌能抑制有害微生物而起到屏障作用或生物保护作用。据此，我们可以通过人工分离将正常的菌落制成某种活菌制剂，以达到防病治病，促进生长的目的。这类产品在国内外均已普遍使用。常用的活菌剂有乳酸杆菌制剂、枯草杆菌制剂、双歧杆菌制剂、链球菌属、酵母菌等。

微生态制剂不会使动物产生耐药性，不会产生残留，也不会产生交叉污染，因此，是一种可望替代抗生素的绿色添加剂。

（二）酶制剂

酶是生物体内代谢的催化剂，种类很多，作用选择性专一。作为饲料添加剂的多是一些帮助消化的酶类，主要有蛋白酶类、淀粉酶类、纤维素分解酶类、胰酶、糖类分解酶类等单一酶制剂和复合酶制剂。酶本身是一种特殊的蛋白质，贮存和使用酶制剂时必须注意影响酶活力的各种因素，如环境最适 pH、温度、金属离子、光照等，选用酶制剂时需考虑到动物种类、动物年龄、日粮类型、添加量等。

（三）畜禽产品品质改良剂

主要是着色剂。为改善畜禽产品的外观，提高畜禽产品的商品价值，有些饲料中常添加着色剂。比如蛋黄的橘黄色和肉鸡屠体的鲜黄色泽，一直受到消费者的青睐。着色剂可以改变饲料的颜色，刺激动物的食欲。通常用作饲料添加剂的着色剂有两种，一种是天然色素，主要是类胡萝卜素及叶黄素类，另一种是人工合成的色素如胡萝卜素醇。前者有松针粉、苜蓿、蓝藻、辣椒、黄玉米、虾蟹壳粉、紫菜、橘皮等，后者有β-阿朴-8-胡萝卜素、斑蝥黄、露康定和柠檬黄等。

（四）饲料保存剂

为了保证饲料的质量，防止饲料品质的下降或提高饲料调制的效果，有必要在饲料中添加各种饲料保存剂，如抗氧化剂、防霉防腐剂、青贮饲料添加剂和粗饲料调制剂等。

1. 抗氧化剂

添加抗氧化剂的目的是阻止或延迟饲料氧化，提高饲料稳定性和延长贮存期。常用的抗氧化剂有乙氧基喹啉、二丁基羟基甲苯、丁基羟基茴香醚、没食子酸丙酯及维生素类抗氧化剂（如维生素 E、维生素 C 等）。

2. 防霉防腐剂

饲料防霉防腐剂是一种抑制霉菌繁殖、消灭真菌、防止饲料发霉变质的有机化合物。对于水分含量高的饲料或贮存于高温、高湿条件下的饲料，均宜使用防霉剂。常见的防霉防腐剂有丙酸、丙酸钙、丙酸钠、山梨酸与山梨酸钾等。其中最常用的是丙酸及其盐类。

（五）食欲增进剂

食欲增进剂包括香料、调味剂及诱食剂三种。添加食欲增进剂可增强动物食欲，提高饲料的消化吸收及利用率。饲料香料添加剂有两种来源,一种是天然香料,如葱油、大蒜油、橄榄油、茴香油、橙皮油等;另一类是化学合成的可用于配制香料的物质如酯类、醚类、酮类、芳香族醇类、内酯类、酚类、醚类等。饲料调味剂又称风味剂,包括鲜味剂、甜味剂、酸味剂、辣味剂等。诱食剂主要针对水产动物使用,常含有甜菜碱、某些氨基酸和其他挥发性物质。

(六)黏结剂

黏结剂也叫黏合剂或制粒添加剂,是加工工艺上常用的添加剂。其作用是减少粉尘损失,提高颗粒饲料的牢固程度,减少制粒过程中压模受损。常用的黏结剂有木质素磺酸盐、羟甲基纤维素及其钠盐、陶土、藻酸钠等。某些天然的饲料原料也具有黏结性,如膨润土、淀粉、玉米面、动物胶、鱼浆、糖蜜等。

(七)流散剂

流散剂也叫流动剂或抗结块剂。其主要作用是使饲料和饲料添加剂具有较好的流动性,防止饲料在加工及贮藏进程中结块。如食盐和尿素易吸湿结块,使用流散剂可以调整这些性状,使它们容易流动、散开、不黏着。当配合饲料中含有吸湿性较强的乳清粉、干酒糟或动物胶原时均宜加入流散剂。流散剂有天然的和人工合成的硅酸化合物和硬脂酸盐类,如硬脂酸钙、硬脂酸钾、硬脂酸钠、硅藻土、脱水硅酸、硅酸钙等。

(八)药物饲料添加剂

药物饲料添加剂是指为预防、治疗动物疾病而加入载体或者稀释剂的兽药的预混物,包括抗球虫药类、驱虫剂类、抑菌促生长类等。

1. 抗生素类饲料添加剂

从抗生素的发展趋势来看,今后将向专用饲料添加剂(如多肽类、聚醚类和磷酸化多糖类)的方向发展。

2. 抗球虫剂

抗球虫剂的种类很多,但通常使用一段时间后效果下降,这是因为球虫可以产生耐药性,其耐药性可以遗传。各种抗球虫剂使虫体产生耐药性的速度不同,因而实践中常将几种抗球虫药物轮换使用,以保证效果。

(九)其他类饲料添加剂

1. 乳化剂

乳化剂是一种分子中具有亲水基和亲油基的物质。它的性状介于油和水之间,能使一方均匀地分布于另一方中间,从而形成稳定的乳浊液。利用这一特性可以改善或稳定饲料的物理性质,常用的乳化剂有动植物胶类、脂肪酸、大豆磷脂、丙二醇、木质素酸盐、单硬脂酸甘油酯等。

2. 缓冲剂

最常用的缓冲剂是碳酸氢钠，俗称小苏打，还有石灰石、氢氧化铝、氧化镁、磷酸氢钙等。这类物质可增加机体的碱贮备，防止代谢性酸中毒，饲用后可中和胃酸，溶解黏液，促进消化。应用于反刍动物可调整瘤胃 pH，平衡电解质，增加产乳量和提高乳脂率，也可防止产蛋鸡因热应激引起蛋壳质量下降。

3. 除臭剂

除臭剂具有抑制畜禽排泄物臭味的特殊功能。其主要成分多为丝兰植物提取物。

近年来，兽药和高污染型饲料添加剂使用过量致畸、致癌、致突变及耐药性等问题已引起了人们的极大关注。因而，酶制剂、微生态制剂和中草药饲料添加剂的研制与应用得到了长足的发展，这三类饲料添加剂被人们称为“绿色饲料添加剂”，其前景广阔。

四、饲料添加剂使用注意事项

第一，严格执行国家的有关法律、法规和法令。

第二，选择合适的饲料添加剂。饲料添加剂种类很多，同时具有不同的特点，因此应根据各种饲料添加剂的特性、动物类型、基础日粮特性等，选用适合的饲料添加剂，即缺什么加什么。

第三，切实掌握饲料添加剂的使用量、中毒量和致死量，注意使用期限，防止动物产生生理障碍和不良后果。

第四，饲料添加剂加到配合饲料中一定要混合均匀。

第五，准确掌握饲料添加剂之间的配伍禁忌，注意矿物质、维生素及其相互间的拮抗关系。

第六，饲料添加剂应贮存于干燥、低温及避光处。

单元练习

简答题

1. 青饲料在使用时要注意什么？

2. 生产上常用的能量饲料有哪些？分别具有怎样的特性？

3. 饲料添加剂有什么特点，生产上如何使用？

4. 通过本单元的学习，结合以前所学知识，说说饲料是如何影响畜产品品质的，通过什么途径可以达到。

单元十五

营养需要与饲养标准

单元概述

✲ 知识目标

1. 营养需要的概念和分类。
2. 了解饲养标准的定义和指标的含义。

✲ 技能目标

1. 掌握影响动物营养需要的因素。
2. 理解掌握饲养标准的应用原则。

本单元包括两个课题：营养需要和饲养标准，简要介绍了动物的营养需要，并对饲养标准的概念及应用进行了详细描述。

课题一　营养需要

一、营养需要

营养需要是指动物达到预期的生产性能时，每天对能量、蛋白质、氨基酸、矿物质、维生素等养分的需要量。动物的营养需要一部分用于维持动物正常生命活动的需要，即满足动物的基础代谢、自由活动和维持体温的需要；一部分用于动物生产的需要，即满足妊娠、泌乳、生长、产肉、产毛、劳役和产蛋等生产活动的需要，这才是对人类真正有用的需要。摄入的总养分含量减去维持需要即为生产需要。动物营养需要优先满足于维持需要。

二、维持营养需要

1. 维持营养需要

饲料中的营养物被畜禽摄食后，不可能百分之百地转化为畜产品，其中大部分养分被损耗了，包括饲料中未被消化吸收的部分、虽然被吸收但在动物体内合成产品过程中损失的部分及维持动物自身生命活动所必需的养分部分。因此，动物处于维持状态下的养分需要就是维持需要。

2. 维持营养需要的意义

维持营养需要是指动物不从事任何生产，只是维持正常的生命活动包括维持体温、呼吸、血液循环、内分泌系统的正常功能。实际上处于维持状态下的畜禽，也只是处于一种相对的动态平衡下。生产中，动物很难处于绝对的平衡状态，因此，通常将干奶或空怀的成年母畜、非配种季节的成年公畜、休产的母鸡等视为维持状态。

在动物生产中，维持需要属于非生产性活动消耗，在经济上无收效，是一项重要的支出。但畜禽不同的生产活动都是在维持的基础上进行的，因此，维持需要又是必需的损耗，因为只有在满足维持需要的基础上，多余的养分才可能用于生产。畜禽用于维持需要的比例越大，饲料转化率越低。所以，研究维持需要的目的在于尽可能地降低维持需要的份额，以提高生产的经济效益。

3. 影响维持营养需要的因素

(1) 年龄和性别。幼龄畜禽代谢旺盛，单位体重基础代谢比成年和老年动物多，因此幼龄畜禽的维持需要相对高于成年和老年。性别也影响代谢消耗，一般公的比母的高。

(2) 体重和体型。一般来说，体重越大，维持需要也越多。

(3) 种类、品种和生产水平。按单位体重需要计算，鸡最高，猪较高，马次之，牛和羊最低。一般来说，生产水平越高，基础代谢也越高，但维持需要占的比重越小。

(4) 环境温度。畜禽都是恒温动物，只有当产热量与散热量相等时，才能保持体温恒定。而散热量受环境温度、湿度、风速的影响很大。当气温低、风速大时，散热量显著增加。动物为了维持体温恒定，必须加速体内氧化分解过程，提高代谢强度，以增加产热量。在这种情况下，维持的能量需要可能成倍增加。同样，当气温高、风速小时，动物的散热受阻，这时由于体内蓄热而使体温升高，使呼吸与循环加速，代谢率也升高。

(5) 活动量。自由活动量越大，用于维持的能量也就越多。所以饲养肉用畜禽要适当限制活动，以减少维持需要的能耗。

(6) 饲养管理制度。非群饲的家畜受低温影响较大，在寒冷季节，加大家畜饲养密度可加快势量积聚，减少体表热能散失，从而节省能量消耗。生产中冬季肥猪大圈饲养是有益的。厚而干燥的垫草和保温性能良好的地面也可以减少能量消耗。

三、畜禽生产的营养需要

不同畜禽、同种畜禽的不同生理阶段以及不同生产目的的同种畜禽，其生产需要是不同的，根据畜禽生产类型，将生产需要划分为生长、育肥、繁殖、泌乳、产蛋、产毛、产绒及使役等。

生产需要和维持需要是相互制约的、复杂的两个方面，确定生产需要主要依据动物产品中的养分含量以及饲料转化为产品养分的利用率。从实际使用的角度出发，生产中可依据我国颁布的猪、鸡以及奶牛饲养标准，结合实际情况配合日粮或配合饲料。

课题二 饲养标准

饲养标准是指根据科学试验结果并结合实际生产经验，规定的每头动物在不同的生产水平或生理阶段，对各种养分的需要量。饲养标准通常有两种表示方法：一是每头畜禽每日所需要的各种营养物质的数量；二是针对群体饲养且自由采食的畜禽，以每千克饲粮中各种营养物质的含量或所占百分数表示。

一、饲料成分及营养价值表

饲养标准除了公布营养需要外，还包括常用的饲料成分及营养价值表。

随着时间的推移，《中国饲料成分及营养价值表》颁布有不同的版本，即使是同一种饲料，由于来源的不同，其营养成分也可能相差很大。所以，在选用饲料营养成分数据前，应尽可能查询最新的版本，同时了解所选饲料的地域、土壤、生长、加工、贮藏等特性，有条件时，可通过实际检测获得数据。

二、饲养标准指标的含义与应用

（一）饲养标准指标的含义

1. 能量

能量的指标因畜种不同而异。猪、羊等用消化能，家禽用代谢能表示，这与发达国家的饲养标准相一致。奶牛以产奶净能表示，并以 3 138kJ 产奶净能为 1 个奶牛能量单位（NND）；肉牛用产肉净能表示，能量单位一般用 kJ/kg 或 MJ/kg 表示。

2. 蛋白质

饲养标准中蛋白质需要量的指标有粗蛋白质、可消化粗蛋白质、小肠可消化粗蛋白质，通常以百分数或克表示。

3. 能量蛋白比

能量蛋白比指每千克饲粮中所含能量与该饲粮粗蛋白质含量的比值，常以 MJ/% 表示。家禽用蛋白质与能量比值，常以 g/MJ 表示。

4. 氨基酸

标准中以百分含量或每日每头需要的克数表示。

5. 常量元素

主要考虑钙、磷（有效磷）、钠、氯、钾、镁等，饲粮中以百分数（%）或每千克饲粮中含多少毫克（mg）表示。

6. 微量元素

主要考虑铁、铜、锌、锰、硒、碘等，饲粮中以每千克饲粮含多少毫克（mg）或每日每头需要的毫克（mg）数表示。

7. 维生素

维生素 A、维生素 D、维生素 E、维生素 K 以每千克饲粮中含有多少国际单位（IU/kg）或毫克（mg/kg）表示。其他 B 族维生素多以每千克饲粮中含有多少毫克（mg/kg）或每日每头需要多少毫克表示。

（二）饲养标准的特性与应用

1. 科学性和先进性

饲养标准反映了动物生存、生产对饲养和营养物质的客观要求，体现了动物营养和饲料领域最新研究进展与研究成果，具有很强的科学性和先进性。饲养标准为畜禽生产计划中组织饲料供给、设计饲粮配方、生产平衡饲粮和动物实行标准化饲养提供了技术指南和科学依据。

2. 权威性

饲养标准是在高度概括和总结动物营养科学和饲料科学领域研究成果的基础上，经过严格的审定程序，由权威行政部门颁布实施的，因此具有权威性。其科学性和先进性决定了可避免生产中的盲目性和随意性，对于保证畜禽健康、合理利用饲料和降低生产成本、提高生产性能和产品品质均起着重要作用。

3. 条件性和局限性

饲养标准所列出的营养需要量，是在一定的试验条件下，保证动物获得最高生产性能时的养分需要量的平均值，并没有考虑到实际生产中各种因素对营养需要量的影响，饲养实践中任何具体的条件变化均可能改变动物的营养需要量和饲料利用效率。因此，饲养标准产生和应用条件的特定性和实际生产条件的多样性以及变化性决定了饲养标准的局限性。

（三）饲养标准的应用原则

1. 适合性原则

在实际生产中，应用饲养标准时，首先要看所选用的饲养标准是否适合应用的动物，必须认真分析饲养标准与动物的适合程度，重点把握饲养标准所要求的条件与动物实际条件的差异，尽可能选择最适合动物的饲养标准。

2. 灵活性原则

同一品种畜禽，由于国家、地区、季节、环境温度以及饲料规格、质量和饲养技术不同，饲养标准也应不同。但饲养标准是权威机构统一制定的，不可能制定适合不同条件的各种动物的饲养标准。因此在生产实践中，要因地制宜地针对不同的条件作出相应的调整，不可生搬硬套。

3. 效益性原则

饲养标准中规定的营养定额，并未考虑动物产品以及饲料的市场价格。因此我们还要贯彻营养、效益相统一的原则。在饲料或动物产品的市场变化的情况下，可以通过改变饲粮的营养浓度但不改变平衡来达到既不浪费饲料中的营养物质又能调节动物产品的数量和质量的目的，从而体现效益性原则。

单元练习

简答题

1. 生产上常用的营养指标有哪些？不同的动物营养指标亦不同，为什么？
2. 饲养标准在应用时要注意什么？

主要参考文献

[1] 欧阳叙向. 家畜遗传育种. 北京:中国农业出版社,2001.
[2] 耿明杰. 畜禽繁殖与改良. 北京:中国农业出版社,2006.
[3] 张周. 家畜繁殖. 北京:中国农业出版社,2001.
[4] 董伟等. 家畜繁殖. 北京:农业出版社,1986.
[5] 李青旺. 畜禽繁殖与改良. 北京:高等教育出版社,2002.
[6] 杨凤. 动物营养学. 北京:中国农业出版社,1993.
[7] 胡坚. 动物饲养学. 长春:吉林科学技术出版社,1990.
[8] 宋宪勃. 家畜饲养. 北京:中国农业出版社,1999.
[9] 张子仪. 中国饲料学. 北京:中国农业出版社,2000.
[10] 程凌. 饲料质量检验、配方设计与营销. 北京:高等教育出版社,2008.
[11] 杨海鹏. 饲料显微镜图谱. 武汉:武汉出版社,2006.
[12] 姚军虎. 动物营养与饲料. 北京:中国农业出版社,2001.
[13] 杨久仙. 动物营养与饲料加工. 北京:中国农业出版社,2006.

主要参考文献

[illegible]